U0189102

翡　翠

何明跃　王春利　著

中国科学技术出版社
·北　京·

图书在版编目（CIP）数据

翡翠 / 何明跃，王春利著 . —北京：中国科学技
术出版社，2018.1
　ISBN 978-7-5046-7566-8

　I. ①翡… 　Ⅱ. ①何… ②王… 　Ⅲ. ①翡翠—基本知
识 　Ⅳ. ① TS933.21

中国版本图书馆 CIP 数据核字（2017）第 162365 号

策划编辑	董素民　赵　晖
责任编辑	张　楠　郭秋霞
装帧设计	中文天地
责任校对	凌红霞
责任印制	徐　飞

出　　版	中国科学技术出版社
发　　行	中国科学技术出版社发行部
地　　址	北京市海淀区中关村南大街16号
邮　　编	100081
发行电话	010-62173865
传　　真	010-62179148
网　　址	http://www.cspbooks.com.cn

开　　本	889mm×1194mm　1/16
字　　数	511千字
印　　张	27.75
版　　次	2018年1月第1版
印　　次	2018年1月第1次印刷
印　　刷	北京盛通印刷股份有限公司
书　　号	ISBN 978-7-5046-7566-8 / TS・88
定　　价	298.00元

内容提要
Synopsis

　　本书是为满足广大读者了解掌握翡翠专业知识和鉴别技能而撰写的实用专著。作者在查阅有关翡翠的近千篇论文和数十部专著的基础上，将长期积累的科研成果和市场销售实战经验，结合翡翠实地考察、吸收同行宝贵经验等内容进行了归纳总结，主要从翡翠的历史与文化、鉴定与质量评价、矿物组成与结构构造、优化处理与鉴别、原石与加工工艺、成品类型与文化寓意、矿床分布与成因、国内外市场等方面进行了系统论述与释义。

　　全书内容极其丰富、层次分明、概念精准、行文流畅、深入浅出、通俗易懂、图文并茂、实用性强。通过阅读本专业权威书籍，读者可系统掌握翡翠的专业知识和实用技能。本书既可向从事翡翠鉴定、销售、评估、收藏、拍卖等人员提供权威指导，也可作为高等院校宝石学专业、首饰设计以及翡翠专题培训和翡翠文化推广的经典教材。

序
Foreword

  在人类文明发展的进程中，珠宝玉石的发现和使用无疑散发出璀璨耀眼的光芒。随着人类前进的脚步，一些珍贵的品种不断涌现，这些美好的珠宝玉石首饰，很多作为个性十足的载体，独特、深刻地记录了人类物质文明和精神文明的进程。特别是那些精美的珠宝玉石艺术品，不但释放了自然之美，魅力天成，而且凝聚着人类的智慧之光，是人与自然、智慧与美的结晶。在这些作品面前，岁月失语，唯石、唯金、唯工能言。

  如今，我们进入了"大众创新、万众创业"的新时代。作为拥有强烈的社会责任感和文化使命感的北京菜市口百货股份有限公司（以下简称菜百公司），积极与国际国内珠宝首饰众多权威机构和名优企业合作，致力于自主创新，创立了自主珠宝品牌，设计并推出丰富的产品种类，这些产品因其深厚的文化内涵和历史底蕴引领大众追逐时尚的脚步。菜百公司积极与中国地质大学等高校及科研机构在技术研究和产品创新方面开展合作，实现产学研相结合，不断为品牌注入新的生机与活力，以此传承优秀的人类文明、传播专业的珠宝知识、传递独特的品牌文化。新时代、新机遇，菜百公司因珠宝广交四海宾客，以服务凝聚五湖朋友。面向世界我们信心满怀，面向未来我们充满期待！

  通过本丛书的丰富内容和诸多作品的释义，旨在记录我们这个时代独特的艺术文化和社会进程，为中国珠宝玉石文化的传承有序做出应有的贡献。感谢本丛书所有参编人员的倾情付出，因为有你们，这套丛书得以如期出版。

  中国是一个古老而伟大的国度，几千年的历史文化广博而深厚，当代的我们将勇于担当，肩负起中华珠宝文化传承和创新的重任。

北京菜市口百货股份有限公司董事长

作者简介
Author profile

何明跃，博士，教授，现任中国地质大学（北京）珠宝学院院长。主要从事宝石学、矿物学的教学和科研工作。曾荣获北京市高等学校优秀青年骨干教师、北京市优秀教师、北京市德育教育先进工作者、北京市建功立业标兵等称号。现兼任全国珠宝玉石质量检验师考试专家委员会副秘书长、全国珠宝玉石标准化技术委员会委员、全国首饰标准化技术委员会委员、中国资产评估协会珠宝首饰艺术品评估专业委员会委员、中国黄金协会科学技术奖评审委员、中国矿物岩石地球化学学会第五届委员等职务，国家珠宝玉石质量检验师。

主持和参加多项国家级科研项目，荣获教育部科学技术进步奖二等奖；发表和出版了数十篇学术论文、十余部专著，其中：图书《翡翠鉴赏与评价》《钻石》《红宝石　蓝宝石》在珠宝玉石收藏和珠宝教学等方面有重要的指导意义；《新英汉矿物种名称》作为地球科学领域权威的工具书，对专业教学和科研工作具有重要的参考价值。

作者简介
Author profile

　　王春利，研究生学历，现任北京菜市口百货股份有限公司董事、总经理，长江商学院 EMBA，高级黄金投资分析师，比利时钻石高层会议钻石分级师，中国珠宝首饰行业协会副会长，中国珠宝首饰行业协会首饰设计专业委员会主任，彩宝专业委员会名誉主席，全国珠宝玉石标准化技术委员会委员，全国首饰标准化技术委员会委员，上海黄金交易所交割委员会委员。

　　"创新、拼搏、奉献、永争第一"是菜百精神的浓缩，王春利用自己的努力进一步诠释了这种精神，"老老实实做人，踏踏实实做事"，带领菜百公司全体员工，确立了"做每个人的黄金珠宝顾问"的公司使命；以"不断创新、勇于改革"为目标，树立了"打造集团化运营的黄金珠宝饰品供应和服务商"的宏伟愿景。

主要参编人员

杨娜

董晋琨

卢慧

范桂珍

阳琳

陈晶晶

毕思远

王春阳

李琳

周思思

赵洋洋

朱琳

王宇

范婧

宁振华

郑亭

前言
Preface

中国的玉文化已有 8000 多年的历史，玉石在久远的历史文化长河中形成了一道独特的风景。中国人赏玉、爱玉、佩玉，对玉的偏爱有着深厚的文化根源，古代的"儒、道、佛"三教对玉石的见解各有千秋：儒教崇尚"玉德"，道教尊崇"玉灵"，佛教推崇"玉瑞"。其中，孔子用玉的十一德"仁、知、义、礼、乐、忠、信、天、地、德、道"来规范君子言行。"君子无故玉不去身"，中国人对玉怀有一种特殊而神秘的情感，既有原始的图腾崇拜、神灵祈福，又有神圣的祭天思想，常常借助玉石来寄托一系列美好的愿望，如避邪、祭礼、护宅、护身、保平安、招财进宝、兴旺发达等。

在各类玉石中，翡翠是最珍贵的品种，因其颜色艳丽多彩、质地细腻坚韧、晶莹通透、形成条件特殊、产出稀少等特点而享有"玉石之王"的美誉。

先秦古籍记载，"翡翠"一词最早是指羽毛色彩斑斓的鸟；到了宋代，因为翡翠鸟羽毛的青色与当时所指玉石的颜色较为接近，"翡翠"一词逐渐从鸟羽名称演变为玉石名称，但当时很可能只是一些绿色的玉石，如绿松石、碧玉等。缅甸翡翠玉石进入中国以后，因为其颜色多数为绿色和红色，与翡翠鸟颜色相似，所以才被赋予了"翡翠"这一美好的名字。翡翠玉石在中国使用的时间最早可以追溯到明代万历年间，距今已有 400 多年的历史；翡翠受到热捧始于清朝中期，主要为王宫贵胄所珍藏，民间并未广泛流传；清光绪时期，由于慈禧太后对翡翠的喜爱促使其成为玉石新贵，从此身价百倍，成为玉中极品。

从清末到 1949 年，享有"玉中之王"的翡翠价格上涨了 200 多倍，尤以高档翠玉为甚。纵观近十几年优质翡翠走势，总体上仍是需求量越来越大，价格越来越高，但仍是一物难求，人们对翡翠的喜爱程度有增无减，有些人甚至迷恋到疯狂的程度。翡翠之所以如此受到中国人的青睐，除了人们赋予它的文化内涵外，色泽的千变万化、种水的细致丰富、玉雕大师的鬼斧神工、交易过程的变幻莫测等诸多因素更使翡翠风情万种。

翡翠在国外具有悠久的历史，如中美洲、日本、欧洲等地区。中美洲古文明使用翡翠的历史可谓源远流长，最早可追溯到公元前1500年的奥尔梅克、阿兹特克和玛雅文明等；日本从4000年前的石器时代就开始以翡翠为原材料制作各种器物，此传统长盛不衰；在欧洲多个国家，如英国、意大利、荷兰、西班牙、葡萄牙、德国西部、法国、瑞士和斯洛伐克都发现过古礼仪使用的翡翠玉斧，其具体考古年代约在公元前5000年至公元前1800年之间。

本书是为适应我国翡翠市场的快速发展、满足广大翡翠从业人员以及翡翠爱好者学习和掌握实用专业知识的需要而撰写的。在本书的撰写过程中，笔者与其研究团队多次考察香港、台湾地区的珠宝市场和国际珠宝展、广州玉器街、平洲玉器街、四会玉石乡、广东揭阳阳美玉都、云南的腾冲以及北京等地的翡翠销售市场，与众多同行专家、相关研究机构、商家进行了深入的交流和探讨，查阅了翡翠近千篇论文、数十部专著，对自身的研究成果和销售经验进行总结归纳，确保内容实用、专业、全面。

本书对翡翠专业知识进行了系统的论述，共分为以下章节：中国翡翠的历史和文化、世界上其他地区翡翠历史与文化、世界翡翠矿床的分布及其特征、翡翠的矿物成分和结构特征、翡翠的颜色、翡翠的质量评价、翡翠的地子和种、翡翠的优化处理及其鉴别、翡翠及其相似品的鉴别特征、翡翠原石、翡翠的加工工艺及翡翠成品、翡翠成品的主要类型、翡翠成品的文化寓意、国内和国外的翡翠市场。这些内容较全面地反映了翡翠领域合作研究取得的丰硕成果，将对翡翠从业人员及收藏爱好者有很大的帮助。

在我国翡翠行业发展史上，云南、广东是翡翠的重要加工地区。北京因为长期是翡翠最大的消费市场，拥有400多年翡翠鉴赏历史，所以从明、清直到近代，北京及其周边地区翡翠市场的动向常常影响着整个中国甚至东南亚、韩国、日本的翡翠市场。与翡翠销售相关的经验和技艺在珠宝行业中代代相传，进而渗透到当代北京的翡翠销售机构，北京菜市口百货股份有限责任公司（以下简称菜百公司）就是其中代表。书中全面收集整理了菜百公司翡翠营销人员多年珍藏的资料、图片，并对其实际鉴别、评价和销售经验进行归纳总结。菜百公司董事长赵志良先生勇于开拓、不断进取，长期积极倡导与高校及科研机构在技术研究和产品开发方面开展合作。菜百公司总经理王春利亲自带领员工到翡翠产出、加工、雕刻及批发销售的国家和地区进行调研，使菜百公司在技术开发和人才培养方面取得了很大的进展。

本书由何明跃、王春利负责撰写。参加撰写的主要人员还有杨娜、董晋琨、卢慧、范桂珍、阳琳、陈晶晶、毕思远、王春阳、李琳、周思思、赵洋洋、范婧、王宇、朱琳、宁振华、郑亭等，他们主要来自中国地质大学（北京）珠宝学院和菜百公司等单位和机构。

在本书的前期研究和撰写过程中，得到了国内外高等院校、研究所、培训机构专家学者及珠宝玉石首饰行业企业同仁们的支持与无私奉献，尤其是国家科技基础条件平台"国家岩矿化石标本资源共享平台"（http://www.nimrf.net.cn）、平洲珠宝玉器协会、东宫珠宝（北京）有限公司、北京旺道珠宝有限公司、博雅翠钻珠宝会所、故宫博物院等提供了资料和图片，在此一并表示衷心的感谢！

目录
Contents

第一章
Chapter 1
中国翡翠的历史与文化

古人云"黄金有价玉无价"，由此可见玉石的珍贵。作为"玉石之王"，翡翠以其独特的魅力和资源的稀缺性，吸引了越来越多的珠宝玉石收藏家和爱好者，收藏和佩戴翡翠成为当今的一种流行时尚。

翡翠的美不仅在于其绚丽多彩的颜色，还在于其坚韧致密而又明亮通透的质感，而雕刻艺术家们的精湛技艺，更是将翡翠的美推向"天人合一"的极致。"玉不琢不成器"就是玉石经雕琢后脱胎换骨、华丽转身的最好体现。一件品质、工艺上乘的翡翠雕件足以让人倾其所有，更可以作为镇宅传家之宝。漫漫历史长河中，许多精美绝伦的玉雕作品在一代代人手中流传，并作为一个载体，将"古人"和"来者"相连。

《礼记·玉藻》说："古之君子必佩玉，君子无故，玉不离身。"佩玉，既是服饰的需要，也是古代谦谦君子的标志之一，时刻提醒人们"做人当如玉"。到了清代，皇亲贵胄对翡翠玉器的钟爱，更是将翡翠的地位不断提高，翡翠最终成为玉石中的王者。目前，在北京故宫博物院所藏的翡翠制品有翠镯（图1-1）、铜镀金累丝嵌翠石三镶如意（图1-2）、翠玉光素盖碗（图1-3）、金里翠扳指（图1-4）、翠扳指（图1-5）、翠翎管（图1-6）、掐丝珐琅座红珊瑚双鱼嵌珠翠盆景（图1-7）、翠玉盘（图1-8）、翠十八子手串（图1-9）、翠烟壶（图1-10）、翠马镫式戒指（图1-11）、金镶翠蝶碧玺花蝠簪（图1-12）等，均为当时宫廷珍玩。尤其是金里翠扳指，其翠色纯净，光泽温婉，为翡翠之上品，系清宫造办处制造，为皇帝所专用。

图 1-1　翠镯
清代，二级甲等文物
（故宫博物院提供）

图 1-2　铜镀金累丝嵌翠石三镶如意
清代，二级甲等文物
（故宫博物院提供）

图 1-3　翠玉光素盖碗
清代，底径 11.6 厘米、高 8 厘米，二级甲等文物
（故宫博物院提供）

图 1-4　金里翠扳指
清代，二级甲等文物
（故宫博物院提供）

图 1-5　翠扳指
清代，二级甲等文物
（故宫博物院提供）

图 1-6　翠翎管
清代，二级甲等文物
（故宫博物院提供）

图 1-7　掐丝珐琅座红珊瑚双鱼嵌珠翠盆景
清代，通高 37.5 厘米，二级乙等文物
（故宫博物院提供）

图 1-8　翠玉盘
清代，底径 7.5 厘米、高 3.3 厘米，二级乙等文物
（故宫博物院提供）

图 1-9　翠十八子手串
清代，二级文物
（故宫博物院提供）

图 1-10 翠烟壶
清代，碧玺盖，二级乙等文物
（故宫博物院提供）

图 1-11 翠马镫式戒指
清代，重 4 克，三级文物
（故宫博物院提供）

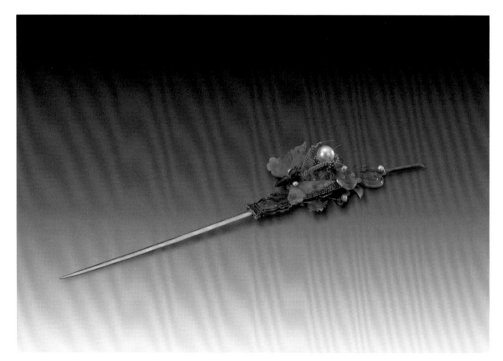

图 1-12 金镶翠蝶碧玺花蝠簪
清代，未定级
（故宫博物院提供）

第一节

翡翠的发现及名称由来

一、翡翠的发现

明清以前，翡翠可谓隐在深闺不为人知，虽为玉中之王，但在中华玉文化的历史舞台上，只能算做后起之秀。关于翡翠的发现主要有以下两种说法。

《缅甸史》记载，翡翠矿产的发现时间约为公元 1215 年，时年勐拱人珊尤帕受封为土司，渡河时无意中在河滩上发现了一块鼓一样形状的玉石，遂认为是好兆头，于是在附近修筑城池，起名"勐拱"，意为"鼓"。这块玉石成为土司家族世代相传的珍宝，而勐拱（缅甸北部）也就是如今翡翠的主要开采地。

另一个传说认为，翡翠的发现归功于一位中国云南腾冲的驮夫。这位驮夫在一次沿西南丝绸之路从缅甸返回腾冲的途中，因马驮着的货物一侧较沉，便在雾露河边拾石头平衡马身，回家后发现石头颜色泛绿，经过打磨后显现出碧绿的色泽，而且用它做成的首饰异常美丽，深受人们喜爱。这种绿色的石头便是现在人们所说的翡翠。消息一传开，中国人便争相到缅甸开采翡翠。由于在明代万历年间（1573—1620）至清代乾隆年间（1736—1796）缅甸北部密支那雾露河流域一带隶属中国云南省永昌府，因此，至今仍有人误认为翡翠出产于我国云南省。

二、翡翠名称的由来

（一）起源于鸟名

先秦古籍亦有记载，"翡翠"一词最早是指羽毛色彩斑斓的鸟。《逸周书·王会解》

（东周至战国时期）言："仓吾翡翠，翡翠者所以取羽"；《禽经》（师旷，周代）云："背有彩羽曰翡翠"；《说文解字》（许慎，东汉）对"翡翠"的解释是，"翡（写作羽非），赤羽雀也。出郁林，从羽非声。翠（写作羽卒），青羽雀也。出郁林，从羽卒声。"可见，"翡翠"最初解释为鸟名。东汉杨孚著《异物志北户录》有"翠鸟……其羽可以为饰"的说法。由此可以推断，早在汉代，美丽的翠鸟羽毛很可能已经成为装饰品。明代李时珍撰《本草纲目》对翡翠鸟的描述："鱼狗，处处水涯有之。大如燕，喙尖而长，足红而短，背毛翠色带碧，翅毛黑色扬青，可饰女人首物，亦翡翠之类。翡翠，出交广南越诸地。饮啄水侧。穴居生子，亦巢于木。似鱼狗稍大，或云前身翡，后身翠，或云雄为翡，其色多赤，雌为翠，其色多青。"（李时珍，《本草纲目》禽部第四十七卷禽之鱼狗。）由此可见，翡翠（鸟）与现在所说的翠鸟极为相似。

（二）演变为绿色玉石

到了宋代，在《宋史》《太平御览》等文献中仍能见到翡翠鸟及其羽毛饰品的记载。在宋代史籍中一般将"点翠"记载为"翡翠""翠毛"等。而在成书于元代至元二十七年（1290）以前的《武林旧事》中提到了"可以削金"的"翡翠鹦鹉杯"。"翡翠"一词已逐渐从鸟羽名称演变为玉石名称。这个变化很可能是因为翡翠鸟羽毛的青色与当时所指玉石的颜色较为接近，很容易让人们把两者联系起来。但当时被称为"翡翠"的玉石并非是我们今天所说的翡翠，很可能只是一些绿色的玉石，如碧玉、绿松石等。

（三）成为翡翠玉石的名称

至于为何要冠以"翡翠"，有人认为是在缅甸玉石进入中国以后，因为其颜色多数为绿色和红色，与翡翠鸟颜色相似，所以被赋予了"翡翠"这一美好的名字。原来的用意可能只是为了将其与其他玉石区分开来，久而久之，"翡翠"一词便成为了一个类别的名称。"翡翠"作为翡翠玉石的名称最早的记载出现于清康熙五十四年（1715）。广州贩卖绸缎、珍珠、翡翠、药材等几个行业的客商于1712年在北京前门外王皮胡同三号购置了仙城会馆，并于1715年立碑纪念。碑文记载："既而裹珠贝者，玻璃、翡翠、珊瑚诸珍错者……"根据前人的研究，此处的"翡翠"就是指今天的缅甸翡翠。

8

中国翡翠的历史与文化

一、明代时期的翡翠

翡翠在中国的历史究竟最早可以追溯到哪一个朝代呢？明代以前的古籍尚未能发现任何有关翡翠开采和使用的明确记录。根据《芸草合编》的成书年份可以断定，早在明代成化年间（1465—1487）翡翠被正式开采不久，便成为腾冲人的贸易货品；明代中前期，除明王朝强制开采外，翡翠贸易在民间并没有形成规模；明代晚期，中缅边境相对稳定，翡翠贸易逐渐发展起来。另外，徐霞客在明末崇祯年间（1628—1644）所著的《徐霞客游记·滇游日记》中关于"翠生石"的记载显得尤为重要。文中写道："观永昌贾人宝石、琥珀及翠生石诸物，亦无佳者。""潘生一桂虽青衿秀才，而走缅甸，家多缅货。""潘生送翠生石二块（在永昌）……二十六日，崔、顾同碾玉者来，以翠生石畀之。二印池、一杯子，碾价一两五钱。盖工作之费，逾于买价矣……此石乃潘生所送者。先一石白多间有翠点，而翠色鲜艳，逾于常石。人皆以翠少弃之……余反喜其翠，以白质而显，故取之。潘谓此石无用，又取一纯翠者送余，以为妙品，余反见其黯然无光也。今命工以白质者为二池，以纯翠者为杯子……以丽江银杯一只，重二两余。畀顾生易书刀三十柄，余付花工碾石……二十八日花工以解石来示……"文中提到的永昌县在明代隶属云南，后划归缅甸。而当时所谓的"翠生石"、"碧玉宝石"应当就是我们今天所说的翡翠。徐霞客详细记录了明朝末年在滇西地区早已有翡翠加工、鉴赏和贸易的情况，而从文中提到的"碾玉者""花工"等可见当时已有十分精通翡翠加工的工匠，表明明朝末年滇西的翡翠文化业已比较发达。

从明代出土的文物来看，在不晚于明代晚期，翡翠就已传入中国。杨伯达先生在

《杨伯达说翡翠》（杨伯达，2009）一书中提到见过年代最早的翡翠文物系云南出土的一对翡翠玉镯，根据出土墓碑推断其不晚于明朝万历年间。江西婺源博物馆珍藏的翡翠鳌鱼佩，为明代万历年间（1573—1620）的珍品，属国家一级文物，原为明代万历二十年（1592）进士余懋衡所有（图1-13）。因此，目前掌握的史料表明，缅甸翡翠在我国内地使用的时间不晚于明代万历年间。这个观点得到了学术界广泛的认同。

图1-13　翡翠鳌鱼佩（明代）

（图片来源：婺源文博网 http://www.wywbw.com）

二、清代时期的翡翠

清代早期，关于翡翠的记载大多分散而且零碎。在有关贡品的记录中，即使在乾隆早期，翡翠贡品也寥寥无几。乾隆四十一年至乾隆五十三年（1776—1788）时，集全国玉雕能工巧匠所雕琢的"大禹治水图玉山"（图1-14）、"会昌九老图玉山"（图1-15）等玉雕精品均为和田玉。在乾隆时期的服制规定中，也无佩戴翡翠的规定。被达官显贵以及文人墨客欣赏和把玩的玉器珍宝中，翡翠与符合传统审美观的"白玉"相比，更是黯然失色。可见，当时翡翠的价值根本无法与东珠、珊瑚、青金石等相提并论。

清代著名文学家纪昀在《阅微草堂笔记》中写道："记余幼时云南翡翠玉，当时不以玉视之，不过如蓝田干黄，强名以玉耳，今则以为珍玩，价远出真玉上矣，盖相距五六十年，物价不同已如此，况隔越数百年乎。"这种"不以玉视翡翠"的观念在很长一段时间里影响着翡翠为人接受的程度。但是，仅仅经过了五六十年的流传，翡翠的价格就大幅超过了白玉，可见翡翠受到热捧始于清朝中期，但主要还是为王宫贵胄所珍藏，民间没有广泛流传。

图 1-14　大禹治水图玉山
清代，高 224 厘米，宽 96 厘米
宗教文物，一级甲等文物
铭记："密勒塔山玉，大禹治水图"
（故宫博物院提供）

图 1-15　会昌九老图玉山
清代，高 144.5 厘米，铜座高 41 厘米，
最宽 90 厘米，厚 65 厘米
一级乙等文物，款识：乾隆丙午年制
（故宫博物院提供）

19 世纪中叶，大量优质翡翠玉石源源不断地从缅甸曼德勒（位于缅甸中部偏北的内陆，是缅甸第二大城市）经水运抵达广州，再由广州北上经苏州运至北京。至同治四年（1865），慈禧太后十分喜爱色泽娇艳的翡翠。于是，她不断向织造、盐政和各地海关索贡，并命令清宫造办处为她制作了大量的翡翠首饰。我国现存的清代翡翠玉器中，慈禧太后的翡翠饰物就占了相当一部分。而与朝廷礼制相关的玉石重器则相对较少。可见，正是慈禧太后对翡翠的喜爱促使其成为玉石新贵，而我国的翡翠文化也是从这一时期开始才终成大观。

清代鉴赏家、收藏家唐荣祚是清代文人中公开赞颂翡翠的第一人。他于光绪十六年（1890）撰写的《玉说》中翡翠自成一节，并详细地介绍了翡翠的得名、开采、质量评价和成品鉴赏等。书中写道："若夫雕琢成器、磨砺滋莹，色以光而愈丽，工以巧而弥珍。艳夺春波，娇如滴翠，映水则澄鲜照澈，陈几亦光怪陆离，是为翡翠之绝诣，而非匹夫所敢怀藏者矣。"在唐荣祚眼中，将翡翠雕琢成器能够凸显翡翠的美，而翡翠的颜色娇艳、澄鲜照澈、光怪陆离的特点也非常难得。

富察敦崇于光绪三十二年（1906）撰写的《燕京岁时记》记述了当时北京琉璃厂"红货之内以翡翠石为最尊，一扳指、翎管有价至万金者"。可见当时翡翠已然成为风靡京城的奢侈品。

章鸿钊先生的《石雅》（1921）和《宝石说》（1987，为章鸿钊遗著）从矿物成分、得名、发展历史等方面对翡翠进行了初步研究和探讨。

从近现代开始，华夏大地，上至皇亲国戚、达官贵人，下至平民百姓，逐渐对翡翠喜爱有加。宋美龄等名人对翡翠的痴迷以及民间对翡翠的追逐热潮更是将翡翠推向玉石的巅峰。

随着时代的变迁，社会文明的进步和生活水平的提高，玉器也渐渐成为人们的赏玩珍品（图1-16~图1-20），翡翠的成品类型也变得多种多样，正可谓"旧时王谢堂前燕，飞入寻常百姓家"。时至今日，翡翠戴着"玉石之王"的桂冠一跃成为玉石家族的王者，也成为中华民族传统玉文化中不可或缺、浓墨重彩的一页。本书将在第十二章、第十三章中具体展示翡翠的成品类型以及每种成品的文化寓意。

图1-16 "春带彩"翡翠云纹挂牌

图1-17 翡翠平安扣

图1-18 翡翠龙牌

图1-19 翡翠印章

图 1-20　翡翠螭龙摆件

三、翡翠的玉文化渊源

翡翠蕴涵着东方文化，从某种意义上讲，翡翠传承了古玉文化之精华，只要谈到翡翠文化就一定要从中国的古玉文化讲起。中华民族具有8000多年的玉文化历史，"玉"在中国古代文献中被定义为一切温润而有光泽的美石。自远古开始，人们对美就有无尽的追求，从最古老的贝壳饰品、兽骨饰品，到造型图案简单的玉石配饰和陈设品，无不饱含着中国人对玉的深厚情感。早期人们使用的玉器材质主要是和田玉（软玉）、岫岩玉、蓝田玉、独山玉、玛瑙、绿松石、孔雀石及各种彩石等。翡翠最初被人们发现和利用时，市场价格并不高，然而，随着人们对翡翠潜在美学价值的逐渐认识和领悟，其市场价格也在急剧攀升。

（一）玉的文化历史

我国是生产玉器历史最悠久、经验最丰富、延续时间最长的国家。据考古资料记载，早在距今8000多年前的新石器时代就已有利用天然玉料制作的工具和装饰品了。随着加工工艺的进步和审美能力的提高，对雕刻所采用的玉料要求也越来越高。雕琢技术的不断提高，制作工艺的日趋完美，使中国的玉文化逐渐走向鼎盛。中国人对玉怀有一种独特而又神秘的情感，将玉视为坚贞与高贵的象征，并赋予其丰富的文化内涵。人们

用"温润如玉""玉洁冰清""宁为玉碎不为瓦全"等语言来赞美高尚的人格；用"亭亭玉立""金枝玉叶"等词汇形容人的美丽和高雅；也有将"切磋""琢磨"等制玉的习语应用于日常生活中。由此可见，玉对文化的影响已经深入人心。

在我国历史上，随着社会政治、经济、文化的发展，琢玉技艺也日益发展，不同历史时期的玉器具有不同的工艺和文化特点。在翡翠成为主要的玉器原料之前，琢玉的手工艺者已积累了丰富的传统工艺技术，为现今精美翡翠作品的涌现奠定了坚实的基础。

（二）翡翠的玉文化渊源

中国玉文化历史源于儒教、道教、佛教思想的影响。北周时就已有儒、道、佛"三教"的说法，到隋唐时"三教"之说已很流行。儒教崇尚"玉德"，道教尊崇"玉灵"，佛教推崇"玉瑞"。

1. 儒教的"玉德"

儒家学说的代表人物孔子以玉比德。孔子曰："夫昔者君子比德于玉焉：温润而泽，仁也；缜密以栗，知也；廉而不刿，义也；垂之如队，礼也；叩之，其声清越以长，其终诎然，乐也；瑕不掩瑜，瑜不掩瑕，忠也；孚尹旁达，信也；气如白虹，天也；精神见于山川，地也；圭璋特达，德也；天下莫不贵者，道也"，即提出玉有"仁、知、义、礼、乐、忠、信、天、地、德、道"十一德。仁，仁德及仁爱之心；知，智慧及真知灼见；义，正直与正义；礼，守礼节；乐，敲击时声音优美，使人心境平和；忠，忠心；信，诚信；天，气质高洁不凡；地，胸襟广阔；德，品德高尚；道，万物之本源，受人尊崇。

儒家的美学观点以"仁"为核心思想，评价玉的标准为"首德次符"，"德"是指玉石的质地及品性，"符"是指玉石的色泽，即强调玉石质地在玉评价时的重要性。

2. 道教的"玉灵"

道教以玉为灵物，视之为长生不老、去除疾病的灵药，并有避邪纳财之说。东晋葛洪的《抱朴子·仙药篇》中，"玉亦仙药，但难求耳"；《玉经》又曰："服玉者，寿如玉也"，说明古代道家思想认为玉是长生不老、驱除疾病的灵药；葛洪的《抱朴子》中亦曰："金玉在九窍，则死者为之不朽"，表明人们认为玉可保死者尸体不腐，因而在汉代丧葬玉盛行，其中的玉衣更成为身份和地位的象征。此外，玉石可以避邪之说也广为流传。

3. 佛教的"玉瑞"

《法华经》将金玉列入佛教七宝，赋予吉祥如意、保平安等文化内涵。从传统玉器中的佛珠、佛头、佛手、观音、袈裟扣、印章、"卍"字符等作品中，可以看出佛教文化和佛教题材已成为玉器中的一个重要组成部分，镶嵌了玉石的黄金佛法器是宝中之宝的圣物。

第二章

Chapter 2

国外翡翠的历史与文化

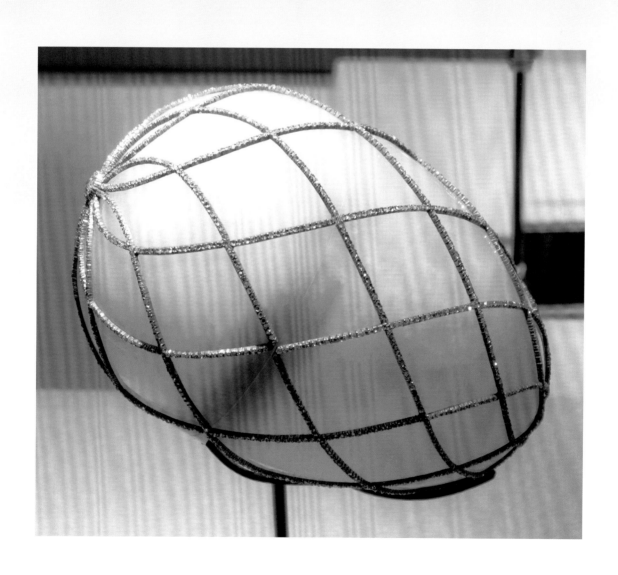

第一节

翡翠英文名称的来源

翡翠的英文名称为 Jadeite，其确定经历了一定的历史演变过程。现今将 Jade 译为玉，Nephrite 译为软玉，Jadeite 译为硬玉。然而对后两者的中文翻译引起了一些业内人士的疑虑和误解，因此笔者特查证了相关历史资料，对各名称的来源及发展进行探究，在此简要论述。

一、Jade 一词的来源

Jade，译为"玉"。按照 *Oxford Universal English Dictionary*（牛津通用英语词典）的描述，Jade 一词源于西班牙文 ijada，而 ijada 一词源于拉丁文 ilia，意为侧面、侧腹。当年西班牙殖民者来到墨西哥后发现当地土著人用一种石头来摩擦腹部两侧以治疗疝气，便把它当成一种矿物药，并称之为"piedra de ijada"，英文可译为"Stone of Colic"，即治疗疝气之石或腰石。

二、Nephrite 一词的来源

Nephrite，译为"软玉"。Nephrite 由 nephr 加后缀 -ite 组成。Nephr 源于希腊语 nephro，即"肾"或与"肾脏有关的"，因为 Nephrite 被认为可以用来治疗肾病，所以也称为"Kidney Stone"，即治疗肾脏之石。

三、Jadeite 一词的来源

Jadeite，译为"硬玉"。Jadeite 一词是由 Jade 加上后缀 -ite 所组成。17 世纪初，中国的和田玉以及从缅甸流入中国的翡翠，经由印度、波斯传入欧洲。法国矿物学家德穆尔（Alexis Damour）于1846年和1863年分别对和田玉和翡翠开展了开创性的科学研究。德穆尔研究中国清廷玉器的一些样品时发现了玉石中的矿物成分不同，并建议采用Jadéite（法语）来命名以钠铝辉石为主要矿物成分的玉石，而以透闪石为主要矿物成分的玉石则命名为Jade Nephritique，即Nephrite。由于中美洲玉石的供应逐渐衰竭，加之海洋运输的重重险阻，能够被运到欧洲的中美洲玉石少之又少。因此，直到1881年，德穆尔才发现来自中美洲的玉也属于Jadeite。这样就确定了Jade所包括的两个种属为Nephrite和Jadeite。

四、Jadeite（硬玉）与Nephrite（软玉）的关系

1868年明治维新后，日本学者把德穆尔的研究成果译为日文，根据透闪石和钠铝辉石硬度的微小差异，将Nephrite译为软玉（图2-1），而Jadeite则译为硬玉（图2-2）。

图2-1　透闪石质软玉摆件

图 2-2　硬玉质翡翠摆件

之后，中国译者就沿用了日本学者的翻译方法。章鸿钊先生在其所著的《石雅》一书中，首次对硬玉和软玉的说法进行了引用："求之于今，其足当《管子》九德、《说文》五德之称而无愧者，盖有二焉：一即通称之玉，东方谓之软玉，泰西谓之纳夫拉德（Nephrite）；二即翡翠，东方谓之硬玉，泰西谓之桀特以德（Jadeite），统称之玉。"Nephrite 和 Jadeite 源于希腊文和西班牙文"肾脏"或"腰"的词根，本身并未含有软硬之意，硬玉和软玉之说是日本翻译家在不经意间造成的误译。

五、翡翠的英文名称

硬玉（Jadeite）这一名称在国家标准《地质矿产术语分类代码为：结晶学及矿物学》GB/T 9649.9—2009。硬玉是指矿物种名，但翻译过程中使用了一个"玉"字，人们便逐渐把它称为矿物集合体的"玉"，这是对"硬玉"理解不当的结果。国家标准《翡翠分级》GB/T 23885—2009 中，将翡翠定义为主要由硬玉或由硬玉及其他钠质、钠钙质辉石（如钠铬辉石、绿辉石）组成，可含有少量角闪石、长石、铬铁矿等；依据国家标准《珠宝玉石名称》GB/T 16552—2010，翡翠的英文名称是 Jadeite 或 Feicui。翡翠除有硬玉质（图 2-3、图 2-4）也可能有绿辉石质（图 2-5）和钠铬辉石质（图 2-6），但翡翠的英文 Jadeite 从字面上看并不包括所有品种，也不能使用 Omphaeite（绿辉石）或者 Kosmochlor（钠铬辉石）单独作为翡翠的英文名称。考虑到 Jadeite 一词的历史来源，而且国内外已习惯使用，因此翡翠的英文名称应为"Feicui"或"Jadeite"。

图 2-3　硬玉质翡翠戒指

图 2-4　硬玉质翡翠寿桃挂件

图 2-5　绿辉石质翡翠（墨翠）项坠

图 2-6　钠铬辉石质翡翠（干青种）戒面
（亓利剑提供）

第二节

中美洲翡翠的历史与文化

中美洲古文明中有关翡翠使用的历史可谓源远流长。从公元前 1500 年前古典时期开始，直到 1492 年哥伦布发现新大陆以及随后欧洲殖民时代到来前，翡翠的踪迹遍及墨西哥、危地马拉、哥斯达黎加、洪都拉斯等国，成为中美洲古代文明的组成部分。这些文明包括著名的奥尔梅克文明、阿兹特克文明和玛雅文明等，其发达的翡翠文化不亚于我国古代的玉文化。

在中美洲出土的翡翠文物中，颜色从白色到绿色均有出现，文物类型涵盖了工具、装饰品、礼仪用品和工艺品等。许多 16 世纪欧洲殖民国家的文学家都对翡翠及中美洲土著人对翡翠的热爱做了评述。因对研究和记录中美洲土著文化做出卓越贡献而被称为"第一位人类学家"的西班牙传教士 Bernardino de Sahagún 这样评价翡翠："祖母绿色的美玉……其外观犹如凤尾绿咬鹃（quetzal）的羽毛，而又像黑曜石般的通透和致密。它是如此珍稀、神圣而高贵……"

中美洲印第安人在前古典时期（公元前 1500—公元 300）、古典时期（300—900）和后古典时期（900—1492）所建立的文明中，奥尔梅克文明（Olmeca）、萨波特克文明（Zapoteca）、哥斯达黎加尼古岩半岛文明（Nicoyans of Costa Rica）、特奥蒂瓦坎文明（Teotihuacan）、玛雅文明（Mayan）和阿兹特克文明（Azteca）等出土了翡翠装饰品、神像、面具、工具和其他工艺品。研究发现，当时阿兹特克人认为最尊贵的是翡翠，而金子的价值远没有现代人认为的那么尊贵，所以在当时来美洲淘金的西班牙人向他们索取贵重物品时，他们把自己认为最珍贵的绿色玉石和绿松石献了出来，殊不知西班牙人对这些绿色的石头一点兴趣都没有。

20 世纪 50 年代在中美洲的几个地方曾发现了翡翠原料。例如，在危地马拉临近曼扎纳尔（Manzanal）的莫塔瓜河畔发现了质量较好的苔藓绿色翡翠、普埃布拉（Puebla）和瓦哈卡（Oaxaca）也发现了橄榄绿色的翡翠卵石。莫塔瓜河谷被认为是中美洲最重要的翡翠产地。有资料表明，古代玛雅人曾在该河谷开采翡翠原料。此外，奥尔梅克文明以及其他的中美洲古文明也都有从该处开采翡翠原料的记载。

中美洲翡翠文化与我国古代玉文化具有很多惊人的相似之处。两种玉文化同样崇拜玉、尊敬玉，认为玉可以治病养生，并崇尚玉德，相信玉可通神、使人获得永生。同时，两种文化还将美玉与一种名叫凤尾绿咬鹃（Quetzal）的绿鸟羽毛相媲美。Quetzal 一词源于中墨西哥州的纳瓦特尔文（尤兹－阿兹特克语系中阿兹特克文分支的一个文种）Quetzalli，意思是"大而美丽的尾羽（large brilliant tail feather）"。在危地马拉，一种透明度较高的祖母绿碧玉（Jasper）命名为 Quetzalitztli，而中国人也以"翡翠鸟"的"翡翠"来命名与其颜色相似的硬玉质玉石。

一、奥尔梅克文明（Olmeca）

翡翠的使用要从中美洲最古老的文明之一——奥尔梅克文明说起。奥尔梅克文明以现在的墨西哥格雷诺州为中心，东至墨西哥湾的维拉克鲁斯州附近。研究发现，某些绿色的石头（如蛇纹石玉和翡翠）在信奉绿羽蛇神的奥尔梅克文明中具有重要的宗教意义。奥尔梅克人认为，如果普通的绿蛇纹石玉代表羽蛇神的身体，那么翡翠和品质较高的蛇纹石玉就是羽蛇神精髓骨骼和牙齿的象征。发现的奥尔梅克人玉雕作品中有许多人像面具（图 2-7、图 2-8）。Ward 评价奥尔梅克人的玉器艺术时说，奥尔梅克人雕刻出了不可

图 2-7　奥尔梅克翡翠面具
年代：公元前 10—前 6 世纪；发现地：墨西哥；尺寸：17.1 厘米 ×16.5 厘米

图 2-8　奥尔梅克风格的翡翠面具
现珍藏于皇家艺术与历史博物馆，
比利时布鲁塞尔（Michel wal，2008）

超越的人物造型，这些人像是所有玉雕作品中对人类面貌最好的诠释。现如今出土的奥尔梅克翡翠制品是公元前 1200 年至公元前 1000 年前后（约为中国商朝晚期至周朝早期）制造的用以祭祀的玉斧，磨制精美的大号翡翠玉斧表面雕刻有早期墨西哥神的造型，其并非使用工具，而是具有其他特殊功能和重要的宗教象征意义（图 2-9）。

图 2-9　奥尔梅克文明雕刻花纹的翡翠玉斧
年代：公元前 10—前 4 世纪；发现地：墨西哥；尺寸：36.5 厘米 ×7.9 厘米
（图片来源：美国纽约大都会艺术博物馆 Metropolitan Museum of Art）
http://www.metmuseum.org/Collections/search-the-collections/310467

与玛雅人相比，奥尔梅克人更偏爱蓝色翡翠，称为"Olmec Blue"。随着奥尔梅克文明的衰落，奥尔梅克蓝色翡翠曾一度消失在历史的长河之中，直到20世纪末，考古学家和地理学家才重新找到它的矿藏。

学者们普遍认为，墨西哥湾沿岸发现的翡翠制品的原料是从其他地方收集来的。奥尔梅克玉石的原料有可能来源于巴尔萨斯河谷（Balsas Valley）、莫塔瓜河谷（Motagua River Valley）或其他目前还未知晓的矿区。现在唯一能够确认的奥尔梅克玉石原料来源于远在危地马拉南部的莫塔瓜河谷（图2-10），属于玛雅文明所在的地区。

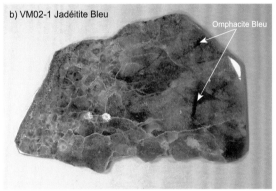

图2-10　危地马拉翡翠原石
a）蓝绿色，主要矿物为硬玉，尺寸：15厘米×9厘米;
b）蓝绿色，主要矿物为硬玉、绿辉石、多硅白云母
（George Harlow 提供）

二、玛雅文明（Maya）

玛雅人曾经居住的领域包括今天的墨西哥、危地马拉、伯利兹以及洪都拉斯的部分地区。对古玛雅人来说，绿色与两种重要的物质有关——水和庄稼，玛雅文明的"世界之树（The World Tree）"也是绿色的。玛雅人认为世界可分为三层，分别为地下、人间和天堂，而连接这三个世界的正是这棵巨大的、绿色的"世界之树"（图2-11）。"世界之树"作为神灵和人类的媒介，其根扎在地下，枝叶则一直延伸到天界。因此，玛雅人视绿色为神圣的颜色，并给绿色的事物赋予特殊的含义。玛雅人十分欣赏翡翠灵动的绿色，认为绿色的石头具有孕育生命的性质，而拥有绿色宝石意味着拥有与生俱来的财富。

图 2-11　玛雅文化中的"世界之树"图示
（图片来源：http://blog.sina.com.cn/s/blog_70f887a00102euo3.html）

　　考古发掘出来的玛雅翡翠制品，大多数来源于公元 300—900 年的古典时期（约为中国西晋晚期至北宋早期），其中多数可能来源于莫塔瓜河谷（图 2-12~图 2-16）。20 世纪 30 年代的研究普遍认为，古代中美洲的玉石矿早在古玛雅时期就已消失或是枯竭了。玉石制品的加工数量急剧减少，考古学家发现，在年代较早的墓穴中往往能找到大件的

图 2-12　玛雅古典时期的翡翠胸饰
（© John Hill/Wikimedia Commons/CC-BY-SA-3.0/GFDL）

玉雕制品，而在年代较晚的墓穴中所发现的多数是经过再加工的玉雕制品，这些玉雕制品是将大件的玉石制品切割后再进行加工、雕刻而成的。

2011年9月考古学家在危地马拉发现了一座玛雅王族墓。这位长眠了1300年的玛雅国王身上，佩戴着一条翡翠材质的大项链。这条翡翠项链的串绳已经腐烂，大大小小泛绿的翡翠珠子散落在国王遗骸上。可以确定，这串翡翠项链比这位国王还要"年长"300岁。也就是说，即使在这位玛雅国王活着的时候，这串项链俨然已是古董宝物了。

图2-13 玛雅文明翡翠耳环
年代：3—6世纪；发现地：危地马拉；尺寸：高5.1厘米
（图片来源：美国纽约大都会博物馆 Metropolitan Museum of Art）

图2-14 玛雅文明翡翠神面吊坠
年代：公元7—8世纪；发现地：危地马拉或墨西哥；
尺寸：高5.7厘米
（图片来源：美国纽约大都会博物馆 Metropolitan Museum of Art）

图 2-15　玛雅文明坐式翡翠神像吊坠
年代：公元 7—8 世纪；
发现地：危地马拉或墨西哥；
尺寸：6.7 厘米 ×4.8 厘米 ×1 厘米
（图片来源：美国纽约大都会博物馆
Metropolitan Museum of Art）

图 2-16　玛雅文明翡翠头像吊坠
年代：公元 6—9 世纪；
发现地：墨西哥或危地马拉；
尺寸：8.6 厘米 ×5.5 厘米 ×1.8 厘米
（图片来源：美国纽约大都会博物馆
Metropolitan Museum of Art）

三、阿兹特克文明（Azteca）

奥尔梅克文明和玛雅文明所在地区的北方居住着阿兹特克人和米斯特克人，他们也同样崇尚翡翠和其他绿色玉石。在论述 600 年前的墨西哥中部历史时，Adams（1977）说："阿兹特克人曾用玉石作为耳饰，但并不普遍。这是因为他们相信玉石具有神秘的力量，所以只有上流社会才享有佩戴玉石饰品的特权。"

阿兹特克文明，就是在以"活人祭"闻名于世的中美洲文明之一。阿兹特克人被认为是中美洲最热爱翡翠的人。他们称翡翠为 chalchihuitl，意思是"地球的中心"。在阿兹特克文明中，掌管水和孕育生命的守护神——查尔丘特里魁神（Chalchiuhtlicue），他的名字便是由翡翠（Chalchihuitl）和裙子（Cuetil）组成。因此，翡翠在阿兹特克文明中的地位可见一斑（图 2-17~ 图 2-20）。

图 2-17　以阿兹特克神灵 Xipe Totec
为描绘对象的翡翠面具
年代：15 世纪
（Marie-Lan Nguyen，2006）

图 2-18　大西洋流域文化翡翠鸟形吊坠
年代：公元 1—5 世纪；发现地：哥斯达黎加；
尺寸：6.7 厘米 ×1.9 厘米 ×4.7 厘米
（图片来源：美国纽约大都会艺术博物馆
Metropolitan Museum of Art）

图 2-19　大西洋流域文化翡翠吊坠
年代：公元 4—7 世纪；发现地：哥斯达黎加；
尺寸：7 厘米 ×7 厘米
（图片来源：美国纽约大都会艺术博物馆
Metropolitan Museum of Art）

图 2-20　翡翠神像
年代：公元 550—650 年；
发现地：伯利兹城；
尺寸：14.9 厘米 ×11.2 厘米 ×14.8 厘米
（图片来源：伯利兹国家文化与历史研究所）

第三节

日本翡翠的历史与文化

日语的翡翠（读音：ひすい），有灵魂或灵魂归宿的引申义，因此珍贵而神圣。日本从新石器时代（约1万年前起始到5000至2000多年前结束，约为中国磁山时期至北辛时期）就开始以翡翠为原材料制作各种器物：先是工具，继而发展为耳饰和吊坠，如翡翠丸玉（图2-21），后来有了闻名遐迩的勾玉（图2-22）、枣玉与管玉等礼仪用器。此传统长盛不衰，历经绳文时代中期、后期、晚期（公元前2500—公元前300年，约为中国

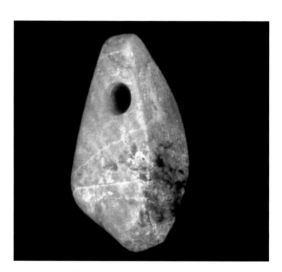

图2-21 日本最古老的丸玉
（图片来源：日本山梨县立考古博物馆）

良渚文化末期至周朝晚期）以及弥生时代（公元前300—公元300年，约为中国先秦至晋朝时期）、古坟时代（公元300—600年，约为中国晋朝至隋朝晚期），直到奈良时代（公元710—794年，约为中国唐朝中期）才逐渐衰落。

日本的翡翠文化以如今新潟县糸（读mi）鱼川市地区为中心，主要出土了绳文时代中后晚期的大量翡翠文物及一些

图2-22 日本古坟时代勾玉
年代：公元4世纪；发掘地：日本群马县玉村町；
尺寸：长2.9厘米（左），长3厘米（右）
（图片来源：新西兰特巴巴同加利瓦博物馆）

软玉、玛瑙等玉器，同时出土的还有一些小型工具和经过雕刻的勾玉和小珠子。经研究，该地区的翡翠首先作为工具，然后作为串珠和吊坠，最后出现了广为人知的丸玉、勾形玉（其形状类似于增厚的逗号而称为勾玉）等，最终上升为皇权象征。

历史上，中国居民曾五次大规模地迁往日本。第一次即为日本弥生文化初期，不仅带去了汉字，而且带去了农耕技术和铁器制造技术等。弥生文化的特点恰好包括水稻的种植、金属器具的应用等。井上清在其所著《日本历史》一书中指出："弥生文化的中期……随葬品有来自中国的青铜镜、剑、玻璃制勾玉一类物品。这是当时极为贵重的宝器。"可见，弥生时代中国手工艺品特别是玉器的传入对日本文化产生了重要的影响，此时期日本翡翠制品在形制、用途和加工工艺等方面都明显带有我国玉文化的烙印。然而，由于弥生时代之前的绳文时代是日本先民独立的发展时期，所以现如今日本的玉文化应是本土玉文化与中国玉文化相结合的产物，中国玉文化是日本玉文化的源头之一。

1939 年，日本新潟县糸鱼川市还发现了翡翠矿床（图 2-23），由于其与绳文文明的翡翠文物的出土地相同，因此有理由相信日本新石器时期的翡翠文物很可能是就地取材制作而成。考古发现，还有部分翡翠制品由日本经海路流传到韩国。

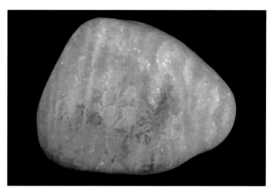

图 2-23　日本新潟县博物馆展出的翡翠原料
（图片来源：日本新潟县博物馆）

第四节

欧洲翡翠的历史与文化

在欧洲多个国家，包括英国、意大利、荷兰、西班牙、葡萄牙、德国西部、法国、瑞士和斯洛伐克都发现过古礼仪使用的翡翠玉斧，例如：瑞士的史前文明翡翠斧头和武器，芬兰东、南部出土的翡翠玉斧，英国新石器时期遗址出土的翡翠玉斧等。其具体考古年代约在公元前 5000 年—公元前 1800 年（英国稍晚，约为公元前 4000 年）。有一些制品的净度可与较好的缅甸翡翠相媲美。而在俄罗斯西萨彦岭、意大利蒙维佐地区 Mocchie Susac、法国阿尔卑斯山地区等发现了翡翠或硬玉岩。与瑞士、法国和意大利接壤的西阿尔卑斯山脉是欧洲翡翠的主要产地。

在英国肯特郡坎特伯雷市出土的翡翠玉斧（图 2-24），时代为约公元前 4000 年—公元前 2000 年的新石器时期。玉斧整体抛光完好，且其制作需要长时间的精雕细琢。由于其保留了原状态，推测其并非作为工具使用，或许只是一件具有象征意义的器物。

靠近斯洛伐克西部的某个地区发现了一把新石器时代的翡翠玉斧。研究认为，这把玉斧与当地公元前 5000 年—公元前 3500 年（约为中国河姆渡时期至仰韶时期）的 Lengyel 文明有关联，但是当地并没有已知的矿源。这把玉斧形状与意大利发现的玉斧相似，并且由于阿尔卑斯西部的一个矿区被认为是西欧最大的翡翠原材料

图 2-24　英格兰肯特郡坎特伯雷市新石器时代玉斧
（图片来源：大英博物馆 The British Museum）

来源地，学者认为这把玉斧也来源于该地。

现珍藏在英国威尔特郡迪韦齐斯博物馆（Wiltshire Heritage Museum）的一件新石器时代的翡翠斧头（图2-25）在 Wiltshire border Breamore Hampshire 被考古学家发现，保存完好。研究认为，它并不是作为工具使用，而是一种地位和权力的象征。考古学家认为，这把翡翠玉斧的原材料应来源于意大利的阿尔卑斯山地区。

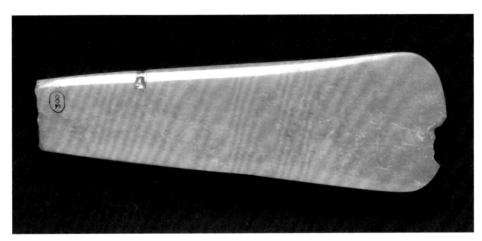

图 2-25　新石器时期的翡翠斧头
（英国威尔特郡迪韦齐斯博物馆 Wiltshire Museum，Devizes 提供）

钻石网格彩蛋是沙皇皇室拥有的第八枚复活节彩蛋（图2-26），制作于1892年。蛋体由半透明的浅绿色翡翠制成，彩蛋两端分别镶有钻石，16条钉镶玫瑰切工小钻的铂金细带从蛋体两端钻石处伸出来，组成网格环绕整枚彩蛋。最初，彩蛋还配有由三个天使组成的底座，据说象征沙皇的三个儿子。

虽然新石器时代的欧洲到处都有翡翠的踪影，但是，此后翡翠却在欧洲大陆销声匿迹了。一直到15世纪欧洲人发现了新大陆，并从新大陆的印第安人那里获得大量翡翠原料、翡翠制品及知识之后，欧洲人才重新燃起对翡翠的热情。

图 2-26　浅绿色翡翠复活节彩蛋
（Randall Pugh 提供）

第三章
Chapter 3
世界翡翠矿床的分布及其特征

虽然翡翠在全世界多个国家有产出，但是不同国家产出的翡翠形成年龄有所不同，地质环境有所差别，本章介绍翡翠的主要产出地，从而揭示翡翠的矿床分布特征，以供读者参考。目前，世界公认的翡翠产出国有 13 个：缅甸、危地马拉、俄罗斯、哈萨克斯坦、日本、美国、古巴、多米尼加共和国、伊朗、土耳其、意大利、希腊以及巴布亚新几内亚（Shigley et al.，2010；Tsujimori，Harlow，2012）。此外，印度、塞尔维亚等地也有零星产出翡翠的报道（欧阳秋眉，2005）。

矿产在地壳中的集中产地即是矿床。确切地说，矿床是指地壳中由地质作用形成的，其所含有用矿物的质和量，在一定的经济技术条件下才能被开采利用的地质体（袁见齐，1985）。世界上最著名的翡翠矿床在缅甸，缅甸的翡翠矿床规模最大、产量最多、质量最好、经济价值最高；危地马拉的翡翠矿床具有较大的规模和价值；俄罗斯及哈萨克斯坦产出的翡翠在市场上偶有出现；其他产地的翡翠产量较低且质量不高、经济价值较低。因此，本章主要介绍缅甸、危地马拉、俄罗斯、哈萨克斯坦以及日本的翡翠矿床。中美洲、日本、欧洲等地出土的大量翡翠玉器，相对于经济价值而言，更具文化历史价值：在中美洲奥尔梅克文明和玛雅文明、日本绳文文化、欧洲新石器时代，翡翠作为一种珍贵的玉石宝物，被赋予了神圣、高贵、尊荣的象征意义和文化内涵，成为地位和权力的象征。

全世界所有翡翠产地中，缅甸翡翠矿床的开采规模和原石产量均远超其他产地，且缅甸翡翠在结构致密度、透明度、光泽度和颜色的美丽均匀程度等方面都具有突出的优势，质地细腻、透明度高、绿色纯正的翡翠几乎全部来自缅甸。因此，缅甸翡翠资源具有很高的珍贵性和稀缺性。优质的缅甸翡翠更是具有极高的商业价值和升值空间。

翡翠矿床的成因及其特征

一、翡翠的岩石学定义

从岩石学角度来讲，翡翠是一种罕见的由微晶质 – 粗晶质辉石族矿物组成的岩石，其矿物组成包含硬玉、绿辉石和钠铬辉石等，是一种硬玉岩、绿辉石岩或钠铬辉石岩。传统珠宝行业认为，翡翠是一种达到宝石级的硬玉岩。随着近年翡翠研究的深入，（许多）业内人士认为一些达到宝石级的绿辉石岩和钠铬辉石岩也应归入翡翠的范畴，这将进一步丰富翡翠的品种，扩大翡翠的资源范围。另外，与翡翠有关的岩石还有钠长石岩、硬玉化异剥钙榴岩、钠质 – 钠钙质角闪石岩等。

二、翡翠产出的大地构造特征位置

全世界产出翡翠的大地构造位置，大多处于相似的板块构造俯冲带内，以及与俯冲带或碰撞区域有关的大地构造位置，并沿主要改造类型或逆冲断层切断古弧前区或增生楔。例如，缅甸翡翠产于印度板块东部俯冲带内；危地马拉翡翠产于北美板块与加勒比板块的碰撞带内；美国科罗拉多州翡翠产状较为特殊，以硬玉岩捕房体的方式产于金伯利岩管中。

三、翡翠形成的地质年代

翡翠形成的地质年代涵盖了早古生代、中生代、新生代（表 3–1）。年代最早的翡翠形成于早古生代，如俄罗斯、哈萨克斯坦和日本的翡翠；年代最晚的翡翠产于美国科罗拉多高原的硬玉岩捕掳体，形成于中生代、新生代。早期形成的翡翠矿床经过多期构造活动、退变质作用、重结晶作用，这一系列大地构造运动使得矿石结构变细，颜色分布

趋于均匀，成为难得的优质翡翠，但也可使矿石的裂隙增多，矿物成分变复杂，晶体变粗，质地变差（Tsujimori & Harlow，2012；施光海，2008）。

表 3-1　翡翠的类型及其形成年代

	产地	类型	原岩年龄	翡翠形成年龄	重结晶冷却年龄
	缅甸	结晶型，交代型	Zrn 163 Ma	Zrn 158、147、122 Ma	—
危地马拉	莫塔瓜断裂北部	结晶型	—	Zrn 95-98Ma	Phe 65-77Ma
	莫塔瓜断裂南部	结晶型，交代型	Zrn 154 Ma*	Zrn 154 Ma*	Phe113-125Ma
俄罗斯	极地乌拉尔	结晶型	早古生代*	Zrn 404 Ma	Zrn 378、368 Ma
	西萨彦岭	结晶型，交代型	—	早古生代*	—
	哈萨克斯坦	结晶型	—	Zrn 450 Ma	—
日本	新潟县系鱼川市青海町	结晶型，交代型	—	Zrn 520 Ma	Phe 320-340 Ma
	冈山县新见市大佐	结晶型，交代型	Zrn 488-523 Ma	Zrn 451-521 Ma	—
	兵库县养父市大屋—鸟取县若樱町	结晶型	早古生代*	—	—
	长崎县西彼杵郡	交代型	Zrn 131-142 Ma	Zrn 82 Ma	—
美国	新爱德里亚	结晶型	—	白垩纪*	—
	沃德克里克	结晶型	—	白垩纪*	—
	科罗拉多高原硬玉岩捕掳体	结晶型	—	—	—
	古巴	结晶型	—	Zrn107-108Ma	—
	多米尼加共和国	结晶型	Zrn 139 Ma	Zrn 115 Ma	Zrn 93 Ma
	伊朗	结晶型	—	白垩纪	—
	土耳其	—	—	—	—
	意大利	交代型	Zrn 163 Ma	始新世*	—
	希腊	结晶型，交代型	Zrn 80 Ma*	Zrn 80 Ma*	—
	巴布亚新几内亚	—	—	—	—

（Tsujimori，Harlow，2012）

注：Zrn：锆石 U-Pb 年龄；Phe：多硅白云母 K-Ar（或 $^{40}Ar/^{39}Ar$）年龄；Ma：百万年；结晶型：翡翠由渗透地幔楔的流体直接结晶形成；交代型：翡翠由斜长花岗岩、变质辉长岩和榴辉岩的交代作用形成；*：时间不确定或有争议。

四、翡翠矿体的围岩

翡翠矿体的围岩绝大多数为超镁铁质岩（通常为蛇纹岩、蛇纹石化橄榄岩）。例如，缅甸硬玉岩与危地马拉硬玉岩都产出于蛇纹岩化的橄榄岩中，哈萨克斯坦硬玉岩产出于破碎和片理化的蛇纹岩。由于遭受强烈的变形变质和构造破碎作用，岩体通常呈大小不等的板块体、透镜体或不完整的岩墙和岩脉等复杂形态（图3-1）。岩体一般规模较大，长度可达数千米至数十万米，宽度可达数百米至数千米，岩石普遍蛇纹石化。

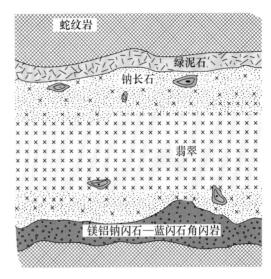

 片状角闪岩包裹体

图 3-1　缅甸度冒翡翠矿体接触关系图
（Harlow & Sorensen, 2005）

五、翡翠矿床的产状

原生翡翠矿体的产状（矿物发现地的地质条件）类同，基本呈脉状、构造块状、透镜状或扁豆状，长度可达数米至数十米，宽度可达数十厘米至数米。由于翡翠具有多期成矿的特点，矿体通常可见到不同颜色和不同程度结晶的翡翠细脉。

翡翠矿体还可见对称分带现象，矿体中心一般为较纯的硬玉岩，两侧成分比较复杂，由内向外依次出现硬玉 + 钠长石岩→钠长石岩及绿泥石岩→蛇纹石化橄榄岩（摩休，1997）。

六、翡翠的成因

（一）翡翠的成因类型

目前认为，翡翠（硬玉岩）的形成可分为两种类型：结晶型（P-型）和交代型（R-型）。

结晶型翡翠是从俯冲带内富含 Na-Al-Si 的流体中直接结晶形成，流体渗入地幔楔结晶成岩，不显示原岩（图3-2）。交代型翡翠形成于斜长花岗岩、变质辉长岩和榴辉岩的交代作用，部分保留了原岩结构、矿物组成、地球化学方面的证据。硬玉含量高的翡翠的成因大多属于前者，这两种类型也可同时出现。

全球几处产地的翡翠曾发现硬玉矿物中存在流体包裹体，这些流体包裹体直接证明了翡翠可以从俯冲带的流体中结晶形成。例如，根据缅甸帕敢地区翡翠硬玉矿物中存在

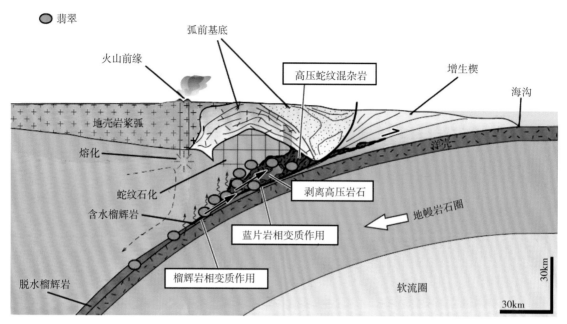

图 3-2　翡翠形成环境示意图
（Stern et al., 2013）

的流体包裹体，推测出缅甸硬玉岩可能是由含 H_2O 和 CH_4 的硬玉质硅酸盐熔体结晶形成；根据危地马拉翡翠硬玉矿物中存在的流体包裹体，推测出危地马拉硬玉岩由深俯冲带中含氘的蛇纹岩化流体结晶形成。

此外，硬玉晶体的阴极发光图像也可证明其流体结晶成因，该图像呈现多重生长环带，与氧同位素以及微量元素一起记录了低温俯冲带流体的演变过程。多个产地的翡翠中的硬玉矿物都发现有环带现象，如缅甸、危地马拉、俄罗斯、哈萨克斯坦、日本、美国等。

（二）翡翠形成的流体来源

硬玉岩，无论是直接从流体中结晶形成，还是通过流体的交代作用形成，都与富 Na、Al、Si 且贫 K 的流体密切相关，但是这种流体的来源目前还不是很清楚。近年来，缅甸、危地马拉、日本等地的硬玉岩中钡矿物（Harlow, 1995；Morishita, 2005；Shi et al., 2010）与缅甸硬玉中类似 I 型球粒陨石的发现（Shi et al., 2011）都表明形成硬玉岩的流体与蚀变的洋壳和洋壳沉积物有关。

Stern，Tsujimori，Harlow 等（2013）认为，翡翠的形成与高压低温变质岩有着密切的联系，其岩性组合常包括转变为蓝片岩和榴辉岩的俯冲洋壳，以及地幔楔物质（蛇纹石化橄榄岩），且通常作为混杂岩的基质；这种组合也可能代表一个剥离俯冲带，在此区域内，板块界面上的浮力驱动回流将俯冲物质和地幔楔物质带到地表。这种说法认为，翡翠是俯冲洋壳脱水过程中释放的富 Na-Al-Si 的含水流体的结晶或交代产物，其形成深度通常为 20~60 千米，有时可达 100 千米。

而另一种观点认为，形成翡翠的富 Na 流体可能来源于与蛇纹岩化有关的异剥钙榴岩化过程（王静等，2013；李旭平，张立飞，2004）。蛇纹石化并不能产生钠质流体，在蛇纹石化过程中，单斜辉石分解产生的 Ca 离子不能被蛇纹石晶体所容纳而进入流体中，于是，这种富 Ca 的流体交代基性岩，形成异剥钙榴岩。异剥钙榴岩的原岩（基性岩）中含有 Na（Austrheim，Prestvik，2008），但是异剥钙榴岩中却贫 Na。在异剥钙榴岩化的过程中，大量的 Na 和 Al 从原岩中转移，并产生了钠质流体。这种流体随着洋壳俯冲被运送到俯冲带，可能在这里与洋壳变质脱水形成的流体共同构成了富 Na-Al-Si 的流体，最终在高压低温条件下通过结晶或交代形成硬玉。

（三）翡翠形成的温度和压力条件

据 Tsujimori 和 Harlow（2012）的研究，翡翠形成的压力 – 温度（P-T）条件也超出了之前认为的蓝片岩相，此 P-T 条件的温压范围较大，温度为 200~500℃，压力为 0.3~2.5 吉帕斯卡（压强单位，吉帕斯卡，$1GPa=10^9Pa$，下同）；部分可形成于绿帘角闪岩相，温压范围为 350~550℃、0.1~1.3 吉帕斯卡；还有部分可形成于榴辉岩相，温度为 250~900℃，压力一般大于 1.0 吉帕斯卡，其中硬柱石 – 榴辉岩相温度为 250~600℃，压力大于 2.0 吉帕斯卡。例如，缅甸、伊朗、日本长崎西彼杵、美国新爱德里亚等地产出的翡翠主要形成于蓝片岩相；危地马拉翡翠形成于蓝片岩相或硬柱石 – 榴辉岩相；古巴产出的翡翠形成于绿帘角闪岩相；多米尼加共和国产出的翡翠形成于蓝片岩相或绿帘角闪岩相；意大利翡翠和美国科罗拉多高原产出的硬玉岩捕掳体形成于硬柱石 – 榴辉岩相。

第二节

缅甸的翡翠矿床

一、矿床的分布

缅甸的翡翠矿床有几百年的开采历史，产量占世界总产量的 90% 以上，一直是世界超大型翡翠矿床。

缅甸的翡翠矿床位于印度板块和欧亚板块碰撞带东侧，滇西高黎贡山变质带以西。矿区在地质构造上位于阿尔卑斯褶皱区外带，其与前寒武系巨大隆起的交界处沿南北向展布。区内岩浆活动强烈，变质作用广泛，地质构造复杂。矿区内广泛发育蓝闪石片岩、阳起石片岩、绿泥石片岩，还有一套侵入的阿尔卑斯型超基性岩体（蛇纹石化纯橄榄岩、角闪石橄榄岩、蛇纹岩），局部地区可见花岗岩脉穿插于片岩或超基性岩中。

缅甸的翡翠矿床主要分布在缅甸北部密支那地区，亲敦江支流——雾露河流域，克钦邦西部与实皆省交界线一带，雾露河呈北东 – 南西向延伸，长约 250 千米。

缅甸翡翠矿床从北到南可分为三个矿带：

（1）北部为后江 – 雷打矿区　位于缅甸实皆省后江上游。

（2）中部为帕敢矿区　为主矿带，位于缅甸北部克钦邦的帕敢地区。矿带北达干昔，南至会卡，南北长约 35 千米，东西宽约 15 千米，区内的场口星罗棋布，既有次生矿床又有原生矿床，为最重要的翡翠产区。

（3）南部为南奇矿区　该矿区与主矿区不相连，位于因多基湖西南，矿区交通便利，面积小，翡翠产量较小。

翡翠场区是由若干个场口组成，并依其开采年代、原石种类、地理位置、行政区等情况而划分的区域。场口是指开采玉石的具体地点，缅语称为"磨"或"冒"。场区及场口的名称都是缅语地名的译音。目前缅甸已知的翡翠场口有近百个。

按矿床开采的早晚可将场区分为老场区、新场区和新老场区。老场区有帕敢、达木坎、后江、雷打等；新场区有著名的马萨场口、凯苏场口等；新老场区有著名的龙塘场口等。

目前，人们通常根据地理位置和行政区，将缅甸翡翠矿床划分为龙肯场区、帕敢场区、香洞场区、会卡场区、达木坎场区、后江场区、雷打场区、南奇场区等八大场区（江镇城，1996）（表 3-2）。

表 3-2　缅甸翡翠矿床的场区及场口

场区	地理位置	主要场口
龙肯	雾露河的上游	凯苏、度冒（多磨、朵摩）、铁龙生、雍曲磨（雍曲冒）、摩西沙、陈开钦磨、斑加磨、目乱岗（目乱干）、马萨、散卡磨、缅磨、格地磨、干昔、磨西西
帕敢	龙肯场区西南	帕敢基（老帕敢）、木那（木纳、木拿）、大谷地、四通卡（次通卡）、麻蒙、摩东（莫洞）、U 马（育马）、三跩（三决）、巧五（巧武、桥乌）、美龄炯、摩湾基、摩湾哥立、孟卯、嘎拉磨、杰得拱、苏落卡、当秀、苗撇、巧因树、烈因树、香柱
香洞	雾露河东岸，雾露河及会卡河交会点	搅堆东、帕丙、百善巧、包娃、麦姐、格应炯、东阁、搅吉贡、拉磨、香贡、得由贡、四波、摩象、莫耳埂
会卡	香洞场区东南，会卡河两岸	枪送、磨东、展嘎、玉石王、外苏巴炯、下苏巴炯、格冬月、马加丙、摩格拢、加了映、液机、洋格丙、烈固炯、摩皮
达木坎	雾露河下游	达木坎、雀丙、莫格叠、大三卡、南丝列、西达别、苦麻、磨隆基地、南色丙、那亚董、黄巴
南奇	恩多基湖南面	莫罕、南奇（南其）、南西翁、莫六磨、那黑（懒黑）、莫六、乌起公、通董（通洞）、抹岗
后江	后江江畔	帕得多曼、比丝都、莫龙、佳磨（加莫）、格门利（格母林）、香港都、不格朵、莫东阔（莫东郭）、克钦磨（格勤莫）、莫地（莫帝）
雷打	后江上游	那莫、孟兰邦（勐兰帮）

据欧阳秋眉（2005）、江镇城（1996）及徐军（1993）归纳。

注：场口不包括 2005 年以后发现的所有场口；各场口中文名称均为音译，译名可能有所不同，括号内为该场口的其他译名。

二、矿床成因类型及其特征

缅甸翡翠矿床按成因类型可分为原生翡翠矿床和次生翡翠矿床。次生翡翠矿床又可分为阶地砾岩层型翡翠矿床、河床及河漫滩型翡翠矿床和残积 – 坡积型翡翠矿床。

（一）原生翡翠矿床

原生翡翠矿床位于雾露河上游干昔地区，产于第三纪蛇纹石化橄榄岩中。矿体呈脉状和透镜状分布：中心富集部位厚度大，沿矿脉走向延伸，厚度变薄，逐渐尖灭。翡翠原生矿的质地总体不佳，主要分布在雷打场区和龙肯场区。

1.雷打场区

雷打场区位于后江上游的一座山上。目前，具有代表性的场口只有那莫和勐兰帮。翡翠原生矿在地表的露头经受强烈物理风化（昼夜温差等）作用，矿石表面产生大量不规则的龟裂纹。因此，该场区所产的翡翠原料有较多裂隙，如雷劈种，即使产出满绿翡翠，也不能作为高档翡翠原料。

2.龙肯（隆肯）场区

该场区位于雾露河的上游，东西约40千米，南北约30千米，场区内大大小小场口有30多处，均在原始森林中，有原生矿也有次生矿，著名场口有度冒、凯苏、铁龙生、雍曲磨、摩西沙、目乱岗、马萨等。早期又称"新场区"。

（1）度冒　度冒为较早发现的场口之一。矿体呈脉状、透镜状、岩株状产出，沿东北－西南走向，长达270米，矿脉呈平行排列，对称分带明显，矿体的中心部分由硬玉岩组成，两侧渐变为钠长石带、碱性角闪石带。由于岩层较硬，又覆盖大片森林，开采困难。

（2）凯苏　矿体呈岩脉状或岩墙状，沿东北向延伸，矿脉最宽处约3米。该场口以产出"八三玉"著称。此玉种因在1983年首次发现，所以我国珠宝界称之为"八三玉"。由于"八三玉"为中粗粒结构，且透明度较差，故市场上所见成品中约有95%以上是经过处理的"B货"。目前，在国内翡翠市场上已很少见。

（3）铁龙生　矿体呈透镜状或脉状，绿色分布不均匀。翡翠矿石结晶颗粒较粗，透明度低，铬含量高，基本为满绿色，绿色色调种类丰富，深浅不一，当地人称之为"铁龙生"，其中不乏有种好色绿的翡翠。

（4）雍曲磨　矿体由数条矿脉组成，矿石质量良莠不齐，有颗粒较细、水头好、黑点少的优质翡翠；也有颗粒较粗、水头差、有黑点的劣质翡翠。该场口矿石与铁龙生一样为满绿色，但总体上比铁龙生场口的翡翠质量高。

（5）摩西沙　摩西沙场口位于龙肯寨子西南边约2千米处，一直到帕敢公路边。此场口为阶地砾石沉积砂矿。含翡翠砾石的沉积特点是：上面为黄色沙砾石层，下面砾石层为灰绿色，矿层厚度可达200米。出产的翡翠质地细腻，其地子可达糯化地、玻璃地，质量很高。

3.南奇（南其）场区

该场区位于恩多基湖南面，毗邻铁路线，面积约为45平方千米，比后江场区大3倍，最著名的场口有南奇、莫六、莫罕。只因场口不多，早期又被称为"小场区"。

该场区大多为原生矿床，也有阶地砾岩层型次生翡翠矿床，曾产出过许多优质翡翠，是整个缅甸翡翠矿区不可缺少的组成部分。

4.纳莫（南冒）场口

该场口的原生矿体具有一定的代表性，于2000年5月被发现，位于帕敢市南西方向8千米处。海拔标高约273米，距地表埋深10~25米，总储量约3000吨，为迄今为止所发现的最大翡翠原生矿体（图3-3）。

图3-3　缅甸帕敢纳莫109号矿点

（George Harlow提供）

原生矿体呈透镜状，长21.4米，宽4.9米，厚6.1米，无明显分带，赋存于蛇纹石化纯橄岩中。

（二）次生翡翠矿床

次生翡翠矿床主要分布于钦敦江支流雾露河的冲积层，雾露河上游有两条东西流向的支流发源于翡翠原生矿分布地区（图3-4）。这两条支流汇合于龙肯北边，并折向南流，河流冲积层发育，形成不同类型的次生翡翠矿床。

图3-4　翡翠次生矿区次生矿床采场

1. 阶地（高地）砾岩层型翡翠矿床

阶地砾岩层型翡翠矿床是原生翡翠矿体经过风化、剥蚀、搬运和陆相河流沉积作用形成洪积、冲积矿床后，又经过地壳抬升、河流改道或再侵蚀而保存下来的翡翠矿床，矿床在地形上分布于河流两侧（图3-5）。有些矿床在地貌上多为丘陵而不具典型的阶地形貌特征，因此有些学者将其称为高地砾岩层型翡翠砂矿。此类矿床也有可能再次经受风化、剥蚀、搬运、沉积等地质作用。

图3-5　阶地砾岩层型翡翠矿床

雾露河流域第四纪巨厚砾岩层是翡翠的主要赋矿层，矿体呈长条状分布，长达数万米，沿北北东走向，最宽处在麻蒙一带，宽6000米，砾岩层的厚度可达300米。含翡翠的砾岩层在最底层，厚约15米。第四纪砾岩层的翡翠是目前最为重要的开采对象之一，以砾石体积巨大为特点，开采的规模很大，是翡翠摆件原料的主要来源，底层砾岩中也有优质翡翠产出。在第三纪砂岩、砾岩的沉积层也发现有翡翠的漂砾，但是这些矿床的规模较小。

此外，矿床还具有明显的分层性，在不同的埋藏层位中，胶结物和翡翠皮壳均显示出不同的颜色，根据砾石层的颜色差异，由上到下表现出由黄、褐红色逐渐向深灰色至灰黑色过渡的变化特征（图3-6）。

阶地砾岩层型翡翠矿床的主要产地有帕敢场区（大谷地、木那、次通卡）、会卡场区、香洞场区等，早期也将帕敢、香洞、会卡三个场区合称"老场区"。

（1）帕敢场区　帕敢场区是缅甸著名的、

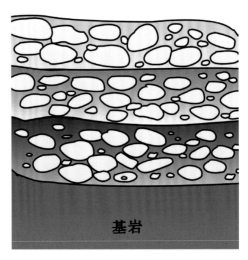

图3-6　砾石层呈现颜色分层性示意图

开采最早的翡翠矿区。帕敢场区位于龙肯场区以西，方圆50平方千米。帕敢场区有40余个场口，有的场口又分为上、中、下场口，重要的场口有帕敢基、木那、摩湾基、大谷地、四通卡等，其中以帕敢基最为著名。

帕敢场区为次生翡翠矿床，既有阶地砾石层砂矿，又有河床及河漫滩沉积砂矿（图3-7、图3-8）。场口分布多且集中，产量也大，出产的翡翠原石质量非常高。

图3-7　次生翡翠矿床中砾岩层

图3-8　翡翠矿山采用机械化开采

以帕敢基场口为例，阶地砾石层砂矿主要沿雾露河河床两侧的山坡出露，矿石有黄砂皮、咖啡红砂皮、黑灰砂石、水翻砂等各种皮壳，现为大规模机械化开采；河床及河漫滩沉积砂矿主要是在雾露河河谷中进行开采，河床宽度很大，含翡翠的砾石直径大小不一，未有胶结，皮薄且光滑，洪水期被河水淹没，枯水期往往露出水面，所以没有形成风化的外壳，业内称为"水石"，过去开采方法采用人工潜水取石，现在多用机器将河水抽干再开采。

（2）会卡场区　会卡场区在香洞场区东南方的山沟中，数个山沟汇集成会卡河，水流由南向北流入雾露河，场口包括枪送、磨东、外苏巴炯、格东月等。会卡场区的

各个开采场口都集中在河流两岸。

会卡场区主要为第四纪更新世的阶地砾岩层型砂矿，还混杂有一些河床及河漫滩型翡翠矿点及残积型的翡翠矿点。该场区砾岩层厚度很大，底部有翡翠产出，且有高质量翡翠产出，翡翠砾石砾径大，最大者可达数吨重；中部及上部砾径变小，且没有翡翠产出。

（3）香洞场区　该场区位于帕敢场区南边，会卡场区西北边，在雾露河及会卡河交汇点，方圆约25平方千米，有公路贯通此场口，交通方便。重要场口有香贡、得由贡、帕丙、百善巧、四波等。

在帕丙、百善巧场口，除现代河床及河漫滩沉积砂矿外，阶地砾石沉积砂矿层是其主要开采对象。砾石层分为三层：从上到下依次为黄色层、红色层和黑色层。帕丙和百善巧场口均出产过质量非常高的翡翠，因此非常有名。

2. 河床及河漫滩型翡翠矿床

河床及河漫滩型翡翠砂矿是最有价值的翡翠矿床，为现代河流冲积成因，它主要由流经第四纪（或包括第三纪）含翡翠砾岩层的雾露河及其支流搬运分选而成，与阶地砾岩层翡翠矿床在成因上具有连带性和继承性（图3-9）。矿床主要分布在雾露河及其支流的河谷（包括河床及河漫滩），集中分布在散卡村到麻蒙地区的雾露河下游约30千米长的河床中，产出优质翡翠的场口更是集中在帕敢和麻蒙一带。该类矿床中的翡翠砾石与其他岩石如漂砾、卵石、砂混杂在一起，未胶结，基本没有分层结构，翡翠原石可以直接从河床开采，也可从河漫滩堆积层产出。

该类翡翠矿床所产的翡翠原石皮薄、磨圆度好，颜色的变化较大，而且具有比重大、硬度高、质地均匀、结构紧密、裂隙少等特点，多为高质量翡翠。

河床及河漫滩型翡翠矿床的主要产地有帕敢场区（帕敢基、摩东、麻蒙）、后江场

图3-9　河床及河漫滩型翡翠矿床

区、达木坎场区等地。

（1）后江场区　后江场区因位于坎底江（后江支流）江畔而得名。产出的翡翠原石大多较小，场区地形狭窄，场口散布在长 3000 多米、宽约 150 米的区域，最著名的场口是格门利、佳磨、莫东阔、不格朵。后江出产的翡翠都是次生矿，主要有两种类型：一是邻近山前的洪积和冲积成因的砾石层砂矿，含砾石层被一层坡积物（当地称为"毛层"）所覆盖；二是河床及河漫滩型，又分为新后江和老后江，新后江翡翠产于冲积层下部，而老后江翡翠产于冲积层的底部。

老后江的翡翠，皮薄呈灰绿黄色，质地细腻，常有蜡皮，个体小，很少超过 0.3 千克，主要为水石，有"十个后江九个水"的说法。所产的翡翠常"满绿高翠"，透明度高，结构致密，其成品经抛光颜色加深，即"放堂"或"翻色"。

新后江出产的翡翠，与老后江相比，皮较厚，同样具有蜡皮，透明度与质地要差很多，个体较大，一般在 3 千克以内，成品抛光后颜色会变暗，一般很难做出高档翡翠作品。

（2）达木坎（大马坎）场区　达木坎场区，位于雾露河下游，开采较晚。该场区河谷较宽，地形平坦，形成冲积平原。著名的场口有达木坎、黄巴、莫格叠、雀丙等。

该场区多产水石和半山半水石，不同场口的皮壳特征相差较大，产出的翡翠各有各的特点，其中水石个体不大，一般在 1~3 千克，质地细腻，颜色较好。

3. 残积－坡积型翡翠矿床

残积－坡积型翡翠砂床主要产出在原生翡翠矿床附近的山坡上，也属于次生矿床，一般是原生矿床风化剥蚀后，经洪水或重力的搬运作用而形成的，砾石具有一定的分选性和磨圆度，但保留了更多原生矿床的特点。该类矿床以龙塘场口为代表，其翡翠的质量介于原生矿与砂矿之间，产量较少。

第三节

危地马拉的翡翠矿床

一、矿床地质特征

危地马拉的翡翠矿床位于北美–加勒比板块碰撞带内，原生矿床分布在埃尔普罗格雷索省（El Progreso）的曼济尔（Manzanal）小镇附近，产于莫塔瓜（Motagua）河谷深断裂带南北两侧的中生代白垩纪蛇纹岩带之中。莫塔瓜河谷深断裂带是一条沿近东西走向的断裂带，主要为三条近平行的左旋走向滑动断层，分别为波罗奇克断裂、莫塔瓜断裂与霍科坦断裂（图3-10）。

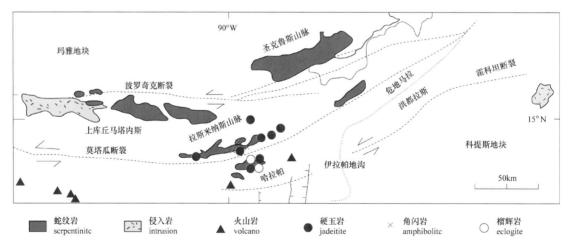

图3-10　危地马拉莫塔瓜河谷中部地质略图

（Burkart，1994）

该蛇纹岩带被认为是古洋盆残余的蛇绿岩套，为含蛇纹岩的混杂岩，长度可达 200 千米。断裂带南北两侧的硬玉岩在岩石组合、形成的温度压力条件、退变程度和年代等方面均有较大差异（Tsujimori，Harlow，2012）（表 3-3）。南侧（科提斯地块）的构造片岩以铁镁质岩石为主，如榴辉岩、硬柱石榴辉岩、蓝闪石榴辉岩、蓝片岩及硬玉岩等；北侧（玛雅地块）的构造片岩包含绿辉石岩、钠长石岩、石榴石角闪岩和硬玉岩，缺少完整矿物组合的榴辉岩。两侧岩性及矿物共生组合表明，断裂带两侧存在高压低温作用。

表 3-3　危地马拉莫塔瓜断裂带南北部硬玉岩的区别

产地	莫塔瓜断裂带北侧	莫塔瓜断裂带南侧
产状	大于 200 千米、叠加广泛钠长石化作用	约 11 千米、部分含有石英脉和石英包裹体
原岩	尖晶石 - 橄榄岩（大部分为方辉橄榄岩，但也含有二辉橄榄岩）	尖晶石方辉橄榄岩、二辉橄榄岩、纯橄榄岩及少量铬铁矿
原生矿物	硬玉、绿辉石、钠长石、方沸石、钠云母、多硅白云母、镁钠云母、锆石、金红石、榍石、黝帘石、褐帘石、磷灰石、石墨、黄铁矿	硬玉、绿辉石、多硅白云母、石英、硬柱石、绿纤石、针钠钙石、锆石、金红石、榍石、磷灰石、褐帘石
次生矿物	方沸石、钠长石、霞石、绿铁闪石、榍石、钡钠长石、钾长石、斜绿泥石	钠长石、黝帘石、符山石、石英、透闪石、透辉石、钡铝沸石
云母	钠云母的存在为其显著特征，多硅白云母、金云母及蚀变镁钠云母处于次生富集状态	无钠云母和镁钠云母，多硅白云母处于普遍存在至富集状态
原岩年龄	—	Zrn 154 Ma[*]
硬玉岩形成年龄	Zrn 95~98Ma	Zrn 154 Ma[*]
重结晶冷却年龄	Phe 65~77Ma	Phe 113~125Ma
温度压力条件（T/P）	T=300~400℃，P=0.6~1.2GPa	T=300~400℃，P=1.0~2.0GPa
翡翠类型	结晶型	交代型

据 Tsujimori & Harlow，2012；Harlow et al，2011。

注：Zrn：锆石 U-Pb 年龄；Phe：多硅白云母 K-Ar（or $^{40}Ar/^{39}Ar$）年龄；Ma：百万年；*：时间不确定或有争议；GPa：吉帕斯卡。

二、翡翠的矿体特征

危地马拉的翡翠在蛇纹岩中主要呈透镜状或脉状（图 3-11）。含有翡翠的蛇纹岩受明显的动力变质作用，发生强烈的片理化，翡翠矿脉常与钠长石岩伴生，翡翠矿体最厚处可达 2~3 米，两侧可伴有 6~7 米厚的以钠长石岩为主的岩石。此外，在莫塔瓜河流的冲积层中以及河床阶地中也有翡翠砾石的富集层，翡翠砾石的直径可达 1 米。砾石层中

图 3-11　危地马拉莫塔瓜断裂带的翡翠露头
（任宇航提供）

除翡翠砾石外，还有角闪岩、片麻岩、钠长石岩、阳起石片岩、含白云母钠长石岩、含
白云母石英岩等（袁心强，2009；张智宇等，2012）。

三、翡翠的宝石学特征

　　除缅甸外，危地马拉是另一个重要的具有商业价值的翡翠产地，其产出的翡翠较为
著名的品种有"危地马拉帝王玉（GuateMalan Imperial Jade）""Olmec Blue""银河黑金玉
/ 银河黄金玉（Galactic Gold）""玛雅墨翠 / 玛雅墨玉（Jade Negro）"和紫色品种。在前人
（王铎等，2009；陈秀英等，2011；郭倩，2013；严若谷等，2009；Hargett，1990）及作
者团队研究成果的基础上，归纳总结出危地马拉产出的翡翠在颜色、光泽、透明度、矿
物组成、结构、质地等方面的宝石学特征。

　　翡翠的颜色主要有绿色、蓝绿色、浅蓝色、墨绿色、紫色、白色，其中绿色者可呈
浅至深的绿色，颜色一般偏灰、偏暗（图 3-12），常见浅灰绿色（图 3-13）、苔藓绿色
（图 3-14 下）或斑杂的绿色（图 3-14 上），也有黄色、红色者。中粗粒结构的占多数，

图 3-12 危地马拉蓝绿色翡翠原石　　　　图 3-13 危地马拉灰绿色翡翠印章

细粒结构的较少，半透明—微透明，主要组成矿物为硬玉。

　　在矿区还可产出质量最好、价值最高的"危地马拉帝王玉"，呈艳绿色（图 3-15 右），主要矿物为含 Cr 的硬玉或绿辉石，但十分罕见。蓝绿色者颜色偏暗，呈明显蓝色色调，半透明，中粒—细粒结构，质地较为均匀致密，主要矿物为硬玉、绿辉石、云母，俗称"奥尔梅克蓝（Olmec Blue）"，在透射光下可呈现迷人的蓝色（图 3-15 左、图 3-16）。

图 3-14 危地马拉翡翠
（上：斑杂的绿色；左："玛雅墨翠"；
右："银河黑金玉"；下：苔藓绿色）
（Hargett，1990）

图 3-15 "危地马拉帝王玉"翡翠
（William Rohtert 提供）

图 3-16 危地马拉"奥尔梅克蓝
（Olmec Blue）"翡翠戒面
（每个重量约 0.35ct，由 William Rohtert 提供）

此外，还有呈墨绿色的"玛雅墨翠"（图 3-17 左）和"银河黑金玉"（图 3-17 右）。"玛雅墨翠"的主要矿物为绿辉石，质地较粗者为墨绿色，结晶致密者则与缅甸出产的墨翠相似，反射光下近于黑色，透射光下为墨绿色，质地细腻，耐磨性和抛光性好。"银河黑金玉"（"Galactic Gold"）仅产于莫塔瓜断裂南面，细粒—中粒结构，整体呈绿黑色或很深的绿色，因含有金属包裹体（一般为黄铁矿）而在表面出现点点闪光，犹如璀璨的星空。

呈紫色的翡翠，底色为白色，整体呈现蓝紫色色调（图 3-17），由蓝紫色硬玉和少量粉红色钙铝榴石致色，总体透明度较差，一般颗粒较粗，可见翡性（硬玉矿物解理面反光）明显，矿物组成为硬玉、钠长石、钙铝榴石、榍石、金红石等。

图 3-17　危地马拉紫色翡翠原石

俄罗斯及哈萨克斯坦的翡翠矿床

俄罗斯的翡翠矿床主要位于极地乌拉尔地区和西萨彦岭地区，其产出的绿色翡翠较少，正在进行商业开发；哈萨克斯坦的翡翠矿床主要位于中亚造山带中部的环巴尔喀什－准格尔地区的伊特穆隆达，其产出的翡翠质量不高，市场上极少见。

一、俄罗斯极地乌拉尔地区的翡翠矿床

（一）矿床地质特征

乌拉尔造山带是由东欧板块和西伯利亚板块之间的奥陶纪—志留纪大洋（古乌拉尔洋）关闭形成的，南北绵延约 2000 千米（Savelieva，Nesbitt，1996）。最北端的极地乌拉尔西部为东欧板块，东部为西伯利亚板块。西部由含有榴辉岩、蓝片岩等高压岩石的片麻岩单元（Марун-Кеу 杂岩）及古生代沉积岩（PZ）组成，东部为乌拉尔褶皱带的蛇绿岩组合，由基性－超基性岩（Syum-Keu 杂岩、Pay-Yer 杂岩）、辉长岩及早古生代火山沉积岩（PZ1）组成。此外，还有一些古生代的石英闪长岩和花岗岩侵入体。

极地乌拉尔的超基性岩主要由纯橄岩－方辉橄榄岩组成，是乌拉尔辉长岩－超基性岩带的组成部分，沿乌拉尔主断裂带（逆掩断裂）分布，从北向南主要有三个大型岩体：Syum-Keu（Сыум-Кеу）、Pay-Yer/Payer（Рай-Иэ）和 Voikar-Syninsky（Войкаро-Сыньинский）。

极地乌拉尔的翡翠主要产在三个硬玉岩矿床中，分别与三个大的超基性岩体有关，它们是 Voikar-Syninsky 超基性岩体（也称 Пай-Ёр 岩体）西北的列沃－克奇佩利（Левокечпельское）矿床、Pay-Yer 岩体东北的三个硬玉岩矿化点以及 Syum-Keu 岩体的 Pusyerka（Пусьерка）矿床（孟繁聪等，2007；Hughes，Kouznetsov，2000），其中

最为著名的为列沃－克奇佩利矿床。

（二）翡翠的矿体特征

列沃－克奇佩利翡翠矿床产于乌拉尔褶皱带的早古生代巨大超基性岩体中。岩体规模很大，长约180千米，宽几千米至20多千米，发育有辉石岩、辉长岩、斜长岩、钠长石岩等脉岩，岩体外接触带发育有蓝闪石片岩、石榴石角闪岩等。翡翠矿体分带类型较复杂，一般从脉体中心往两侧依次为硬玉岩→硬玉＋钠长石岩→钠长石岩→含透辉石残余的阳起石岩，矿体的围岩为蛇纹石化斜辉辉橄岩。

乌拉尔Syum-Keu岩体西侧的Pusyerka矿床中也发现了质量较好的翡翠（图3-18）。该矿床的硬玉矿化被两条分布在蛇纹石化纯橄岩中的断裂控制，矿带宽约300米，主体岩性为叶蛇纹石化的蛇纹岩，其中在较强烈蛇纹石化的地段有翡翠矿脉产出，由东北向西南硬玉化程度逐渐增强，断续延伸约10千米，厚度20~100米。矿石以残坡积的碎石为主，部分地区可见原生的矿脉。矿体的脉石矿物为直闪石和金云母，围岩为黑色蛇纹岩。其基本特征类似列沃－克奇佩利翡翠矿床、俄罗斯西萨彦岭博鲁斯山的卡什卡拉克矿床以及哈萨克斯坦伊特穆隆达翡翠矿床。

图 3-18　产于极地乌拉尔 Cыум-Key 岩体的翡翠矿脉

（孟繁聪提供）

（三）翡翠的宝石学特征

列沃－克奇佩利矿床产出的翡翠呈翠绿色—绿灰色，颜色分布不均匀，柱状变晶结构，块状构造，矿物成分以硬玉和绿辉石为主，多数结晶颗粒较粗、透明度较差，但也有少量颜色较好的绿色翡翠产出。

Pusyerka 矿床产出的翡翠的主要矿物成分为硬玉和绿辉石，颜色为灰白色、浅绿色、绿色—深绿色。外观呈灰白色的翡翠，为粗粒结构，致密块状；浅绿色翡翠，细粒—隐晶质结构，细脉状—囊状；绿色—深绿色翡翠，半透明—透明，中细粒结构，瘤状。浅绿色、绿色—深绿色的翡翠品质较好，可作为翡翠饰品原料，具有一定的商业价值（图 3-19）。

图 3-19　产于极地乌拉尔 Cыум-Key 岩体的翡翠特征
（孟繁聪提供）

二、俄罗斯西萨彦岭地区的翡翠矿床

（一）矿床地质特征

西萨彦岭（West Sayan）在地质构造带中位于阿尔泰—萨彦造山带，地处萨彦—贝加尔湖断裂带的东部，阿尔泰造山带的西部，属于古岛弧带。阿尔泰—萨彦造山带是中亚造山带的重要组成部分，地质构造背景复杂。

西萨彦岭最为著名的翡翠矿床为卡什卡拉克矿床，也是俄罗斯产量最大、质量最好的翡翠矿床。该矿床位于西萨彦岭地区博鲁斯（Борусский/Borus）超基性岩体的西南部，该基性岩体与西萨彦岭寒武纪早期的蛇绿岩套有关。

（二）翡翠的矿体特征

西萨彦岭卡什卡拉克矿床的翡翠矿体呈脉状、透镜状和团块状分布，矿脉长度为150~200 米，厚度为 2~3 米，颜色为白色、浅灰色或呈团块状和细脉状的绿色。大多数的翡翠矿脉经过强烈交代作用，使其中的硬玉被钠长石、钠沸石、方沸石、钠铁闪石所交代。

翡翠矿体具有对称分带性，中心为纯硬玉带，呈透镜状、脉状以及块状，脉体的长度可达 2~3 米。该带产出的翡翠为硬玉质翡翠，几乎由纯单矿物硬玉组成，颜色多为白色、灰色，也有宝石级的绿色翡翠产出，但产量较低；外侧为钠长石硬玉带—硬玉钠长石带，其组成矿物中的钠长石造成了此带内产出的翡翠质量下降；最外侧为混杂带，其主要矿物成分为斜长石、角闪石类矿物、云母、硬玉和透辉石等（欧阳秋眉，曲懿华，1999）。

（三）翡翠的宝石学特征

西萨彦岭的翡翠（硬玉岩）矿床全部为原生矿床，出产的翡翠颜色较暗，艳绿色的较少，质地较粗，绿色呈细脉浸染状出现且颜色较深，可加工为工艺品、饰品和石材，目前正在进行商业开采（图 3-20）。

图 3-20　俄罗斯西萨彦岭翡翠成品
（russian-gems.com 提供）

另外，西萨彦岭地区也产出一种主要矿物为绿辉石的翡翠，与硬玉岩密切共生，Cr 含量较高，呈较浓的绿色，其矿物成分主要为绿辉石和钠铬辉石，含少量铬铁矿和金云母，其中绿辉石的含量可达到 90vol%（vol% 指体积分数）以上。与缅甸同种翡翠相比，西萨彦岭的绿辉石质翡翠中含有钠铬辉石，但鲜见硬玉（易晓等，2006）。

三、哈萨克斯坦的翡翠矿床

（一）矿床地质特征

哈萨克斯坦的翡翠矿床位于中亚造山带中部的环巴尔喀什—准格尔地区，约形成于加里东时期。最著名的伊特穆隆达（Itmurundy）翡翠矿床位于巴尔喀什市以东 110 千米处，靠近巴尔喀什湖，产于伊特穆隆达—秋尔库拉姆蛇绿岩套构造带的蛇纹岩中。

这一区域的超基性岩体在构造上位于含硬玉岩和蓝片岩的蛇纹岩混杂岩之下，并与早—中期奥陶纪远海沉积物相接触。该蛇纹岩混杂岩岩体沿北西－西向延伸约30千米，宽为数百米至1500米。

（二）翡翠的矿体特征

哈萨克斯坦翡翠矿床以原生矿床为主，在原生矿床附近的河流中也有次生矿。翡翠原生矿体呈透镜状、岩株状，集中分布于超基性岩体顶部和巨大围岩捕虏体附近，发生不同程度的钠长石化。矿体直径为1米至几十米不等，中部主要为白色—灰色翡翠，边缘分布有绿色翡翠，二者接触关系清晰，矿石中有时出现榍石、绿纤石、云母等矿物，有些硬玉颗粒被钠长石、透闪石、方沸石、钠沸石等交代；白色翡翠与围岩的接触带附近还可产出杂色翡翠，不同的颜色常呈团状或网脉状分布。有的翡翠矿脉具有对称分布规律，矿脉中心部分以硬玉矿物为主，外侧为绿辉石带，最外侧为斜方辉石（顽火辉石）带。

（三）翡翠的宝石学特征

哈萨克斯坦的翡翠有白色、绿色、黑色和杂色（狄敬如等，2000）。白色的翡翠包括白色、灰白色、灰色等（图3-25），矿物成分为硬玉（占80%~95%）、少量钙长石（3%~5%）及暗色矿物磁铁矿和石墨（2%~5%）；绿色的翡翠，一般为灰绿色、暗绿色或褐绿色，部分可为纯正的绿色（图3-21、图3-22），矿物成分为硬玉、绿辉石

图 3-21　哈萨克斯坦伊特穆隆达矿床的翡翠原石

（张睿提供）

图 3-22　哈萨克斯坦的翡翠饰品
（施光海提供）

（5%~20%），其中部分硬玉 Cr 含量较高；黑色的翡翠，为黑色或暗灰色，矿物组成为硬玉（约 90%）和绿辉石（约 5%），商业开采价值较低，产量低，黑色主要为细分散的石墨和磁铁矿所致，含量达 5%~35%。矿区产出的翡翠具有不等粒变晶结构，局部或边部具有网格状结构及变形结构。由于经过强烈的构造挤压作用，所产翡翠原料结构较粗、粒径变化较大、裂隙发育。目前，哈萨克斯坦产出的翡翠在国际国内市场上极为少见。

第五节

日本的翡翠矿床

日本的翡翠及硬玉岩产于日本列岛沿北东方向分布的硬柱石—蓝闪石片岩高压变质岩带中。从北部的北海道向南经本州岛、四国直到九州岛，均有翡翠矿产出。主要产区有飞弹外缘带（新潟县糸鱼川市青海町）、三郡带（鸟取县若樱町、冈山县新见市大佐、兵库县养父市大屋等）以及长崎变质岩带（长崎县西彼杵郡），还有北海道旭川市幌加内町、群马县下仁田町、埼玉县寄居町、长野县小谷村栂池高原、高知县日高村船越、静冈县三日町、熊本县八代市等地（欧阳秋眉，2005；Tsujimori & Harlow，2012）。

一、矿床地质特征

（一）神居古潭带的翡翠矿床

北海道中部的神居古潭带，南北约 350 千米范围内断续分布有蛇纹岩。北部地区主要为蛇纹岩类和弱变质基性岩类；中部地区变质岩具有重结晶作用的典型特征，除蛇纹岩、硬柱石—蓝闪石片岩、硬玉岩等基性片岩外，还分布有泥质片岩、角闪岩等；南部地区广泛分布蛇纹岩、泥质岩和砂岩等。

（二）青海—莲华带的翡翠矿床

青海—莲华带位于九州岛中部、飞弹外缘带的东北部，晚古生代高压低温片岩以构造岩片和岩块的形式产于叶蛇纹石蛇纹岩基岩中（Tsujimori，2002）。青海—莲华带作为一个整体形成了蛇纹岩混杂岩带。在此蛇纹岩混杂岩中，除高压低温片岩外，还有角闪岩、变质辉长岩、变质玄武岩、硬玉岩、钠长石岩等各种变质岩块。硬玉岩和钠长石岩岩块与绿帘石蓝片岩相和榴辉岩相岩石一起产出。此矿区产出的翡翠主要

由硬玉组成，并且含有少量钠沸石、锆石、楣石等矿物（Tsutsumi et al., 2010），多为 P- 型且不含石英，也有极少数保留了残余角闪石及辉长岩结构的 R- 型翡翠产出（Kunugiza & Goto, 2010）。此矿区的主要产地新潟县糸鱼川市青海町，也是日本翡翠最重要的产地。

（三）三郡变质带的翡翠矿床

三郡变质带是指兵库县养父市大屋、鸟取县若樱和冈山县阿哲郡三郡。

在兵库县养父市大屋地区北部广泛出露以蛇纹岩为主的关宫超镁铁质混杂岩带。此混杂岩带西部不同程度地残留着橄榄岩岩块，越往东蛇纹岩化作用越明显。在混杂岩中可见硬柱石蓝闪石片岩、钠长石岩及极少量的钠长石化硬玉岩等构造岩块。此地产出的翡翠为 P- 型、无石英、呈粗粒放射状集合体。

鸟取县若樱地区北部出露超镁铁质岩。该地区的变质岩由千枚岩和结芯片岩构成，主要岩石类型有纯橄岩、蛇纹岩及少量的橄榄石单斜辉石岩。蛇纹岩体中，含有变质辉长岩、硬玉岩和钠长石岩的构造岩块。此地有 30 多种硬玉岩漂砾产出，有的含有硬柱石和绿纤石。

冈山县阿哲郡地区位于中央山脉，其蛇纹岩混杂岩中产出有晚古生代高压低温片岩及硬玉岩（硬玉含量＞75vol%）、绿辉石岩和含绿辉石的透闪岩（Tsujimori & Liou, 2005；Tsujimori et al., 2004）。此地区产出的翡翠为 P- 型且不含石英，常见退变矿物为绿辉石、针钠钙石、方沸石、钠沸石、符山石、葡萄石和楣石等（Tsujimori et al., 2004）。

（四）长崎变质带的翡翠矿床

长崎变质带是指九州岛长崎县西彼杵附近的变质岩带。西彼杵变质岩主要为高压泥质、砂质片岩，在其层间分布有含翡翠的蛇纹岩，蛇纹岩中还含有绿闪石—黝帘石岩、绿辉石岩、钠长石岩和少量的石榴石蓝片岩，在岩块和蛇纹岩间具有交代反应边。此地的翡翠以钠长石—硬玉岩形式产出，硬玉矿物含量为 65%~93%（Tsutsumi et al., 2010），为 R- 型，某些硬玉矿物颗粒含有石英包裹体。

二、翡翠的宝石学特征

日本翡翠最常见的颜色是白色，其次是绿色，还有紫色和蓝色（Chihara, 1999）（图 3-23）。总体来说，日本翡翠主要为原生矿，发现较早，品种也较多，粗粒—细粒均有。不过，目前发现的主要为粗晶质翡翠，质量较好的绿色翡翠也只是零星分布。现在开采的日本翡翠大部分是一些质量不高的玉雕用原材料。

图 3-23　日本糸鱼川县翡翠原石
（欧阳秋眉，2005）

第六节

其他国家的翡翠矿床

一、美国的翡翠矿床

（一）矿床地质特征

美国的翡翠矿床主要位于西部的加利福尼亚州，沿弗朗西斯科复合岩体（Franciscan Complex）超基性岩和沉积喷发岩岩带展布，重要产地有新爱德里亚（New Idria）和沃德克里克（Ward Creek），其中以新爱德里亚的克列尔克里克（Clear Creek）矿床较为著名。该矿床位于圣贝尼托县（San Benito Country）圣安德烈斯（San Andreas）断裂附近，矿体围岩主要为蛇纹岩，其中包裹有大量的火山岩及火山沉积岩的捕虏体，大小可达几十米到几百米，并受到强烈的蚀变作用。矿区还分布有钠长石—铝铁闪石片岩、钠长石—蓝闪石片岩、钠长石—硬玉片岩等。

此外，在美国科罗拉多高原 Garnet Ridge 的金伯利岩筒中发现了硬玉岩捕虏体。硬玉岩中硬玉含量可达 70vol%，含有少量石榴石和黝帘石（Usui，2006）。

（二）翡翠的矿体特征

加利福尼亚州的翡翠矿体呈透镜状，分布较集中，在较短的矿带内集中着几十个透镜体。透镜体中心部位为角砾状微细粒绿色翡翠，穿插有粗粒白色翡翠细脉。绿色翡翠矿石中，浅绿色和暗绿色波状弯曲的薄层交替出现。

（三）翡翠的宝石学特征

美国产出的翡翠有原生矿也有次生矿，常见的有蓝绿色或白色（图3-24、图3-25），总体质量不高，多数达不到宝石级，因为裂隙多导致玉雕用料出成率低，又缺少祖母绿色的优质翡翠，所以在珠宝玉石市场上几乎没有出现。

（大小：4.5厘米×4.5厘米×1.3厘米）　（大小：2.4厘米×2.15厘米）　（大小：2厘米×5厘米）

图 3-24　美国加利福尼亚州克列尔克里克的翡翠原石
（www.mindat.org）

图 3-25　美国加利福尼亚州克列尔克里克的翡翠半成品
（Brian Kerber 提供）

二、古巴的翡翠矿床

（一）矿床地质特征

近年来，古巴东部发现了一个新的翡翠产地，矿床位于 Sierra del Convento 蛇纹岩混杂岩带的 Macambo 地区。该混杂岩代表了与白垩纪俯冲至加勒比板块之下的原加勒比岩石圈相关的洋壳俯冲通道。混杂岩由包含多种高压、低—中温变质构造岩块（包括蓝片岩、英云闪长—奥长花岗片麻岩及缺失斜长石的绿帘石—石榴石角闪岩构造块体）的蛇纹岩岩基组成，于早白垩纪开始形成，并持续至晚白垩纪，杂岩体位于 El Purial 白垩纪火山弧之上（García-Casco et al.，2009；Cárdenas-Párraga et al.，2012）。

该地的翡翠大多为 0.5~6 米的硬玉岩构造岩块，产于叶蛇纹石蛇纹岩中；也有次生翡翠呈厘米级至米级的碎屑砾石，产于晚中新世—早上新世砾岩中。此外，在

Guardarraya 河和 Macambo 河的河谷及河口处也发现有翡翠砂矿（Cárdenas-Párraga et al., 2010）。硬玉岩的矿物组成多种多样，为含有硬玉、绿辉石、钠长石、钠云母、方沸石、斜黝帘石—绿帘石、磷灰石、金云母、多硅白云母、绿泥石、蓝闪石、榍石、金红石、锆石和石英等在温度压力条件演变不同阶段形成的矿物组合（García-Casco et al., 2009）。硬玉岩中的锆石 U–Pb 年龄约为 107 百万年，表明硬玉形成于此区域俯冲时期的最早阶段（Cárdenas-Párraga et al., 2012），而硬玉岩结晶的温压条件为 1.5 吉帕斯卡，550~560℃（García-Casco et al., 2009）。

（二）翡翠的宝石学特征

古巴的翡翠多呈灰绿色至暗绿色（图 3-26），主要矿物成分为硬玉和绿辉石，含有少量钠长石、绿帘石、黑云母，质地粗糙，可用作雕刻品或石材（Tsujimori, Harlow, 2012）。古巴翡翠被视为中美洲和加勒比海地区出土的翡翠玉器的可能原材料来源。

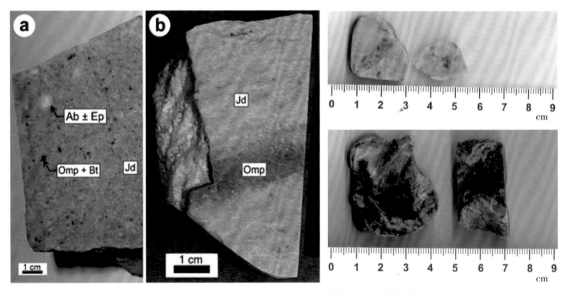

图 3-26　古巴 Sierra del Convento 混杂岩中的翡翠原石
（Cárdenas-Párraga et al., 2012）

三、多米尼加共和国的翡翠矿床

（一）矿床地质特征

多米尼加的翡翠产地位于伊斯帕尼奥拉（Hispaniola）岛北部。该地区出露的洋间弧系统中形成与俯冲相关的铁镁质片岩，以及切穿它的由底辟状蛇纹岩混杂岩组成的圣胡安（Rio San Juan）杂岩体（Schertl et al., 2007, 2012; Baese et al., 2007; Krebs et al.,

2011）。蛇纹岩混杂岩中含有多种构造岩块，例如硬柱石蓝片岩、硬玉（或绿辉石）蓝片岩、石榴石蓝片岩、榴辉岩相蓝片岩、蓝闪石—绿帘石榴辉岩、不含蓝闪石的榴辉岩及花岗质正片麻岩（Krebs et al.，2008，2011；Tsujimori & Harlow，2012）。硬玉岩作为不规则岩块和岩层赋存于硬柱石蓝片岩之中，或与其紧密伴生。

蛇纹岩为主岩的圣胡安杂岩体代表了至少于120百万年前就开始活动的古洋间俯冲通道（Krebs et al.，2008）。由于俯冲十分缓慢，俯冲区域持续的加热过程跨越时间长达60百万年。原岩恢复的最初变质产物是含绿辉石的蓝片岩，逐步发展成含硬玉和硬柱石的蓝片岩以及硬玉岩脉（Krebs et al.，2011）。

圣胡安杂岩体产出的翡翠可分为两类：第一类翡翠通常不含石英，硬玉含量达90vol%，目前只在松散岩体中发现，其硬玉、锆石和磷灰石都有韵律环带，翡翠中锆石定年为115百万年，基本与圣胡安杂岩体俯冲同时期，推测温度压力条件至少达500℃、1.1吉帕斯卡，与古巴东部产出的翡翠相似；第二类翡翠含有石英，推测的温度压力条件为350~500℃、1.5~1.6吉帕斯卡，与莫塔瓜断裂带南部的翡翠和伊朗含有硬柱石硬玉岩十分相似（Schertl et al.，2012；Tsujimori & Harlow，2012）。

（二）翡翠的宝石学特征

多米尼加的翡翠为白色至灰绿色（图3-27），细粒结构，粒度变化在600微米以上，主要矿物为硬玉，其他少量共生矿物为多硅白云母、绿辉石、绿帘石、钙镁闪石、斜长石和石英，有的可见硬柱石、绿纤石和黑硬绿泥石。硬玉呈自形至半自形柱状晶体，有时可能有榍石包裹体

图3-27　多米尼加的翡翠（含有钠长石和石英）

（the Mineralogical Collection of Ruhr-University Bochum，GerMany 提供）

（Schertl et al，2007）。此地出产的翡翠也常被视为中美洲和加勒比海地区翡翠玉器的可能原材料来源。

四、伊朗的翡翠矿床

（一）矿床地质特征和矿体特征

伊朗东南部 Sorkhan 地区产出的超镁铁质蓝闪石片岩带中发现了蓝紫色翡翠矿脉。矿床产于中生代蛇绿混杂岩中，位于扎格罗斯（Zagros）褶皱冲断带（代表阿拉伯板块）和萨南达季—锡尔詹（Sanandaj-Sirjan）的变质岩以及火山弧序列（特提斯的北部大陆边缘）之间（Oberhänsli et al，2007）。靠近 Sorkhan 地区，含有高压变质岩石的地质带与约为前寒武纪时期的无变质超镁铁质—镁铁质岩序列并置。沿这些变质的超镁铁质岩体北部与蛇纹岩混杂岩的接触处产出菱镁矿透镜体［（30~80）米 × （5~20）米］，翡翠矿体呈脉状切穿其中一个透镜体。翡翠矿脉可达 5~15 厘米宽，外圈为白色，部分退变为白云母和钠长石，内部则为蓝色翡翠（最宽处 10 厘米）。翡翠矿脉体形成于低温高压的环境，约为 1.6 吉帕斯卡、420℃。

（二）翡翠的宝石学特征

伊朗所产翡翠呈蓝色或蓝紫色（图 3-28），质量较好可呈干净的天空蓝色，几乎由纯硬玉矿物组成，还可含有少量的含钡钾长石、硬柱石和红钠闪石，不含石英。

全球蓝色翡翠的致色基本都与含 Ti 绿辉石有关，不含 Ti 或 Ti 含量极低的绿辉石通常是绿色的。伊朗翡翠虽为蓝色，但不含金红石，其组成中 Ti 含量（0~0.1%）远低于其他产地的蓝色或紫罗兰色翡翠。其致色原理尚待进一步研究。

图 3-28　伊朗的蓝紫色翡翠原石
（Roland Oberhänsli 提供）

五、土耳其的翡翠矿床

（一）矿床地质特征

土耳其西北部布尔萨（Bursa）地区的塔夫尚勒（Tavsanli）区域，为世界上规模最大的蓝闪石——硬柱石蓝片岩带之一，白垩纪蓝片岩构造带被白垩纪洋壳增生复合体和蛇绿岩覆盖，一个主要的走滑断层又将此地区分为两个部分（Okay，1980，1997，2002）。因此，该地区从西北（奥尔汉埃利—布尔萨）向东南（塔夫尚勒—屈塔希亚）覆盖蓝片岩变质杂岩序列。可以将此地所有地质单元分为三类：蓝片岩变质碎屑岩、花岗闪长岩、沉积—火山序列。

在蓝片岩变质碎屑岩和花岗闪长岩侵入体的接触变质带中产出一种紫色玉石，当地称为"土耳其紫玉（Turkish Purple Jade）"。

（二）翡翠的宝石学特征

该地产出的紫色玉石矿石（图3-29），其紫色浓郁的部分硬玉含量较高，相对密度约为3.05，不透明，矿物组成为硬玉（含量大于60vol%）、石英、正长石、硬绿泥石、绿帘石、金云母、辰砂、霓石等（Hatipoglu et al.，2012；Cooper，Allen，2013）。研究认为，其紫色的产生可能与Fe、Zn、Ni、Mn等元素有关（Hatipoglu et al.，2012）。

图3-29 "土耳其紫玉"原石
（James St. John 提供）

"土耳其紫玉"外观呈现美丽独特的紫色，可用作饰品或雕件的原材料，目前已进行商业开采。但是，按照目前国家标准《珠宝玉石鉴定》GB/T 16553—2010，翡翠的相对密度至少为3.25，因此"土耳其紫玉"不符合传统翡翠的定义。

六、意大利的翡翠矿床

（一）矿床地质特征

意大利的翡翠矿床位于阿尔卑斯山脉西部。2002年，在意大利皮埃蒙特（Piemonte）

地区的蒙维佐（Monviso）地块靠近波河（Po River）流域地区以及 Punta Rasciassa 北部的瓦拉伊塔（Varaita）山谷中、海拔 2400 米处，发现了达到宝石级的硬玉岩。随后，此地附近又发现了多处硬玉岩岩体。研究发现，硬玉岩产于蒙维佐变质蛇绿混杂岩中的叶蛇纹石蛇纹岩中，产出块度可达 1 立方米。蛇纹岩中的斜长花岗岩和含铁钛氧化物的辉长岩经历了硬柱石—榴辉岩相变质作用，其中斜长花岗岩经交代重结晶作用，形成细粒硬玉岩，而辉长岩则部分被硬玉岩交代。硬柱石榴辉岩 P–T 视剖面模型显示顶峰变质条件为 2.5~2.6 吉帕斯卡、≥ 550℃或者 2.2~2.4 吉帕斯卡、480~500℃。榴辉岩相变质辉长岩中的残余岩浆锆石年龄为 163 百万年，而俯冲时期斜长花岗岩重结晶形成硬玉岩的时间基本与榴辉岩相变质作用的时间一致。

（二）翡翠的宝石学特征

蒙维佐地区出产的翡翠呈具明显灰白色调的草绿色，细粒—极细粒（< 0.5 毫米），主要矿物为硬玉，质量较差，块度可达数十厘米至 1 米，可用作雕刻品的原料或石材，是欧洲出土的翡翠玉器的可能产地（Compagnoni et al.，2007，2012；Tsujimori，Harlow，2012；Rolfo et al.，2014）。

此外，在波河流域附近还产出一种主要矿物为绿辉石的翡翠（Adamo et al.，2006）。这种翡翠呈深绿色，半透明，折射率为 1.67~1.68（点测），相对密度为 3.35~3.36，摩氏硬度为 6.5，微晶结构，具有黑色或绿色的脉及斑点，其鲜艳的绿色体色为含 Cr 所致，质量较好，可用作首饰原材料（图 3–30）。

图 3–30　意大利波河流域的翡翠原石及成品

（图片来源：www.eurojade.fr）

七、希腊的硬玉岩（翡翠）矿床

（一）矿床地质特征

希腊的基克拉迪群岛（Cyclades）有硬玉岩产出，产地为锡罗斯岛和蒂诺斯岛（Syros & Tinos）。

阿尔卑斯造山运动时期，阿普利亚微板块俯冲欧亚大陆之下形成阿提喀—基克拉迪（Attic-Cycladic）结晶带。锡罗斯和蒂诺斯为其基克拉迪蓝片岩带的一部分，硬玉岩产于其 Kampos 混杂岩中（图 3-31）。混杂岩含有大量构造块体，例如榴辉岩、蓝片岩、长英质片麻岩和硬玉岩。在岩体和蛇纹岩之间形成绿辉石岩、蓝闪石岩和绿泥阳起石岩的交代反应边（Bröcker，Enders，2001；Bröcker，Keasling，2006；Tsujimori，Harlow，2012）。

图 3-31　罗斯岛的硬玉岩
（Bröcker & Keasling，2006）

（二）硬玉岩（翡翠）的宝石学特征

锡罗斯岛产出的硬玉岩为灰绿色，通常有不同程度的钠长石化，原生矿物组合为硬玉（> 80~90vol%）及少量榍石、绿帘石、透闪石、角闪石和极少量白云母，典型的次生矿物为钠长石和绿泥石（Bröcker，Enders，2001）。蒂诺斯岛的硬玉岩为深绿色，其组成为硬玉、石榴石、钠云母、绿帘石、蚀变钛矿物、锆石和磷灰石（Bröcker，Enders，2001）。总体来说，希腊出产的硬玉岩多达不到宝石级，经济价值低，不适宜进行商业开采。

八、巴布亚新几内亚的翡翠矿床

新几内亚北海岸出现一种新的独特的翡翠，但还没有充分的证据证明其来源，其具体特征也尚不明确。在巴布亚新几内亚的埃米劳岛（Emirau）发现这种翡翠的人工制品。发现这种翡翠的区域具有被中新世蛇绿岩组合逆冲断的变质基底，以及白垩纪至始新世从高压高温至高压低温的压力—温度条件变化历史。这种翡翠呈墨绿色（图 3-32），由辉石组成，其他组分为硬玉—霓石、含 Nb 的榍石及其他含有 Nb、Y 的矿物（Tsujimori，Harlow，2012）。

图 3-32　发现于巴布亚新几内亚的翡翠

（Harlow et al., 2012）

第四章
Chapter 4
翡翠的矿物成分和结构构造

第一节

翡翠的组成矿物及其矿物学特征

翡翠是主要由硬玉、钠钙质辉石（绿辉石）、钠质辉石（钠铬辉石）组成的矿物集合体，具有美学和工艺价值，可含角闪石、长石、铬铁矿等矿物。摩氏硬度 6.5~7，密度 3.34（+0.06，−0.09）克 / 厘米 ^{3}，折射率 1.666~1.680（±0.008），点测为 1.65~1.68。

翡翠的矿物组成及其含量会影响翡翠的宝石学性质，深入地了解翡翠的组成矿物及其性质，可以对翡翠的鉴定和评价提供重要依据。

一、翡翠中的辉石族矿物种

辉石族矿物可分为斜方辉石亚族和单斜辉石亚族。翡翠的三种主要组成矿物（硬玉、绿辉石、钠铬辉石）均为单斜辉石亚族中含钠的碱性辉石，具有单链硅氧骨干，其晶体化学通式为 XYT_2O_6。其中，X 组阳离子在晶体结构中占据 M_2 位置；Y 组阳离子则占据 M_1 位置（图 4–1）。M_2 位为畸变的八面体配位，由大半径阳离子占据，通常是 Ca^{2+}、Na^+、Mg^{2+}、Fe^{2+} 等；M_1 位为规则的八面体配位，由小半径阳离子占据，通常有 Al^{3+}、Mg^{2+}、Fe^{3+}、Cr^{3+}、Mn^{2+}、Ti^{4+}、Fe^{2+} 等；T 组的阳离子是四面体配位，通常由 Si^{4+} 占据，有时可有少量的 Al^{3+}。

自然界存在硬玉（$NaAlSi_2O_6$）—霓石（$NaFeSi_2O_6$）—钠铬辉石（$NaCrSi_2O_6$）—Ca-Mg-Fe 辉石（$Ca_2Si_2O_6+Mg_2Si_2O_6+Fe_2Si_2O_6$）四元组分固溶体系列矿物。

硬玉与 Ca-Mg-Fe 辉石组存在广泛的固溶体，从而形成 Ca-Na 辉石组。Na 辉石组和 Ca-Na 辉石组均按归一化的 Quad［En（$Mg_2Si_2O_6$）+Fs（$Fe_2Si_2O_6$）+Di（$CaMgSi_2O_6$）+Hd

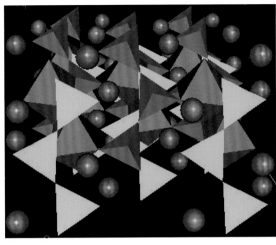 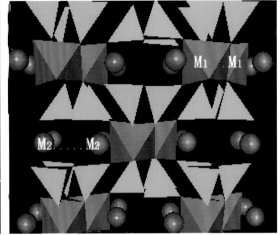

▲，T 位，为四面体配位。　◆，M_1 位，为规则的八面体配位。　●，M_2 位，为畸变的八面体配位。

图 4-1　硬玉的晶体结构图

（$CaFeSi_2O_6$）]、Jd（硬玉）和 Ae（霓石）组分的 Quad-Jd-Ae 图进行分类。根据国际矿物学会辉石小组制定的《辉石命名法》，在 Quad-Jd-Ae 三角投点图（图 4-2）上投点可以得出翡翠组成矿物的种类，例如硬玉和绿辉石。

　　绿色系列的翡翠主要由硬玉晶体中 Cr、Fe 和 Ti 类质同象替代 Al 进入晶格而致色。如若少量 Cr^{3+}（及 Ti^{4+}）替代 Al^{3+}，翡翠呈鲜艳的绿色；随着 Cr^{3+} 对 Al^{3+} 替代量的增加，翡翠的颜色也越浓，若继续替代，形

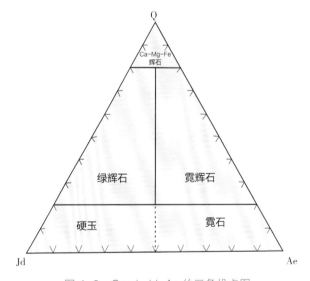

图 4-2　Quad-Jd-Ae 的三角投点图

注：Q（En，Fs，Di，Hd）：$Mg_2Si_2O_6+Fe_2Si_2O_6+CaMgSi_2O_6+CaFeSi_2O_6$；
Jd：$NaAlSi_2O_6$；Ae：$NaFe^{3+}Si_2O_6$。
（森本信男，1989）

成硬玉—钠铬辉石完全类质同象系列，硬玉将逐渐变为钠铬辉石，颜色变成墨绿色甚至是黑绿色，透明度降低，例如干青种翡翠；若是由 Fe 代替 Al 引起的绿色，其颜色的饱和度和明度均不高，随着替代量增加，颜色由浅绿色（偏黄）变为暗蓝绿色甚至灰绿色，如油青种翡翠；若硬玉分子中 Al 同时被 Fe 和 Cr 替代时，翡翠颜色介于绿色与蓝绿色之间，具体由 Fe 和 Cr 的比例决定。

二、主要组成矿物及其特征

翡翠中的组成矿物比较复杂。根据前人的研究，有20余种（表4-1），包括硬玉、绿辉石、钠铬辉石等主要矿物，还有铬铁矿、角闪石、钠长石等次要矿物。

表4-1 翡翠组成矿物

主要矿物名称	次要矿物名称
辉石族矿物	（含铬）硬玉、绿辉石和普通辉石、钠铬辉石
闪石族矿物	镁铝钠闪石、尼镁铝钠闪石、钠透闪石、灰闪石、镁红闪石、镁钠钙闪石、蓝闪石、蓝透闪石
长石族矿物	钠长石、钡长石、钡冰长石、钡钠长石
沸石族矿物	方沸石、钠沸石、镁沸石
石榴石族矿物	钙铝榴石、钙铬榴石
其他矿物	金云母、铝硅钡石、楣石、符山石、针钠钙石、锆石、宇宙尘埃

注：施光海，2013修改。

（一）硬玉

硬玉的化学式为 $NaAlSi_2O_6$，学名为钠铝辉石，是辉石族矿物。它是组成翡翠的主要矿物，因此翡翠的特征在很大程度上受到硬玉矿物特征的影响。纯净的硬玉矿物为无色或白色（图4-3、图4-4），但天然产出的翡翠中的硬玉矿物常含有多种的杂质元素，这使得翡翠的一些特征发生了转化。硬玉中的杂质元素包括有 Ca、Mg、Fe、Cr 等（表4-2），其中 Fe 和 Cr 为主要致色元素，它们以类质同象置换 Al 进入晶格，形成类质同象的固溶体，使翡翠呈现出多种颜色。

表4-2 硬玉的电子探针分析结果（%）

样品	SiO_2	TiO_2	Al_2O_3	Cr_2O_3	FeO	MnO	MgO	CaO	Na_2O	K_2O	合计
1	58.58	0.02	24.21	0.00	0.38	0.01	0.87	1.32	13.91	0.00	99.31
2	58.63	0.02	25.19	0.02	0.18	0.02	0.38	0.61	14.26	0.01	99.31
3	58.69	0.00	25.48	0.00	0.06	0.00	0.27	0.28	14.45	0.00	99.23
4	59.52	0.00	25.53	0.00	0.03	0.00	0.09	0.13	14.50	0.01	99.82
5	58.76	0.00	25.47	0.02	0.10	0.00	0.15	0.23	14.52	0.00	99.27
6	60.11	0.00	25.37	0.00	0.17	0.00	0.20	0.27	14.11	0.00	100.23

测试单位：中国地质科学研究院电子探针室。

翡翠中的硬玉矿物通常呈柱状、纤维状和不规则粒状，具有柱面解理（解理夹角为87°或93°）。解理面和双晶面对光线的反射形成星点状、片状、针状闪光，形似苍蝇翅，

图4-3 白色翡翠挂件　　　　　　　图4-4 无色透明翡翠挂件

这个现象称为"翠性"。"翠性"是翡翠独有的特点，粗颗粒翡翠更易见到"翠性"。

偏光显微镜下硬玉矿物呈无色透明，但含铬的绿色硬玉具有明显的多色性。硬玉集合体的折射率为1.66（点测），相对密度为3.24~3.43，摩氏硬度为6.5~7。

（二）绿辉石

绿辉石的化学式为（Ca, Na）（Mg, Fe^{2+}, Fe^{3+}, Al）Si_2O_6，其晶体化学成分介于Ca-Mg-Fe辉石（$Ca_2Si_2O_6+Mg_2Si_2O_6+Fe_2Si_2O_6$）、硬玉及霓石之间的固溶体过渡矿物种（表4-3）。绿辉石单矿物晶体的折射率为Ng=1.688~1.718，Nm=1.670~1.700，Np=1.662~1.691，Np、Ng、Nm是指二轴晶宝石的三个主要光学方向；摩氏硬度为5~6；相对密度为3.29~3.37（王濮，1987）。对典型墨翠（由较纯的绿辉石矿物组成）测试的结果显示，墨翠折射率为1.66~1.68（点测），相对密度为3.33~3.35。

表4-3　绿辉石的电子探针分析结果（%）

样品	SiO_2	TiO_2	Al_2O_3	FeO	MnO	MgO	CaO	Na_2O	K_2O	合计
1	55.30	0.14	12.37	5.50	0.00	7.90	9.98	8.29	0.01	99.49
2	56.12	0.00	11.31	2.00	0.00	9.66	13.08	7.78	0.00	99.95
3	56.12	0.00	11.74	2.61	0.00	8.04	11.69	9.73	0.05	99.98
4	56.91	0.29	10.62	3.01	0.00	8.40	11.32	9.07	0.00	99.62
5	56.40	0.58	7.89	2.83	0.04	10.20	13.43	7.79	0.38	99.54

测试单位：中国地质大学（北京）电子探针室。

绿辉石通常呈纤维状微晶细脉分布在翡翠中，绿辉石单偏光下多浅绿色、正交可达Ⅱ级蓝绿，穿插早期形成的无色硬玉，或沿硬玉颗粒边界、解理交代。

第四章　翡翠的矿物成分和结构构造

绿辉石基本上可以分成三种类型：富钠绿辉石、富钙绿辉石和富铬绿辉石，一般呈绿色，颜色与其化学成分有密切的关系。富钠绿辉石通常只含有少量Fe，呈较浅的颜色，而富钙绿辉石则含有较高的Fe，呈较深的颜色。研究表明，充填于硬玉大颗粒之间的、形成时间较晚的、细小的深绿色、绿色绿辉石或透辉石很有可能是玉石呈鲜艳的翠绿色的原因之一。当翡翠中绿辉石含量达到一定的程度时，便形成绿辉石质翡翠，即"墨翠"，反射光下呈黑绿色，透射光下呈墨绿色（图4-5），其摩氏硬度和相对密度与硬玉质翡翠略有差异。也有研究表明，优质的墨翠矿物组分单一，为绿辉石。

图4-5　绿辉石质翡翠（墨翠）

（三）钠铬辉石

钠铬辉石的化学式为$NaCrSi_2O_6$，钠铬辉石呈艳绿色，集合体折射率为1.74（点测），摩氏硬度为5.5，相对密度为3.50，紫外灯下无荧光，滤色镜下不变红。

翡翠中的钠铬辉石主要呈微晶状、纤维状，可与硬玉、绿辉石共生，有时交代铬铁矿，可环绕在铬铁矿的外围或沿内部形成交代网脉状结构。由于与硬玉、绿辉石形成固溶体系列，钠铬辉石可含有一定量的Ca、Mg、Fe、Al等元素（表4-4），而Fe与Cr等元素会使其颜色进一步加深。

表4-4　钠铬辉石的电子探针成分分析（%）

序号	SiO_2	TiO_2	Al_2O_3	FeO	MnO	MgO	CaO	Na_2O	K_2O	Cr_2O_3	合计
1	54.82	0.08	5.44	5.32	0.07	0.41	1.39	12.29	0.00	19.35	99.17
2	53.57	0.05	7.97	5.09	0.02	0.71	0.75	13.15	0.00	17.62	98.48
3	54.71	0.04	3.46	5.11	0.13	3.61	4.21	12.44	0.01	14.96	98.68
4	54.48	0.01	4.03	5.95	0.08	2.51	2.95	12.20	0.00	16.17	98.93
5	54.55	0.03	8.20	5.17	0.05	0.67	0.43	13.43	0.00	15.42	97.94

注：亓利剑，1999。

钠铬辉石一般呈深绿色，由于其化学成分的变化而使颜色浓淡不均。当钠铬辉石作为次要矿物呈微细粒状分散在翡翠中时，可使翡翠呈鲜艳的绿色；当其作为主要矿物时，翡翠的颜色变成深绿色，且透明度降低，业内一般称其为"干青种"翡翠（图4-6、图4-7）。

图 4-6 干青种翡翠挂牌

图 4-7 干青种翡翠原石

三、次要组成矿物及其特征

翡翠中的次要矿物以角闪石和钠长石为主，它们都是硬玉的伴生矿物。

（一）角闪石

在翡翠中出现的角闪石大多为碱性角闪石，有镁铝钠闪石——$NaNa_2（Mg_4，Al）$ $Si_8O_{22}（OH）_2$、镁红闪石——$Na（Ca，Na）Mg_4（Al，Fe^{3+}）Si_7AlO_{22}（OH）_2$、尼镁铝钠闪石——$NaNa_2（Mg_3，Al_2）Si_7AlO_{22}（OH）_2$ 及钠透闪石——$Na（Ca，Na）Mg_5Si_8O_{22}（OH）_2$（表4-5）。它们是由后期富含 Ca^{2+}、Fe^{2+}、Mg^{2+} 的热液交代辉石后经退变质作用形成的。其鉴别特征为黑色或墨绿色、解理夹角为124°或56°、相对密度为3.1~3.2、摩氏硬度为6~6.5、集合体折射率为1.64（点测）。镜下观察，角闪石晶体一般呈纤维状、长柱状，其中矿物晶体粗大者，肉眼可见长柱状晶形。

表4-5 翡翠中角闪石族矿物的电子探针分析结果（%）

样品	SiO_2	TiO_2	Al_2O_3	Cr_2O_3	FeO	MgO	P_2O_5	MnO	CaO	Na_2O	K_2O	NiO	合计
1	55.179	0.198	9.212	0.005	1.945	16.678	0	0.01	1.973	10.037	0.141	0.039	95.417
2	54.612	0.064	6.041	0.006	3.018	18.745	0.003	0.052	4.004	8.169	0.458	0.029	95.201
3	52.317	0.306	11.28	0	3.139	15.944	0.05	0.031	3.76	8.792	0.128	0	95.747
4	58.856	0.08	10.681	0.026	2.022	13.449	0.003	0.114	0.702	10.129	0.05	0	96.112
5	52.499	0.265	11.414	0.014	2.98	15.785	0	0.159	3.18	8.783	0.216	0.006	95.301

测试单位：中国地质大学（北京）电子探针室。

角闪石呈脉状、浸染状分布于翡翠矿石中，沿硬玉晶粒的边界、解理和裂隙交代，形成黑色或褐黑色斑块、条带，且易蚀变为绿泥石。

这种黑色或褐黑色斑块或条带的存在，对翡翠的质量产生了较大的负面影响；业内人士称之为"死黑"（图4-8）。

图4-8 翡翠原石上出现的"死黑"

（二）钠长石

钠长石的化学式为$NaAlSi_3O_8$，属于架状硅酸盐中的斜长石亚族。与硬玉共生的钠长石，其化学成分纯净，呈乳白色，集合体折射率为1.53左右（点测），相对密度约为2.62，远小于硬玉，摩氏硬度为6~6.5，具有夹角为90°的两组完全解理。肉眼可见钠长石呈颗粒状或细脉状，结构细腻。

偏光显微镜下钠长石呈颗粒状或短柱状，一级灰干涉色，负低突起，正交偏光下常见聚片双晶。钠长石与硬玉的物理性质差异较大，在物质结构组成条件相似的情况下，含较多钠长石的翡翠，透明度会较高，相对密度较小。钠长石可以组成独立的玉石品种，即钠长石玉，业内称之为"水沫子"（图4-9、图4-10）。

图 4-9　钠长石玉戒面　　　　　　　　　　图 4-10　钠长石玉手镯

（三）铬铁矿

铬铁矿的化学式为 $FeCr_2O_4$，属于金属矿物，通常存在于含铬量较大的翡翠中，呈黑色，不透明，具有金属光泽，斑点状分布于翡翠中（图4-11）。由于铬铁矿易被钠铬辉石交代，故常与钠铬辉石伴生。研究表明，铬铁矿是翡翠中铬元素的重要来源之一。

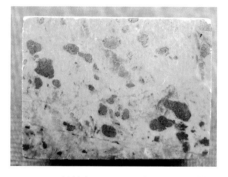

图 4-11　钠铬辉石质翡翠中的黑色铬铁矿
（亓利剑提供）

（四）褐铁矿和赤铁矿

褐铁矿和赤铁矿的化学式分别为 $Fe_2O_3 \cdot H_2O$ 和 Fe_2O_3，两者均属于次生矿物，存在于翡翠原石表面的空隙或裂隙中，由出露地表的翡翠经风化作用（尤其是氧化作用）形成。

褐铁矿是由多种铁的氢氧化物矿物组成的混合物，主要有针铁矿、水针铁矿、纤铁矿及水纤铁矿，为棕黄色或黄褐色，呈细小粉末状分布在翡翠风化皮壳的颗粒孔隙或裂隙中，使翡翠呈黄色或黄褐色（图4-12、图4-13）。

图 4-12　黄翡腾龙挂件　　　　　　图 4-13　原石表面的黄色风化皮壳（褐铁矿）

赤铁矿由褐铁矿经脱水作用而形成，呈棕红色或褐红色，细粒粉末状分布于翡翠风化皮壳的矿物颗粒孔隙或裂隙之中，使翡翠呈红色（图4-14、图4-15）。

图4-14　红翡弥勒佛项坠　　　　图4-15　原石表面的棕红色风化皮壳（赤铁矿）

（五）方沸石

方沸石的化学式为 $Na_2[AlSi_2O_6]_2 \cdot 2H_2O$，单晶为无色、灰白色、微绿色，通常呈粒状。方沸石可呈细脉状或浸染状充填于硬玉颗粒中，翡翠中的方沸石为后期热液蚀变的产物（张蓓莉，2013）。

（六）石榴石族矿物

以钙铝榴石（化学式为 $Ca_3Al_2[SiO_4]_3$）为例。钙铝榴石出现在硬玉化的异剥钙榴岩中。异剥钙榴岩主要由硬玉、绿辉石、钙铝榴石组成，产出于缅甸硬玉岩矿区中，在其他硬玉岩产地的相关岩石中也有出现。钙铝榴石形成早于相邻的硬玉和辉石，且少部分含有富稀土元素的褐帘石（Aln）（施光海，2013）。

（七）白云母

白云母化学式为 $K\{Al_2[AlSi_3O_{10}](OH)_2\}$，无色，具一组完全解理，正中突起，颗粒较大，他形，干涉色高，可达Ⅲ级蓝—Ⅲ级绿，呈片状填充硬玉颗粒之间空隙。

（八）其他次要矿物

除了上面所讲的翡翠中的次要矿物外，危地马拉所产的"银河黑金玉"品种翡翠中含有黄铁矿，此品种只有危地马拉产出（陈全莉，2012）。在某些飘蓝花翡翠中，还存在与钠长石外观相似的霞石（韩辰婧，2013）。

第二节

翡翠的结构构造及其对质量的影响

翡翠是在特定的地质条件下经过结晶生长、挤压变形、变质交代等过程形成的。这些形成过程不仅反映在翡翠组成矿物的化学成分变化上，还明显地反映在翡翠的结构构造特征上。结构构造是研究翡翠形成条件的重要依据，对判别翡翠的质量和品种具有重要的意义。

一、翡翠结构和构造

翡翠的结构是指其组成矿物晶体颗粒的大小、形态及其结合方式。

翡翠的构造是指其组成矿物集合体之间的空间分布和排列状态，即这些矿物是否均向分布或定向排列。

翡翠的结构和构造是两个不同的方面，结构侧重于矿物单体形态、大小、晶体自形程度等，一般用偏光显微镜或宝石显微镜进行观察；而构造则侧重于集合体整体的形状、空间分布规律，可直接用肉眼观察。

（一）翡翠的结构类型及其特征

翡翠是一种以硬玉、绿辉石和钠铬辉石为主的多晶质矿物集合体，其形成主要经历了变质结晶作用、交代变质作用和动力变质作用，从而导致其复杂的结构特征（表 4-6）。

第四章 翡翠的矿物成分和结构构造

81

表 4-6　翡翠的典型结构类型

地质作用类型	分类方式		结构类型
变质（重）结晶作用	变晶颗粒大小	绝对大小	显微变晶结构
			细粒变晶结构
			中粒变晶结构
			粗粒变晶结构
		相对大小	等粒变晶结构
			连续不等粒变晶结构
			斑状变晶结构
	变晶形态		粒状变晶结构
			柱状变晶结构
			纤维变晶结构
	颗粒间接触方式		齿状镶嵌结构
			弯曲镶嵌结构
			平直镶嵌结构
交代变质作用	变晶交代关系		交代净边结构
			交代残余结构
			透入交代结构
			交代假象结构
动力变质作用	变形结构		滑移结构
			亚颗粒结构
	碎裂结构		碎粒结构
			碎斑结构
			糜棱结构

1. 变质结晶作用形成的结构

变质结晶作用指在变质作用过程中发生的重结晶或变质结晶作用，是促使翡翠形成的最重要的地质作用，其形成的结构成为翡翠的主要结构类型。

根据变晶的颗粒大小（绝对大小和相对大小）、颗粒形态及颗粒之间相互关系，翡翠结构可进一步划分。

（1）按颗粒绝对大小

1）显微（隐晶）变晶结构：粒径＜0.1毫米，颗粒极小，10倍放大镜下难见颗粒（图4-16）。

2）细粒变晶结构：粒径0.1~1.0毫米，肉眼隐约可见颗粒，10倍放大镜下可见颗粒（图4-17）。

3）中粒变晶结构：粒径1.0~2.0毫米，肉眼可见颗粒（图4-18）。

4）粗粒变晶结构：粒径＞2.0毫米，肉眼明显可见颗粒，有粗糙感（图4-19）。

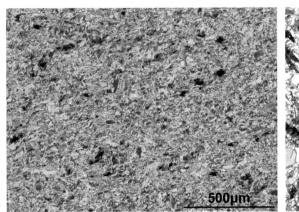

图4-16　显微变晶结构

图4-17　细粒变晶结构

图4-18　中粒变晶结构

图4-19　粗粒变晶结构

（2）按颗粒相对大小　按组成矿物颗粒相对大小可将翡翠的结构分为等粒变晶结构（图4-20）和不等粒变晶结构。不等粒变晶结构又可细分为连续不等粒变晶结构（图4-21）和斑状变晶结构（图4-22），前者粒度粗细呈连续递变，后者斑晶与基质之间存在粒级间断。

图 4-20　等粒变晶结构　　　　　　　　图 4-21　连续不等粒变晶结构

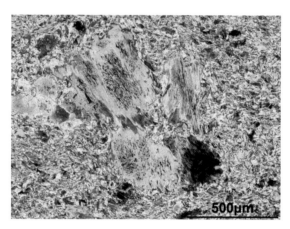

图 4-22　斑状变晶结构

（3）按颗粒形态　翡翠中矿物的晶体习性常见粒状、短柱状，长柱状、纤维状。典型的结构如下：

1）粒状变晶结构：即组成翡翠的晶粒为短柱状或近等轴粒状（图 4-23）。

2）柱状变晶结构：即矿物晶体呈长柱状，可定向或半定向排列，也可无定向、束状或放射状分布（图 4-24）。

3）纤维变晶结构：即矿物呈非常细长的纤维状，可呈纤维交织状，也可定向或半定向排列（图 4-25）。

有时在一块翡翠中会出现不同的晶体习性，如柱状—纤维状变晶结构由柱状和纤维状形态的晶体组成（图 4-26）。

图 4-23　粒状变晶结构

图 4-24　柱状变晶结构

图 4-25　纤维放射状变晶结构

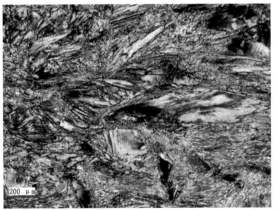
图 4-26　柱状－纤维状变晶结构

（4）按颗粒间结合方式

1）齿状镶嵌结构：颗粒边界不明显，呈不规则锯齿状接触（图 4-27）。

2）弯曲镶嵌结构：颗粒边界模糊，呈港湾状接触（图 4-28）。

图 4-27　齿状镶嵌结构

图 4-28　弯曲镶嵌结构

3）平直镶嵌结构：颗粒边界清楚，呈直线状接触（图4-29）。

2. 交代变质作用形成的结构

交代变质作用多发生于变质（重）结晶作用之后，与流体的交代作用有关，其形成的结构叠加在变晶结构之上。因为形成交代矿物所需的温度、压力均比硬玉低，所以其应属退变质作用阶段的产物。

根据交代作用发生的部位及交代作用的特点，翡翠的交代结构可以进一步分为交代净边结构、交代残余结构、透入交代结构和交代假象结构等。

图4-29　平直镶嵌结构

（1）交代净边结构　原生硬玉矿物发生交代重结晶作用，从而形成硬玉矿物边缘相（图4-30）。

（2）交代残余结构　当交代作用较强时，仅保留少量原生矿物残留物，如干青种翡翠内的钠铬辉石中可见铬铁矿的交代残余（图4-31）。

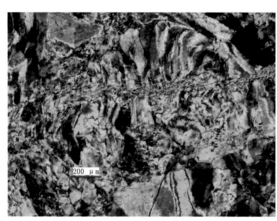

图4-30　交代净边结构

图4-31　交代残余结构

（由张昱提供）

（3）透入交代结构　沿矿物颗粒内部的晶体解理、颗粒间隙以及集合体中显微裂隙产生交代作用（图4-32）。

（4）交代假象结构　一种矿物颗粒被另一种矿物完全交代而保留原矿物晶体形态，即形成交代假象结构。例如，翡翠中的铬铁矿可以完全被钠铬辉石所交代而保留等轴粒状的铬铁矿晶体形态（图4-33）。

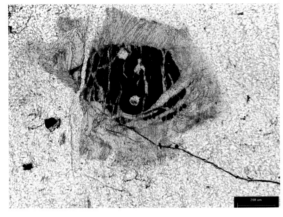

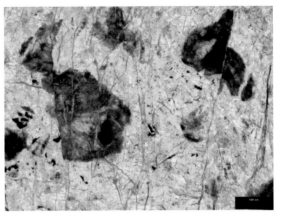

图 4-32　透入交代结构
（由张昱提供）

图 4-33　交代假象结构
（由张昱提供）

3.动力变质作用形成的结构

动力变质作用具体表现为变形作用和碎裂作用。变形结构和碎裂结构是在翡翠变晶结构形成之后的叠加结构，与翡翠形成之后的地质变化有关。

（1）变形结构　翡翠在未超过其弹性限度范围内发生形变而并无碎裂产生的结构，即构造应力引起晶体内部结构的改变，却没有破坏晶体原子间的结合力，属于塑性变形。变形结构包括滑移结构和亚颗粒结构两种类型。

1）滑移结构：矿物的晶格发生错动，错动后晶格的排列不变，从整体上仅是大小及形状发生了变化，主要表现为双晶变形、晶体弯曲等机械变形。

2）亚颗粒结构：亚颗粒化是粗粒硬玉细粒化的一种重要方式，主要通过位错的移动和堆垛形成。颗粒被分割成不同的消光区域，正交偏光镜下呈块状、不均匀消光，亚晶颗粒的形状为不规则多边形、矩形、透镜状等。这种结构是在动态恢复过程中形成的。

（2）碎裂结构　翡翠在超过其弹性限度的构造应力作用下破裂而形成的结构，按碎裂程度的不同分为三类：

1）碎粒结构：早期粗大的短柱状硬玉由于受应力作用而发生碎粒化，表现为沿早期硬玉边缘及解理均有破碎现象（图4-34）。

2）碎斑结构：当碎粒化作用强烈时，在破碎的细粒硬玉中，只残留部分较大的硬玉碎斑，细小的碎粒化基质围绕碎斑连续分布（图4-35左）。

图 4-34　碎粒结构

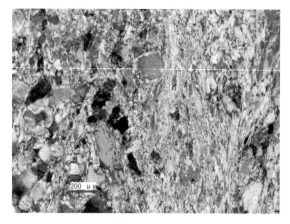

图4-35 碎斑结构（左）和糜棱结构（右）

3）糜棱结构：在更强烈的构造应力作用下，翡翠发生糜棱岩化，矿物大部分被挤压成隐晶质颗粒，粒度变细并趋于均匀，颗粒被拉长并定向排列（图4-35右）。

（二）翡翠的构造类型

根据矿物排列特征及构造成因，可将翡翠构造大致分为似晶簇构造、块状构造、脉状构造、条带状构造、褶皱构造、角砾状构造五种类型。

1.似晶簇构造

似晶簇构造包括束状构造和放射球状构造。它是由柱状或纤维状硬玉排列成扇形或球形而形成的矿物集合体，各矿物之间无定向排列。其结晶条件比较稳定，受后期改造作用较弱，原生的结构和构造保存完好。

图4-36 块状构造

2.块状构造

组成矿物无定向排列，呈均匀块状（图4-36）。其是在无定向压力作用下结晶或重结晶形成的，形成过程较为单一，未经过多期次的成矿作用。

3.脉状构造

这是常见的翡翠构造，绿色以脉状形式出现在白色或浅色的基质中，即后期形成的翡翠呈脉状充填于早期形成的翡翠中，充填脉中的硬玉晶体呈纤维状或柱状平行或近似平行排列，垂直、斜交或平行脉壁分布（图4-37）。

4.条带状构造和褶皱构造

不同颜色或不同粒度的矿物呈带状分布，各条带间大致呈平行排列（图4-38）。如若具有条带状构造的翡翠经过进一步挤压变形，则形成褶皱构造（图4-39）。

5.角砾状构造

翡翠中某种颜色或粒度的矿物集合体呈形状不一的团块状，被其他矿物集合体包围（图4-40）。通常是早期翡翠因受地质应力压碎后而被晚期翡翠充填或包围，说明翡翠的形成具有多阶段性的特征。

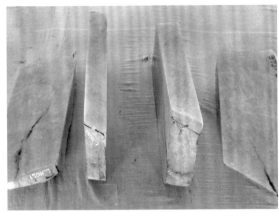

图 4-37　脉状构造

图 4-38　条带状构造

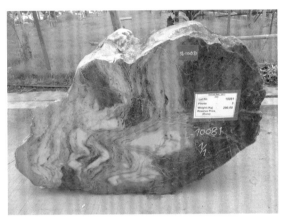

图 4-39　褶皱构造

图 4-40　角砾状构造

二、翡翠的结构对其质量的影响

高韧性是翡翠成为高档玉石的重要原因之一，而透明度在翡翠的质量评价中占据着很重要的地位。翡翠的结构对透明度和韧度有很大影响。

（一）对透明度的影响

翡翠组成矿物颗粒大小及其相互关系的差异，会造成翡翠透明度的不同，从而直接影响其质量的优劣。

1.颗粒粒度大小对透明度的影响

如果不考虑矿物颗粒定向排列的影响，仅从矿物颗粒绝对大小来看，颗粒的粒度越小，透明度就越高；颗粒越粗，透明度就越低。一般来说，具有显微变晶结构、微粒变晶结构、细粒变晶结构的翡翠质地细腻，水头较足，抛光性能好；而具有中粒变晶结构、

粗粒变晶结构的翡翠质地粗糙，水头较差，肉眼可见颗粒边界或解理面。

2. 颗粒结合方式对透明度的影响

颗粒结合得越紧密，即结构越致密、解理和微裂隙越少，翡翠的透明度就越高。例如，具有齿状镶嵌变晶结构、弯曲镶嵌变晶结构的翡翠具有较高的透明度，而具平直镶嵌变晶结构的翡翠样品的透明度则相对较低，主要原因是：前两者结构排列紧密，基本没有粒间空隙，而且由于后期应力作用，使矿物晶体趋于定向排列，光学性质趋于一致，减少了光线的能量损失，具有良好的透明度；后者结构疏松，硬玉矿物之间不是紧密接触，而是存在粒间空隙，光线通过接触界面时将会发生复杂的折射和漫反射，损耗光能从而使透明度降低。

3. 颗粒排列方向对透明度的影响

一般来说，柱状、纤维状矿物颗粒越接近平行排列时，透明度越高。若矿物颗粒无定向或近于束状及放射状排列，由于不规则排列造成光的漫反射会使翡翠的透明度变差。若翡翠中同时存在两种形态的矿物颗粒，由于矿物晶体的光率体方位难以取得一致而使光学效应减弱甚至抵消，导致其透明度降低。

（二）对韧性的影响

翡翠常具有柱状变晶结构和纤维变晶结构，使得翡翠具有较高韧性，不易破碎，有别于其他品种的玉石。一般而言，结晶颗粒粗大、接触关系平直、结构疏松的翡翠韧性较低，例如具有碎裂结构的翡翠由于矿物颗粒之间咬合力不强导致其韧性降低；而矿物结晶颗粒细小、接触边界呈弯曲状或齿状的翡翠则具有较强的咬合力，韧性也较大。其中，显微变晶结构、纤维变晶结构、糜棱结构是抗压强度高，韧性强的翡翠的典型结构。

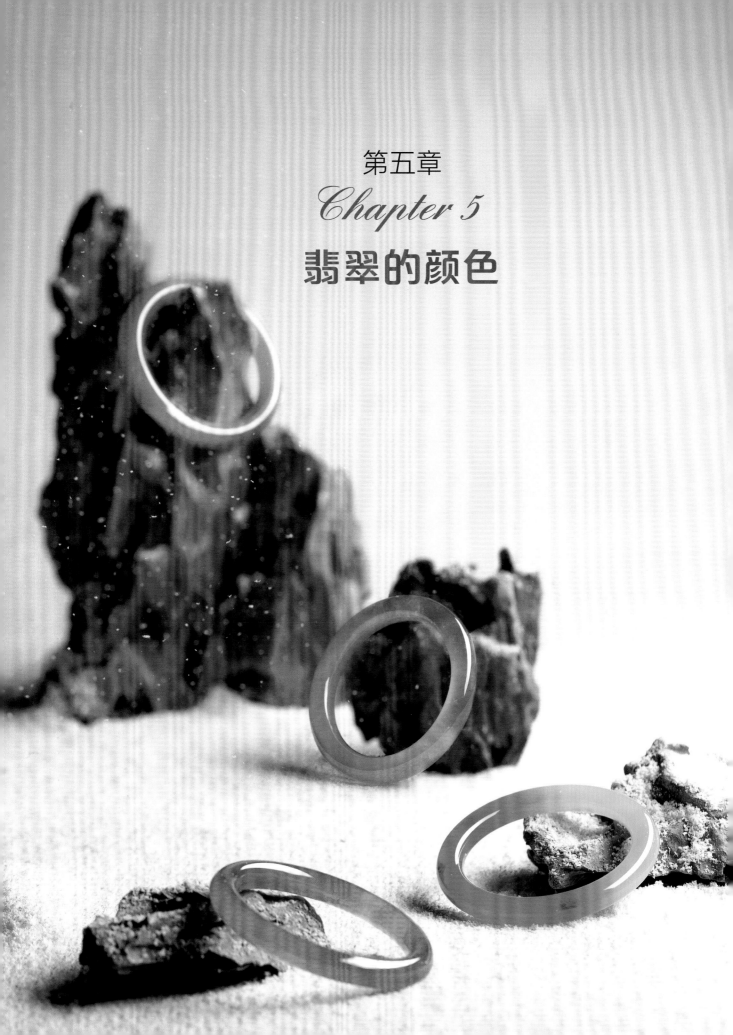

第五章
Chapter 5
翡翠的颜色

第一节

翡翠颜色的描述

一、颜色三要素

颜色是指由不同波长或光谱组成的光所引起的一种主观感觉。人对颜色的感觉不仅受光的物理性质的影响，还受人的心理状态、生理机制及周围环境的影响。按照孟塞尔颜色系统的定义，颜色可以用色调、明度和饱和度三个要素来描述。观察翡翠的颜色也要从这三个方面来考虑，它们是评价翡翠颜色的主要依据。

图 5-1　色相圈

（一）色调

色调也称色相，是指人眼能区分开的颜色的种类。由于不同波长的色光给人以不同的色觉，可以用单色光的波长来表示色调。它由光的光谱成分决定，是颜色的最基本特征（图 5-1）。

宝石的色调可以是单色调，如红色、绿色、蓝色、紫色；也可以是混合色调（两种色调的过渡色），通常以主色调前面加次色调表示，如"蓝绿色"表示以绿色为主，即带有蓝色色调的绿色。

（二）明度

明度是指颜色深浅或明暗的变化程度。明度越高，越接近白色；明度越低，越接近黑色。

（三）饱和度

饱和度也称彩度，是指颜色浓淡或鲜艳的程度。饱和度越高，颜色越浓、越鲜艳。

二、翡翠的颜色

翡翠的颜色是给人最明显的感官现象，也是鉴别宝石的重要特征之一。翡翠的颜色是其对自然光中可见光选择性吸收后的补色。当翡翠被白光照射时，对光产生吸收、折射和反射等各种光学作用。若翡翠将光全部吸收，则呈黑色；若对白光中所有波长的色光部分均匀吸收，则呈灰色；若基本上不吸收，则为无色或白色；当翡翠选择吸收某些波长的色光，而折射或反射出其余色光时，翡翠就呈特定的颜色。

三、翡翠颜色的描述方法

翡翠的颜色是对可见光区域内（400~700nm）不同波长光波的选择性吸收后透射或反射出光的混合色。除了翡翠自身的矿物成分，外界环境（如光源等）的变化也会影响翡翠的颜色。例如，绿色的翡翠在明亮的黄色光照射下会更显艳丽，即业内所说的"无阳不看绿"。因此，如果要准确描述翡翠的颜色，必须在标准光源下进行观察。目前，国际上统一使用的标准白色光源（CIE）的色温为6500K，称为"等能光源"，由三束能量近似相等的光源即红光、绿光和蓝光混合而成。

目前，翡翠颜色一般采用以下三种方法进行定性描述。

（一）标准色谱法

采用标准色谱（红、橙、黄、绿、青、蓝、紫）以及白、灰、黑来描述翡翠的颜色，有时为了说明颜色的明度，可在颜色前加适当的形容词，例如暗绿色、暗灰色等。

（二）二名法

翡翠的颜色较复杂时，可用两种标准色谱中的颜色来描述，在书写顺序上，主要的颜色写在后面，次要颜色写在前面。例如，蓝绿色表示颜色以绿色为主，带蓝色色调。

（三）类比法

即用人们熟悉的物品、动植物颜色来比拟，直观和形象地描述颜色，如行业内常用"祖母绿""苹果绿""葱心绿""豆绿""瓜皮绿"等来描述翡翠的颜色。

第二节

翡翠颜色的主要类型

翡翠的颜色千变万化，浓淡不一，是世界上颜色最丰富的一种玉石。翡翠的颜色，在所有光谱色中均可找到，其基本色调有无色、绿色、红色、黄色、紫色、黑色等（图5-2~图5-8）。翡翠按色相可分为六个系列：无色—白色系列、绿色系列、黄色—红色系列、紫色系列、黑色系列、组合色系列。

图5-2 绿色翡翠挂件

图5-3 色彩丰富的翡翠胸针

图5-4 色彩丰富的翡翠手镯

图 5-5 色彩丰富的翡翠挂饰　　　　　图 5-6 色彩丰富的翡翠观音摆件

图 5-7 色彩丰富的翡翠摆件

第五章　翡翠的颜色

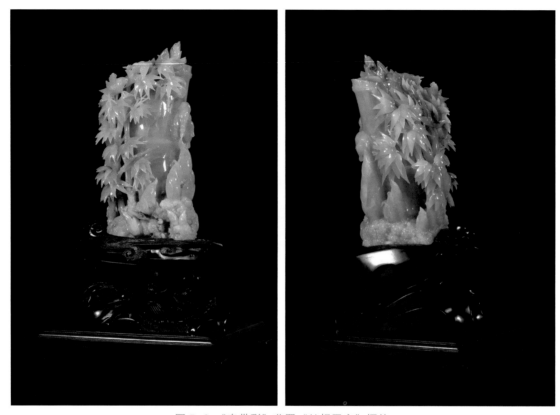

图 5-8 "春带彩"翡翠"竹报平安"摆件

一、无色一白色系列翡翠

无色一白色系列翡翠是指无色或颜色彩度极低的翡翠，有白色、灰白色、无色，其中无色透明的最好。此系列翡翠主要由较纯的硬玉（$NaAlSi_2O_6$）矿物组成，不含其他致色元素（图 5-9~图 5-11）。

图 5-9　无色透明翡翠观音

图 5-10　白色翡翠手镯

图 5-11　无色透明翡翠项链及耳坠套件

二、绿色系列翡翠

绿色翡翠是主体颜色色调为绿色、具有一定彩度的翡翠，其颜色主要由硬玉晶体中 Cr 元素和 Fe 元素进入晶格导致。此系列翡翠的颜色主要有正绿、偏黄绿、偏蓝绿、灰蓝绿等。

此外，绿色系列还有一特殊品种——墨翠。墨翠通常在反射光下呈黑绿色—黑色，在透射光下呈墨绿色。

（一）正绿色翡翠

正绿色翡翠的主体颜色为纯正的绿色，可带极轻微的、不易觉察的黄色或蓝色调，例如业内通常所说的祖母绿、翠绿、秧苗绿等。

1. 祖母绿色翡翠

祖母绿色翡翠与祖母绿宝石的颜色相似，又称"宝石绿"，其颜色饱满纯正、分布均匀（图5-12、图5-13）。祖母绿色翡翠通常透明度好，质地细腻，属于正绿色翡翠中的极品，给人以高贵典雅、端庄大方的感觉。

图5-12　祖母绿色翡翠耳坠和项坠

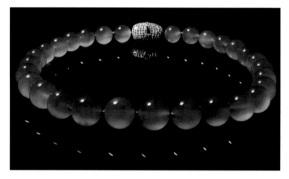

图5-13　祖母绿色翡翠珠链

2. 翠绿色翡翠

翠绿色是中等深浅的正绿色，带极轻微的蓝色调，其颜色彩度（浓度）紧随祖母绿色，质地细腻，是正绿色中的高档颜色。翠绿色的翡翠鲜艳浓郁，给人以苍翠欲滴、翁郁青葱的感觉（图5-14、图5-15）。

图5-14　翠绿色翡翠弥勒佛项坠

图5-15　翠绿色翡翠项坠和戒指

3. 秧苗绿色翡翠

秧苗绿色犹如青翠秧苗的颜色，绿色中带有极轻微的黄色调，色泽鲜活明亮。秧苗绿色的翡翠往往透明度高，给人以生机勃勃、绿意盎然的感觉（图5-16）。

4. 苹果绿色翡翠

苹果绿色翡翠的颜色犹如新鲜的青苹果，绿中略带黄色调，透明至半透明。苹果绿色调轻快明亮，给人以清新爽朗的感觉（图5-17~图5-19）。

图5-16　秧苗绿翡翠项坠

图5-17　苹果绿翡翠观音挂件

图5-18　苹果绿翡翠手镯

图5-19　苹果绿翡翠项坠

（二）偏黄绿色翡翠

偏黄绿色的主体颜色为绿色，带较易察觉的黄色色调，例如业内通常所说的黄阳（杨）绿、葱心绿、鹦鹉绿、豆绿等。

1. 黄阳绿翡翠

黄阳绿又称黄杨绿，鲜艳绿色带较易察觉的黄色色调，颜色彩度（浓度）适中，清新明亮，犹如初春时节的黄杨树新叶。黄阳绿翡翠通常透明度较高，给人以鲜亮、明媚的感觉（图5-20、图5-21）。

图 5-20　黄阳绿翡翠挂件　　　　　　　　　图 5-21　黄阳绿翡翠耳坠一对

2. 葱心绿翡翠

葱心绿略带黄色调，颜色饱满，犹如娇嫩的葱心，因此称为葱心绿（图5-22、图5-23）。

图 5-22　葱心绿翡翠弥勒佛挂件　　　　图 5-23　葱心绿翡翠项坠

3.豆绿翡翠

豆绿翡翠颜色较浅，犹如青豆，是翡翠中最常见的颜色。豆绿色的翡翠通常呈微透明或不透明，质地较粗，肉眼观察有比较明显的颗粒感（图5-24）。

图 5-24　豆绿翡翠挂件

4.鹦鹉绿翡翠

鹦鹉绿的绿色中带明显的黄色调，常呈半透明或微透明，颜色饱满，犹如鹦鹉艳绿的羽毛，因此称为鹦鹉绿（图5-25、图5-26）。

图 5-25　鹦鹉绿翡翠挂件　　　　图 5-26　鹦鹉绿翡翠弥勒佛项坠

（三）偏蓝绿色翡翠

偏蓝绿色翡翠的主体颜色为绿色，带较易察觉的蓝色色调，例如翡翠行业通常所说的蓝水绿、菠菜绿、瓜皮绿、蓝绿等。

1. 蓝水绿翡翠

绿中带较易察觉的蓝色色调，颜色较均匀但欠明亮。蓝水绿翡翠通常呈透明至半透明，透明度较高（图5-27、图5-28）。

图5-27 深蓝水绿翡翠弥勒佛项坠　　　　图5-28 蓝水绿翡翠弥勒佛项坠

2. 菠菜绿翡翠

绿中带蓝色调，不够鲜艳明亮，颜色明度较低，呈灰蓝色，往往为半透明至微透明，犹如绿色的菠菜叶，称为菠菜绿（图5-29、图5-30）。

图5-29 菠菜绿翡翠蝉挂件　　　　图5-30 菠菜绿翡翠弥勒佛项坠

3. 瓜皮绿翡翠

绿中带明显的蓝色调，绿色不均匀、不明亮，常常呈半透明状。犹如深绿色的西瓜皮，因此称为瓜皮绿（图5-31、图5-32）。

图5-31　瓜皮绿翡翠挂件

图5-32　瓜皮绿翡翠弥勒佛挂件

（四）蓝绿色翡翠

蓝绿色翡翠的绿色偏暗，带明显的蓝色色调（图5-33、图5-34）。

图5-33　蓝绿色翡翠弥勒佛挂件

图5-34　蓝绿色翡翠福瑞项坠

（五）灰蓝绿色翡翠

灰蓝绿色翡翠的主体颜色为暗绿色，带较易察觉的蓝色色调，颜色饱和度中等，因颜色偏暗而成灰蓝绿，如翡翠业内通常所说的油青绿、蛤蟆绿、灰蓝绿等，颜色不明亮且较暗。

1. 油青绿翡翠

绿色中带蓝色色调，颜色较深、较暗，通常呈半透明至微透明，光泽欠明亮（图5-35、图5-36）。

图5-35　油青绿翡翠观音

图5-36　油青绿翡翠手镯

2. 灰蓝绿色翡翠

绿色中带明显蓝色色调，颜色较暗，饱和度较低，此类颜色的翡翠一般通常呈半透明至不透明（图5-37、图5-38）。

图5-37　灰蓝绿色翡翠寿桃挂件

图5-38　灰蓝绿色翡翠手镯

3.蛤蟆绿翡翠

绿色中带明显的灰色，颜色分布比较均匀，颜色灰暗，饱和度较低（图5-39）。

图5-39 蛤蟆绿翡翠挂件

（六）黑绿色翡翠——墨翠

墨翠的颜色在反射光下呈黑绿色—黑色、透射光下呈绿色—墨绿色，半透明至不透明，在成分上属于绿辉石质翡翠（图5-40）。

图5-40 墨翠项坠
左图：反射光；右图：透射光

三、紫色系列翡翠

翡翠的紫色又称"紫罗兰"或"春"，主体颜色色调为紫色，具有一定的彩度。翡翠的紫色是由硬玉的类质同象替代造成的，而不同的替代元素组合产生了不同的紫色。传统宝石学认为，紫色翡翠主要由 Mn、Ti 等微量元素致色，其色调变化和彩度（饱和度）可能与 Mn、Fe 的比例有关。

紫色翡翠按其色调的偏向（如偏粉或偏蓝）和深浅可以分为正紫色、粉紫色和蓝紫色。

（一）正紫色翡翠

正紫色包括由深到浅的正紫色（图 5-41~图 5-44）。大多数学者认为，正紫色翡翠主要由 Mn^{3+} 致色，Fe^{2+} 对其紫色色调有一定的影响，Fe 含量越少，颜色越偏粉色调。

图 5-41　正紫色翡翠项坠　　图 5-42　正紫色翡翠如意挂件　　图 5-43　正紫色翡翠手镯

图 5-44　正紫色翡翠原料

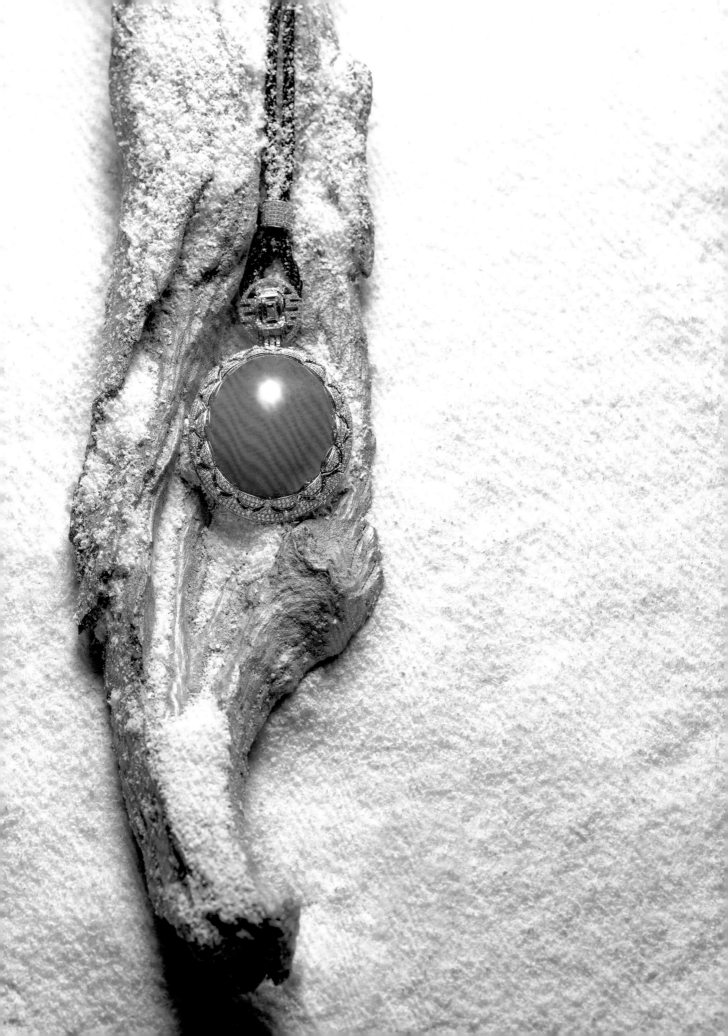

（二）粉紫色翡翠

粉紫色的紫中带粉色色调，其紫色色调多于粉红色色调。当粉色色调多于紫色色调时，颜色淡而均匀，也称为藕粉色。透明度较高的粉紫色翡翠通常质量较好，因其颜色亮丽而深受年轻人的喜爱。粉紫色翡翠的主要致色元素是 Mn，而 Fe 影响粉色色调的变化，Fe 越少则越偏粉色色调（图 5-45）。

（三）蓝紫色翡翠

紫中带蓝色色调，颜色一般较深。蓝紫色翡翠的颜色一般分布不均匀，不透明，质地较粗，肉眼观察可见蓝紫色颗粒呈点状分布，属于紫色翡翠中较常见的类型；颜色深而颗粒较细者为精品，格调高雅。蓝紫色的翡翠可能由 Fe、Ti 共同致色（图 5-46~图 5-48）。

图 5-45　粉紫色翡翠挂件

图 5-46　蓝紫色翡翠如意挂件

图 5-47　蓝紫色翡翠福瓜挂件

图 5-48　蓝紫色翡翠原料

四、黑色系列翡翠

黑色翡翠的主要成分为硬玉，在反射光及透射光下均呈灰黑色或黑色（图5-49~图5-51），颜色有时呈团块状（图5-49）、条带状、云雾状、星点状等分布。由含石墨矿物（有时为碳质）或金属矿物致色，例如"乌鸡种"翡翠（图5-50、图5-51）。

图 5-49　灰黑色翡翠手镯

图 5-50　黑色翡翠手镯

图 5-51　黑色翡翠原石

需要注意的是，现在市场上有一种类似黑色翡翠的黑色角闪石岩（图5-52），通常与绿色翡翠相伴出现，是在后期退变质作用时交代硬玉而形成的，俗称"黑吃绿"。黑色角闪石岩与黑色翡翠十分相似，务必特别注意两者的鉴别特征。

图 5-52　黑色角闪石岩蟾蜍摆件

五、红色—黄色系列翡翠

红色—黄色翡翠的主体颜色色调为红色或黄色，具有一定的彩度，俗称"翡"，常见黄翡和红翡两种。

（一）黄翡

黄翡颜色为由浅到深的黄色，通常带褐色色调，栗黄色最佳，又称"黄金翡"。其黄色由硬玉矿物颗粒之间或微裂隙中的褐铁矿（$Fe_2O_3 \cdot nH_2O$）（主要为针铁矿等）表生矿物所致（图5-53~图5-55）。

图 5-53　黄翡寿桃挂件

图 5-54　黄翡手镯

图 5-55　黄翡螃蟹摆件

（二）红翡

红翡的颜色为棕红色或暗红色，以鸡冠红色最佳，是由存在于硬玉颗粒之间或微裂隙中的红褐色赤铁矿（Fe_2O_3）所致，赤铁矿可能是由褐铁矿（$Fe_2O_3 \cdot nH_2O$）脱水后形成的（图5-56）。

图5-56　红翡项坠

有时，褐铁矿并未完全脱水时，红色和黄色可以伴生出现，一件作品中既能看到红色也能看到黄色（图5-57~图5-59）。

图5-57　红翡－黄翡龙挂件

图5-58　红翡－黄翡手镯

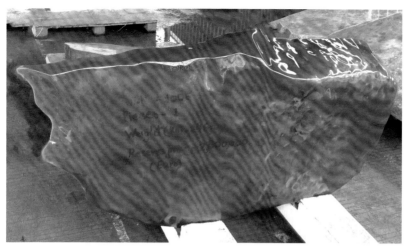

图 5-59　具有红色 – 黄色风化皮壳的翡翠原石

六、组合色系列翡翠

一块翡翠同时出现两种或两种以上颜色属于组合色系列，通常可见绿色、紫色、黄色、红色等相互组合。例如，黄色和绿色组合称为"黄加绿（皇家玉）"；紫色和绿色组合称为"春带彩"；红色或黄色、绿色、紫色三种颜色组合称为"福禄寿"，其中多色翡翠以红色、绿色、紫色三种颜色组合为佳；而红色、黄色、绿色和紫色四种颜色组合称为"福禄寿喜"。

（一）"黄加绿"翡翠

"黄加绿"翡翠指同时具有黄色和绿色两种颜色的翡翠（图 5-60、图 5-61），因其谐音"皇家玉"故又称"皇家玉"。在中国传统文化中，黄色象征尊贵、财富和吉祥，绿

图 5-60　"黄加绿"翡翠寿桃挂件　　　　图 5-61　"黄加绿"翡翠灵猴挂件

113

色象征生命、活力与灵气，这两种颜色和谐组合在一起，显示了翡翠作品的高贵与大气。"黄加绿"翡翠将中国玉文化与时尚元素完美结合，经过匠师的巧妙构思、精雕细琢，极具收藏价值（图5-62）。

图5-62 "黄加绿"翡翠摆件

（二）"春带彩"翡翠

"春带彩"翡翠指同时具有紫色和绿色两种颜色的翡翠（图5-63~图5-66），紫色也称"春"色，在翡翠雕刻作品中往往象征运气、财富和富贵。"春带彩"翡翠绿中映紫、紫里透红，犹如绿配红花，相得益彰，只有颜色运用恰到好处，才能创作出造型精妙、如诗如画的作品。

图5-63 "春带彩"翡翠挂件

图 5-64 "春带彩"翡翠摆件

图 5-65 "春带彩"翡翠手镯

图 5-66 "春带彩" 翡翠原料

（三）"福禄寿" 翡翠

"福禄寿" 翡翠是指同时具有红（黄）、绿、紫三种颜色的翡翠，或在白色底色上出现这三种颜色，有"桃园三结义"之美称。精品"福禄寿"翡翠雕刻色彩丰富、对比鲜明，通过俏色的巧妙运用将三种颜色完美地融合在一起，彰显翡翠独特的气韵与神采，稀有而珍贵（图 5-67、图 5-68）。

除此之外，若翡翠同时具有红、黄、绿、紫四种颜色，通常称为"福禄寿喜"，是组合色翡翠中颜色最丰富多彩的一种，较为罕见，极具收藏价值（图 5-69）。在中国传统民俗文化中，"福禄寿喜"具有富贵安康与吉祥长寿等美好寓意。设计巧妙的翡翠雕刻作品将翡翠颜色与作品思想完美结合，充分展现其精巧传神、别具一格的特质。

图 5-67 "福禄寿" 翡翠观音摆件

图 5-68 "福禄寿" 翡翠弥勒佛摆件

图 5-69 "福禄寿喜" 翡翠摆件

第三节

翡翠颜色的地质成因

翡翠的颜色主要取决于组成矿物及其化学成分。此外，少量次生矿物也会导致颜色的变化。翡翠的颜色特征与其形成的整个地质过程存在密切的关系。

按地质成因可将翡翠的颜色分为原生色和次生色。

原生色业内也称"肉色"，是翡翠在岩浆作用、热液作用、变质作用（如动力变质作用）等内力地质作用下形成的颜色（图 5-70、图 5-72、图 5-73），常见白色、绿色、紫色、黑色等。

图 5-70　翡翠原石中的原生色

次生色在业内也称"皮色"，是翡翠在风化作用、搬运作用、沉积作用等外力作用下形成的颜色（图 5-71、图 5-72，图 5-74），常见红色和黄色。两种次生色主要由矿物颗粒间隙的铁质化合物致色。研究表明，黄色是由褐铁矿（$Fe_2O_3 \cdot nH_2O$）致色；红色很可能是由褐铁矿脱水后形成的赤铁矿（Fe_2O_3）致色；白雾是由风化作用形成的黏土矿物或颗粒松散所致。此外，相关文献显示，翡翠原石表皮还可能呈黑绿色（包括灰绿色、暗绿色和蓝绿色等次生色），这是由表生还原环境水岩反应形成的微晶质绿泥石（主要由 Fe^{2+} 致色）等蚀变矿物所导致的。

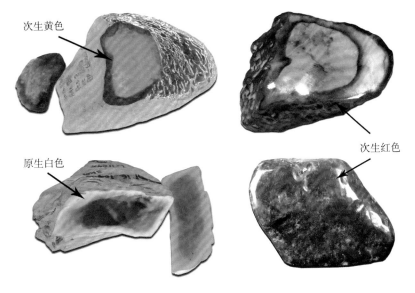

次生黄色

原生白色

次生红色

图 5-71 翡翠原石中的次生色

次生黄色

原生白色

次生红色

原生绿色

图 5-72 翡翠成品中的原生色（绿色、白色）和次生色（黄色、红色）

图 5-73　翡翠手镯中的原生色（紫色）

图 5-74　翡翠手镯中的原生色（绿色）和次生色（黄色）

第六章
Chapter 6
翡翠的质量评价因素

翡翠绚丽多彩、种类繁多，但质量良莠不齐。业内有"三十六水、七十二豆、一百零八蓝"一说，表明翡翠水底种色的变化十分复杂，种类繁多，较难鉴别。传统翡翠行业中，根据翡翠市场的需求，直观地将底色、透明度、结构（质地的粗细）、净度四个指标相结合作为翡翠的"地子"；以颜色和"地子"综合作为翡翠的"种"，很大程度上简化了对翡翠的评价步骤。对翡翠进行形象、直观的综合评价，有利于相互交流和贸易往来。翡翠的"地子"和"种"将在第七章中详细叙述。

近十几年来，笔者与许多学者对翡翠质量评价进行深入的科学研究，取得了一定的进展，将传统的评价方法与科学测试有机结合，对翡翠的质量评价提出颜色、质地、透明度、净度和工艺五个方面的因素进行（图6-1）。

图6-1　祖母绿色翡翠镶嵌项链

第一节

翡翠的颜色评价

颜色是评价翡翠最重要的因素，有"色高一成，价高十倍"的说法。翡翠的颜色有多种色系，常见的基本色有白色、绿色、黄色、红色、紫色、黑色等，其颜色分类和特点已在第五章做了详尽的论述。

评价颜色一般要考虑"浓、阳、正、匀"四个因素（图6-2），如为多色翡翠，评价颜色时则还需要考虑"俏（和）"共五个因素。

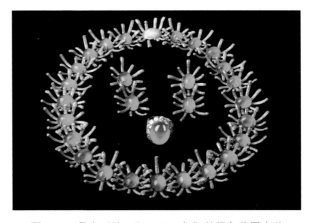

图6-2 具有"浓、阳、正、匀"的绿色翡翠套件

一、浓

翡翠的浓是指颜色的彩度（饱和度），即颜色的浓淡程度或深浅。

根据绿色翡翠颜色的浓淡程度，可以分为：浓、较浓、较淡、淡（图6-3）。对绿色翡翠来说，不同饱和度的翡翠，反射光和透射光下呈现的颜色不同：正绿色的翡翠，颜色浓艳饱满时，反射光下呈浓绿色，透射光下呈鲜艳的绿色（图6-4）；颜色浓淡中（较浓）时，则反射光下呈较浓的绿色，透射光下呈较明快的绿色（图6-5）；颜色较淡时，反射光及透射光下呈浅绿色（图6-6）；颜色很清淡时，肉眼感觉近无色（图6-7）。翡翠以色浓者为佳，颜色过淡会影响其价值。

| 浓 | 较浓 | 较淡 | 淡 |

图 6-3　翡翠绿色浓淡程度示意图

图 6-4　浓绿色翡翠弥勒佛项坠

图 6-5　较浓绿色翡翠福瓜挂件

图 6-6　较淡绿色翡翠佛手瓜挂件

图 6-7　淡绿色翡翠弥勒佛挂件

二、阳

　　传统翡翠意义的阳是指颜色的鲜艳明亮。明度适中的翡翠，颜色越显现阳绿色，价值越高；明度过高或过低会使其变白或变暗（图 6-8）。

　　明度不同的翡翠，肉眼观测特征不同。明度适中、阳绿色的翡翠，基本察觉不到灰度（图 6-9、图 6-10）；明度较低的翡翠，颜色较暗，能察觉到一定的灰度（图 6-11、图 6-12）；明度低的翡翠，颜色暗，能察觉到明显的灰黑色（图 6-13、图 6-14）。

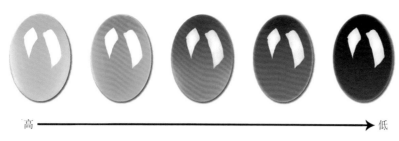

高 ——————————————————————→ 低

图 6-8　翡翠明度变化示意图

图 6-9　阳绿色翡翠平安扣项坠　　　　图 6-10　阳绿色八边形翡翠项坠

图 6-11　颜色较暗的翡翠弥勒佛项坠　　图 6-12　颜色较暗的翡翠龙形挂件

图 6-13　颜色暗的翡翠观音挂件　　　图 6-14　颜色暗的翡翠弥勒佛挂件

三、正

正指的是色调的纯正度。翡翠的颜色丰富，仅绿色系列就有很多不同的色调，例如正绿色、偏黄绿、偏蓝绿、灰蓝绿等（图6-15）。高档翡翠呈正绿色。当绿色翡翠颜色偏黄或偏蓝时，其纯正度均有所降低，价值也相应降低，其中偏蓝比偏黄对价值影响更大。

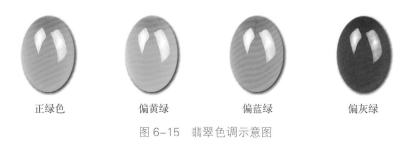

| 正绿色 | 偏黄绿 | 偏蓝绿 | 偏灰绿 |

图6-15　翡翠色调示意图

（一）正绿色

正绿色翡翠的主体颜色为纯正的绿色，或绿中带极轻微的、稍可觉察的黄、蓝色色调（图6-16）。

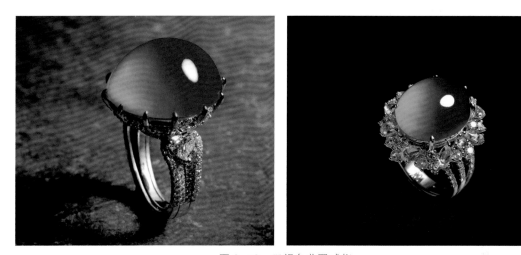

图6-16　正绿色翡翠戒指

（二）偏黄绿

偏黄绿翡翠的主体颜色为绿色，带较易察觉的黄色色调（图6-17）。

图 6-17 偏黄绿翡翠项坠

（三）偏蓝绿

偏蓝绿翡翠的主体颜色为绿色，带较易察觉的蓝色色调（图 6-18）。

（四）偏灰绿

偏灰绿翡翠的主体颜色为暗绿色，带较易察觉的蓝色调，因颜色偏暗而呈灰蓝绿色（图 6-19）。

图 6-18　偏蓝绿翡翠弥勒佛挂件　　　　图 6-19　偏灰绿翡翠鲤鱼摆件

四、匀

匀指的是颜色分布的均匀程度。传统翡翠行业认为，翡翠颜色越均匀，价值越高（图 6-20）。

极均匀　　　　　　均匀　　　　　　较均匀　　　　　　欠均匀　　　　　　不均匀

图 6-20　翡翠颜色分布均匀程度示意图

图 6-21　颜色分布极均匀的翡翠套件

通过对翡翠的肉眼观察，可将其绿色按均匀程度进行分级评价（图 6-21~图 6-25）。若翡翠颜色不均匀，且不均匀程度不可忽视时，应对其颜色特征（颜色形状、比例、分布特征，与基底的对应关系）进行描述和评价。其中，翡翠的颜色（绿色）常见的典型形状有点状、丝线状、絮状、脉状、网状及块状。其他单色翡翠可参照绿色翡翠的分级进行评价。

图 6-22　颜色分布均匀的翡翠项坠　　　　图 6-23　颜色分布较均匀的翡翠弥勒佛项坠

图 6-24　颜色分布欠均匀的翡翠挂件　　　图 6-25　颜色分布不均匀的翡翠叶子项坠

　　随着人们对翡翠美学价值认识的多元化，颜色分布不均匀的翡翠也逐渐得到人们的欣赏与喜爱。不均匀的颜色本身就可以构成一幅美丽的图案，例如金丝种翡翠（图6-26）、冰种飘绿花翡翠（图6-27）和飘蓝绿花翡翠（图6-28）等。

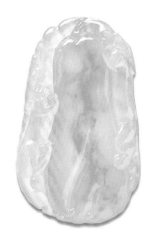
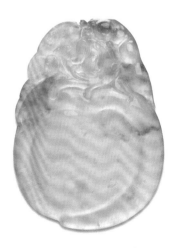

图 6-26　金丝种翡翠福瓜挂件　　　　　图 6-27　飘绿花翡翠挂件

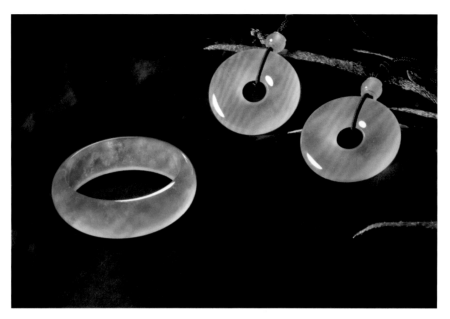

图 6-28　冰种飘蓝绿花翡翠平安扣和手镯套件

五、俏（和）

俏（和）是俏色雕工，是指同一块翡翠中几种颜色搭配的和谐程度（图 6-29、图 6-30）。各种颜色搭配得越和谐，翡翠的价值越高，例如由黄色和绿色组成的"黄加绿"（图 6-31）等。翡翠的不同颜色能为翡翠玉雕师提供更多的艺术创作空间，通过巧妙的构思、对色彩恰到好处的运用，使翡翠的颜色分布和形状与其造型之间取得浑然天成的效果，能呈现出生动独特、精美绝伦的俏色作品（图 6-32、图 6-33）。

图 6-29　俏色翡翠螭龙挂件　　　　　　　　　图 6-30　俏雕黄翡海豚挂件

图 6-31 "黄加绿"俏雕翡翠摆件

图 6-32 俏雕翡翠猴子摆件

图 6–33 俏色翡翠"城堡中的女人"挂件

　　翡翠的颜色不是孤立存在的，还要综合考虑其他因素，尤其是翡翠的材质。因此，同样的颜色，在不同的材质上，由于折射率、结构和透明度的不同，所产生的视觉效果也不同。例如，芙蓉种翡翠和绿玉髓（澳玉）、红翡和红玛瑙等，在颜色上可大体相似，但产生的视觉效果却大相径庭。显而易见，芙蓉种翡翠的绿色质感比绿玉髓（澳玉）更强，绿色显现更明显：因为翡翠的折射率（1.66）大于绿玉髓（澳玉）的折射率（1.53或1.54），比绿玉髓（澳玉）光泽更强，且翡翠与空气的界限更明显。另外，不同材质（主体）的颜色所产生的视觉效果还与其本身的透明度有关。主体的透明度越高，映射范围就越大，效果越好，颜色也显得更为生动，立体感强。

第二节

翡翠的质地评价

质地是评价翡翠的重要因素。质地是指组成翡翠的矿物颗粒大小、形状、均匀程度及颗粒之间相互关系等综合因素的外观特征。质地评价由高到低依次为极细、细、较细、较粗和粗五个级别（图6-34）。一般而言，翡翠的矿物颗粒越小，越均匀，颗粒之间结合越紧密，其质地就越细腻，价值也就越高。

| 极细 | 细 | 较细 | 较粗 | 粗 |

图 6-34　翡翠的质地示意图

翡翠的结构与透明度之间存在着必然的联系。透明度高的翡翠结构一般比较细腻，透明度低的翡翠结构一般相对较粗。结构是影响翡翠透明度的一个重要因素，也是决定翡翠耐久性的一个关键因素。质地较细的翡翠结构较紧密，耐久性相对较好；相反，质地较粗的翡翠结构较疏松，耐久性相对较差。

从美学角度看，结构细腻的翡翠抛光后，表面光泽较强，润泽美观。从翡翠的形成角度看，结构细腻的翡翠的形成条件更为苛刻，因而更加稀少，价值也更高（图6-35~图6-39）。

图 6-35　质地极细的翡翠耳钉和项坠

图 6-36　质地细的翡翠戒指

图 6-37　质地较细的翡翠弥勒佛挂件

图 6-38　质地较粗翡翠佛头

图 6-39　质地粗的翡翠平安扣挂件

第三节

翡翠的透明度评价

透明度是指翡翠对可见光的透过程度，为评价翡翠的重要因素。翡翠的透明度又称"水头"，透明度高，又称"水头足"或"水头长"。翡翠的透明度分级可通过目测估计光线透过的深度或观察翡翠对黑线的透视效果来进行（图6-40）。在颜色一定的前提下，透明度越高，翡翠整体越显美观，价值也就越高（图6-41~图6-45）。

根据国家标准《翡翠分级》GB/T 23885—2009，无色—白色翡翠的透明度大致分为透明、亚透明、半透明、微透明和不透明五个级别（表6-1）。绿色翡翠的透明度可参照无色—白色翡翠，大致分为透明、亚透明、半透明和微透明—不透明四个级别。

表6-1　翡翠透明度分级及其特征

透明度级别	肉眼透视黑线特征（翡翠厚度约为6厘米）	进光深度	常见的"地子"
透明	清晰可见后面黑线	>10毫米	玻璃地
亚透明	可见后面黑线	6~10毫米	冰地
半透明	模糊可见后面黑线	3~6毫米	糯化地
微透明	隐约可见后面黑线，在边缘较薄处可见黑线轮廓	1~3毫米	豆地
不透明	完全不见后面黑线	<1毫米	瓷地或干白地

对于翡翠毛料，行业内也有人采用三分法：光线可透过翡翠内部3毫米的为一分水，可透过6毫米的为两分水，可透过9毫米的为三分水。

翡翠的透明度对其颜色也会产生影响。翡翠的透明度越高，能在视觉上映射（内反射）出更大范围的绿色，出现映射的效果，颜色显得越均匀，即透明度提高使翡翠显得

图 6-40　翡翠透明度示意图

图 6-41　透明翡翠观音项坠

图 6-42　亚透明翡翠观音挂件

图 6-43　半透明翡翠弥勒佛挂件

图 6-44　微透明翡翠弥勒佛挂件

图 6-45　不透明翡翠弥勒佛挂件

更绿。映射对颜色的和谐发挥很大的作用，具体来说，翡翠的颜色与基底的映照关系与翡翠的透明度及质地有关。翡翠的质地较为细腻透明度较好，会对翡翠的颜色形成很好的映照，颜色在主体中会有扩散的感觉，变得整体通绿（图6-46~图6-48）。

图 6-46 透明翡翠项坠映射效果好

图 6-47 亚透明翡翠项坠
映射效果较好

图 6-48 微透明翡翠观音项坠
映射效果欠佳

翡翠的净度评价

净度是翡翠质量评价的另一个重要因素。净度是指翡翠的内部、外部特征对其外观和（或）耐久性的影响程度。翡翠的净度是由所含瑕疵的数量、大小、形状、与底色的反差、所处的位置等因素对其美观程度的综合影响而决定的。翡翠的瑕疵主要有绺裂（裂隙）、石纹（愈合裂隙）、石花（浅色或白色矿物）、黑斑（黑点）（黑色或暗色矿物）等。它们是在翡翠的形成过程、后期构造活动、开采或加工过程中产生的。

一、瑕疵的类型及特征

（一）绺裂

绺裂又称裂纹，是翡翠形成过程中受张力、剪切力形成的一组或几组解理——破裂面（图6-49），或在开采及加工过程中受外力作用而产生的裂缝。绺裂可以延伸到翡翠表面，用手指甲能刮出不平滑的感觉；反射光下，可见表面裂痕；透射光下，绺裂不能被光线穿透，呈暗色。绺裂对翡翠成品的耐久性有较大影响（图6-50）。

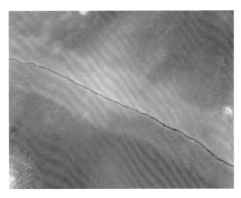

图 6-49　翡翠原石上的绺裂

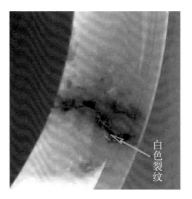

白色裂纹

图 6-50　翡翠手镯上的绺裂

（二）石纹

石纹又称石筋，是早期形成的裂隙被后期充填结晶形成的矿物脉，属于一种愈合裂隙。用手指触摸感觉不到裂隙的存在；反射光下，用10倍放大镜观察表面无缝隙；透射光下，可见矿物脉。石纹不影响翡翠的耐久性，只造成视觉上的差异。石纹细小，几乎不影响美观；石纹较多或较大，对美观会有较大影响（图6-51、图6-52）。

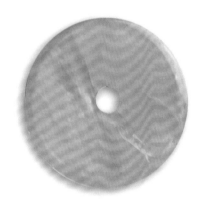
图 6-51　透射光下翡翠内部的石纹

图 6-52　翡翠手镯的石纹

（三）石花

石花是指翡翠中呈星散状、团块状、棉絮状的硬玉、钠长石、霞石、方沸石、白云母等白色矿物（图6-53）。石花按形态特征分为"芦花""棉花"和"石脑"。"芦花"为分布比较零散细碎的絮状物，"棉花"为较为明显的团块状絮状物，"石脑"为明显且死板的团块状白色或灰白色絮状物。

（四）黑斑

黑斑又称黑或黑花，俗称"苍蝇屎"，是指由黑色、墨绿色、暗绿色矿物组成的与周围翡翠的颜色有明显区别的斑点状瑕疵。若黑斑周围有墨绿至浅绿色的晕彩，与周围背景存在渐变过渡关系，则

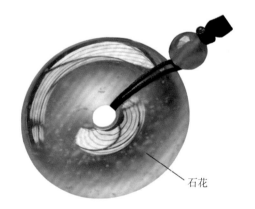
石花

图 6-53　翡翠内部的石花

称为"活黑"（图6-54、图6-55）。其实际颜色应为较深的墨绿色，斑点即钠铬辉石、含有铬硬玉或铬浅闪石（浅闪石变种）等。这种碱性闪石类矿物主要为铬元素致色。如若黑斑为黑色，与周围背景界限清晰，不存在渐变过渡关系，则称为"死黑"，多为黑色角闪石、铬铁矿等矿物（图6-56、图6-57）。

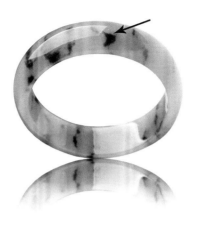

图 6-54 含"活黑"的翡翠观音挂件　　　　图 6-55 含"活黑"的翡翠手镯

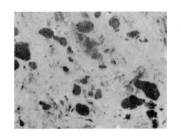

图 6-56 含"死黑"的翡翠挂件　　　　图 6-57 含"死黑"（铬铁矿）的翡翠牌子

（亓利剑提供）

二、净度的级别

俗话说"无纹不成玉"。完美的翡翠非常稀少，价值很高。翡翠形成的条件极为苛刻，因此对翡翠进行净度评价不能过分挑剔。国家标准《翡翠分级》GB/T 23885—2009在总结前人翡翠净度品质评价经验及对翡翠内部、外部特征分析研究的基础上，提出在透射光与反射光照明下，以肉眼观察结果为依据对翡翠净度进行分级评价的方法。该方法按翡翠的内外部特征的类型、大小、位置、肉眼可视程度及对翡翠美观和耐久性的影响程度，将翡翠的净度由高到低分为五个级别，分别为极纯净、纯净、较纯净、尚纯净、不纯净。

极纯净：肉眼未见翡翠内外部特征，或仅在不显眼处有点状物、絮状物，对整体美观几乎无影响（图 6-58）。

图 6-58　极纯净的翡翠福瓜挂件

　　纯净：具有细微的内部、外部特征，肉眼较难见，对整体美观有轻微影响（图 6-59）。

图 6-59　纯净的翡翠平安扣挂件和项坠

　　较纯净：具有较明显的内部、外部特征，肉眼可见，对整体美观有一定的影响（图 6-60）。

图 6-60　较纯净的翡翠项坠

尚纯净：具有明显的内部、外部特征，肉眼易见，对整体美观和（或）耐久性有较明显影响（图 6-61）。

不纯净：具有极明显的内部、外部特征，肉眼明显可见，对整体美观和（或）耐久性有明显影响（图 6-62）。

图 6-61　尚纯净的翡翠平安扣项坠　　　图 6-62　不纯净的翡翠挂件

第五节

翡翠成品的工艺评价

翡翠成品工艺评价可分为材料应用设计评价和加工工艺评价两个方面。其中，材料应用设计评价包括材料应用和设计，加工工艺评价包括磨制（雕琢）工艺和抛光工艺。对一件精美的翡翠成品来说，应具有材料取舍得当，造型优美、比例协调，雕琢精准细腻，抛光到位、均匀平滑等优点。

一、材料应用设计评价

材料应用设计评价包括材料应用评价和设计评价两个方面。

（一）材料应用评价

对翡翠作品材料应用的评价，以材质及颜色与题材配合贴切、用料干净正确、内部外部特征处理得当为最佳，即：量料取材，因材施艺（图 6-63~图 6-68）。

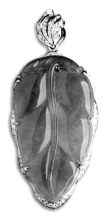

图 6-63　通体绿色与树叶题材相协调

图 6-64　干青种翡翠与西兰花题材相协调

图 6-65　红黄颜色翡翠与关公题材相协调

图 6-66　墨翠与钟馗题材相协调

图 6-67　乌鸡种翡翠与其题材相协调

图 6-68　红（黄）翡不宜制作观音题材
（适合于关公题材）

（二）设计评价

对于翡翠作品设计的评价，以造型能烘托出材料、材质及颜色的美丽，且比例恰当、布局合理、层次分明、安排得当为最佳（图 6-69~图 6-73），即：主体鲜明，造型美观，构图完整，比例协调，结构合理，寓意美好。

图 6-69　翡翠弥勒佛摆件

图 6-70　翡翠观音摆件

图 6-71　翡翠"乐在其中"摆件

图 6-72　翡翠"富贵年年"摆件

（施禀谋作品）

图 6-73 翡翠"磨"摆件
（施稟谋作品）

二、加工工艺评价

加工工艺评价包括磨制工艺和抛光工艺。

（一）磨制工艺

磨制工艺以轮廓清晰、层次分明、线条流畅、点线面刻画精准、细部处理得当为最佳。具体体现在刻画造型整体轮廓的清晰美观程度；景物是否有层次感；琢磨的线条、平面或弧面的流畅程度；勾勒细节的细致程度——如人物或动物面部是否端正、生动，植物主干是否苍劲、枝蔓是否婀娜多姿等（图 6-74~图 6-77）。

图 6-74 翡翠五鹅图摆件

图 6-75 琢磨精良的翡翠摆件

图 6-76　翡翠"禅兰一味"摆件

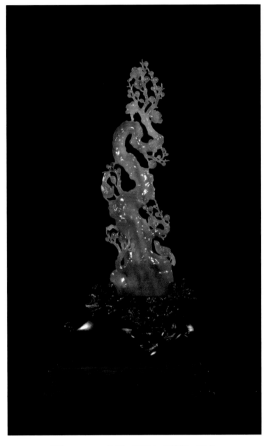

图 6-77　翡翠"喜上眉梢"摆件

（二）抛光工艺

抛光工艺以作品表面平整光滑，亮度均匀，无抛光纹、折皱及凹凸不平为佳（图 6-78、图 6-79）。

图 6-78　表面平滑、抛光到位的翡翠豆角项坠

图 6-79　抛光工艺精良的翡翠"人生如梦"摆件

第六章　翡翠的质量评价因素

151

第六节

翡翠质量评价的其他因素

一、翡翠成品大小

　　大小（重量）是翡翠评价中的外在因素。在颜色、质地、透明度、结构、净度和工艺相同或相近的情况下，翡翠成品越大，其价值就越高。大小是指翡翠整料的大小，而不是累计的大小，相同品质的整料取材的翡翠手镯的价值要远远超过小料取材的珠串的价值（图6-80）。

图6-80　满绿翡翠手镯与手串

　　对于戒面、挂牌等雕刻品来说，除了考虑翡翠的大小（重量）外，还需考虑其厚度在整个雕刻品中所占的比例是否恰当，即业内俗称的"庄"或"庄形"。厚度得当的雕刻品显得大气稳重，能充分展示其颜色（图6-81），或能充分显示玻璃种的"起光"（光通过透明翡翠时，聚焦产生光带）（图6-82）；厚度过小不仅不能展示其颜色，还会对耐久度产生一定影响；厚度过大则会显得笨拙。

图 6-81　厚度得当的翡翠弥勒佛项坠

图 6-82　厚度得当的玻璃种
翡翠的"起光"

　　某些型制非常大的翡翠作品可达到几吨甚至几十吨。大块可利用的整料非常难得，其价值也很高（图 6-83）。

图 6-83　翡翠弥勒佛大摆件
（图片来源：沈阳荟华楼）

二、文化历史价值

在评价翡翠时，除要综合考虑以上的质量评价因素外，还要考虑翡翠成品的制作年代、创作者及其声望（如玉雕大师的作品）、来源（如国家收藏品和社会名流佩戴）、社会历史和文化艺术等方面的价值。一些在社会历史上具有标杆意义的翡翠作品，其价值往往是不可估量的。

例如：四件异常珍贵的翡翠艺术瑰宝——四大国宝翡翠，现陈列在北京的中国工艺美术馆："岱岳奇观"翡翠山子、"含香聚瑞"翡翠香熏、"群芳揽胜"翡翠花篮、"四海腾欢"翡翠插屏（图6-84）。这四大国宝为一个完整的艺术组合，不仅继承和发扬了我国玉雕优良传统工艺，也汲取了其他艺术的长处，代表了高超的玉雕艺术水平，具有新时代精神风貌，堪称新中国玉坛的历史丰碑和完美典范。

图6-84 "四海腾欢"翡翠插屏
（郭世林大师提供）

第七章
Chapter 7
翡翠的"地子"和"种"

第一节

翡翠的"地子"

翡翠的"地子"，又称"底子"或"地张"，是指对翡翠除去主体颜色（绿色等）之外部分的质量状况的评价，即对翡翠主体颜色（绿色等）所附着的基底部分的质量状况的评价。基底部分的质量衡量因素主要包括底色、透明度、质地细腻程度、干净程度以及它们综合的整体视觉效果。

翡翠"地子"的种类很多，典型的"地子"主要有玻璃地、冰地、蛋清地、冬瓜地、糯化地、藕粉地、油青地、豆地、瓷地、干白地等。

一、玻璃地

玻璃地翡翠的底色基本为无色，有时稍有颜色；完全透明；质地非常细腻致密，10倍放大镜下难见矿物颗粒；基本无"棉"或"石花"；犹如玻璃般清澈明亮，是翡翠中最高档的地子（图 7-1~图 7-4）。

图 7-1　玻璃地翡翠观音

图 7-2　玻璃地翡翠项坠

图 7-3　玻璃地翡翠胸针　　　　　　　图 7-4　玻璃地翡翠项坠

二、冰地

　　冰地翡翠的底色为无色或淡色；透明至亚透明；质地细腻致密，10 倍放大镜下难见矿物颗粒；可有少量"棉""石花"等点状及絮状物；整体晶莹如冰，也是翡翠中的高档地子（图 7-5、图 7-6）。

图 7-5　冰地翡翠弥勒佛挂件　　　　　图 7-6　冰地翡翠公鸡挂件

三、蛋清地

　　蛋清地翡翠的底色为无色或淡色，亚透明至半透明，质地细腻致密，10 倍放大镜下较难见矿物颗粒。透射光下观察，光通透性好；基本无杂质，整体清淡，质地均匀，稍有浑浊感，犹如鸡蛋清（图 7-7、图 7-8）。

图 7-7　蛋清地翡翠项坠

图 7-8　蛋清地翡翠葫芦挂件

四、冬瓜地

　　冬瓜地翡翠的底色为白色或淡色；整体透明度较好；肉眼可见一定数量的"棉""石花"等；有浑浊感，犹如熟冬瓜。反射光下观察，内部无会聚光，仅可见微量光透入；透射光下观察，少量光可透过，内部特征模糊不可辨（图 7-9、图 7-10）。

图 7-9　冬瓜地翡翠弥勒佛挂件

图 7-10　冬瓜地翡翠挂件

五、糯化地

　　糯化地翡翠的底色为白色；半透明；质地致密细腻，肉眼难见矿物颗粒，粒径大小均匀；具有一定的油性，基本无杂质；温润油亮，犹如蒸煮软化的熟糯米，整体无颗粒感（图 7-11、图 7-12）。

图 7-11　糯化地翡翠挂件　　　　图 7-12　糯化地翡翠观音挂件

六、藕粉地

藕粉地翡翠的底色为紫色或微带粉紫色；半透明；质地比较细腻，肉眼可见矿物颗粒，粒径大小较均匀；基本无杂质；整体清新、淡雅、素净，似熟藕粉（图 7-13~图 7-15）。

图 7-13　藕粉地翡翠项坠

图 7-14　藕粉地翡翠挂件　　　　图 7-15　藕粉地翡翠童子摆件

七、油青地

油青地又称"油地"；深绿色至暗绿色；明显带蓝色或灰色色调；半透明；质地细腻；整体油润，表面泛油脂光泽（图7-16、图7-17）。

图7-16 油青地翡翠烟嘴　　　　　　　　　图7-17 油青地翡翠弥勒佛挂件

八、豆地

豆地翡翠颜色多为浅绿色；半透明至微透明；质地较粗，肉眼可见矿物颗粒，粒径大小不一；整体有颗粒感，呈豆状，是翡翠中常见的类型（图7-18、图7-19）。

图7-18 豆地翡翠观音项坠　　　　　　　　图7-19 豆地翡翠手镯

九、瓷地

　　瓷地翡翠的底色为白色；微透明至不透明；质地细腻，10倍放大镜下可见但肉眼难见矿物颗粒，粒径大小均匀；基本无杂质；整体犹如白色瓷器（图7-20、图7-21）。

图7-20　瓷地翡翠手镯

图7-21　瓷地翡翠笔筒

十、干白地

　　干白地翡翠的底色为白色；不透明；质地略松散，肉眼明显可见矿物颗粒，粒径大小悬殊；整体颗粒感明显，地子干（图7-22~图7-24）。

图7-22　干白地翡翠挂牌

图7-23　干白地翡翠手镯

图7-24　干白地翡翠原石

第二节

翡翠的"种"

翡翠行业通常用"种"来评价翡翠的质量,"种"又称"种质"或"种份"。翡翠行业通过长期的探索与实践,认为翡翠的"种"是翡翠主体颜色与"地子"的综合反映,即对翡翠颜色、透明度、质地细腻程度、干净程度等品质因素的综合评价。常见翡翠典型的"种"有老坑种、玻璃种、玻璃种飘花、冰种、冰种飘花、芙蓉种、金丝种、白底青、花青种、油青种、豆种、干青种、铁龙生、马牙种、乌鸡种、雷劈种等。

一、老坑种

翡翠颜色为绿色,"浓、阳、正、匀",透明度高且质地非常细腻致密为老坑种(图7-25~图7-29)。

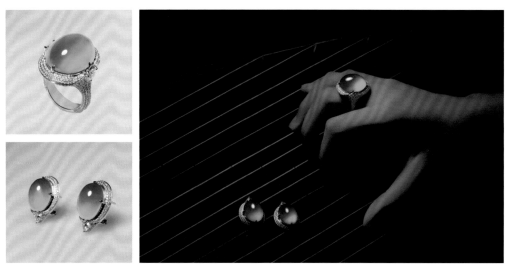

图 7-25　老坑玻璃种翡翠套件

若老坑种翡翠透明度很高，水头很足，即为玻璃地，称为老坑玻璃种，是翡翠中最高档的品种（图7-25、图7-26）。

老坑种主要产自古河道、河流两岸阶地及现代河流河漫滩沉积的砂砾层，是翡翠的"子料"，因人们早期开采于该种沉积型翡翠矿的原料质量好，质地细腻致密，品级高，行家用"老坑种"来表示颜色浓艳、纯正、明亮、均匀，透明度高，质地非常细腻致密的上乘翡翠，常用"种老"来表示透明度较高，尤其是质地相对细腻致密的翡翠。

图 7-26　老坑玻璃种翡翠戒指和耳坠　　　　图 7-27　老坑玻璃种翡翠弥勒佛项坠

图 7-28　老坑种翡翠竹节挂件　　　　图 7-29　老坑种翡翠观音项坠

二、玻璃种

玻璃种翡翠无色透明，晶莹剔透，清澈明亮，质地非常细腻致密，肉眼基本不见棉、石花等絮状物。在光的照射下，翡翠弧面处可见到柔和、朦胧的一团亮斑，并随着翡翠的转动而晃动，即常说的"起荧"现象，灵气十足（图7-30~图7-34）。

"起荧"是一种光学现象，是由光的折射和全内反射导致的，这一现象在某些玻璃

种及透明度较高的翡翠中较为常见，也称"起光"。与猫眼效应等特殊光学效应不同，"起荧"现象与翡翠内部结构是否为明显的定向排列没有必然联系，而与材料的高折射率、大的曲面弧度及高透明度密切相关。同等条件下，双凸弧面翡翠的"起荧"现象比单凸弧面的更加明显。"起荧"现象在透明度较好的弧面型戒面（图7-30）、翡翠手镯（图7-33）等成品中最为常见。

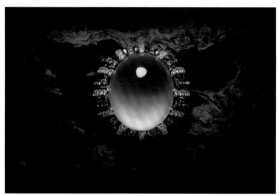

图 7-30　玻璃种翡翠戒指

图 7-31　玻璃种翡翠戒指和项坠

图 7-32　玻璃种翡翠弥勒佛项坠　　　　图 7-33　玻璃种翡翠手镯

图 7-34　玻璃种翡翠戒面套装

三、玻璃种飘花

　　翡翠底色基本为无色，有时稍有颜色，透明度高，清澈明亮，内有蓝色—绿色絮状、脉状物，且地子为玻璃地，因此称为"玻璃种飘绿花"（图 7-35、图 7-36）或"玻璃种飘蓝花"（图 7-37）。

图 7-35　玻璃种飘绿花翡翠
　　　　　弥勒佛挂件

图 7-36　玻璃种飘绿花翡翠挂件

图 7-37　玻璃种飘蓝花翡翠手镯

四、冰种

冰种翡翠为无色或淡色，透明至亚透明，结构细腻，肉眼可见少量棉、石花等絮状物，可稍有浑浊感，透明似冰，给人以冰清玉洁的感觉（图7-38、图7-39）。

图7-38 冰种翡翠弥勒佛

图7-39 冰种翡翠观音

五、冰种飘花

（一）冰种飘绿花

翡翠底色为无色或淡色，透明至半透明，可见有绿色絮状、脉状物，因其地子为冰地，故称为"冰种飘绿花"。自然弥漫的"绿花"犹如初春大地，寓意生机勃勃（图7-40~图7-42）。

图7-40 冰种飘绿花翡翠龙牌

图7-41 冰种飘绿花翡翠挂件

图7-42 冰种飘绿花翡翠手镯

（二）冰种飘蓝花

翡翠底色为无色或淡色，透明至半透明，可见有蓝色絮状、脉状物，因其地子为冰地，故称为"冰种飘蓝花"（图7-43~图7-45）。自然舒展的"蓝花"，有灵动飘逸之感，颇有"吴带当风"的韵味。

图 7-43　冰种飘蓝花翡　　　图 7-44　冰种飘蓝花翡翠平安扣　　　图 7-45　冰种飘蓝花翡翠手镯
　　　　　翠树叶项坠

（三）冰墨种

　　冰墨种翡翠底色为无色或淡色，透明至半透明，地子为冰地，内有絮状、脉状、块状或点状分布的黑色、灰色物，颜色浓淡不一、形态灵动多变，与底色形成鲜明的对照，犹如画家笔下的水墨画，又称"山水墨种"（图 7-46）。

六、芙蓉种

　　芙蓉种翡翠颜色一般为淡绿色，绿色纯正，分布较均匀，亚透明至半透明，质地较细腻，给人以"清水出芙蓉"的素净淡雅的感觉。块度较大的素身芙蓉种翡翠成品具有较高的价值（图 7-47~图 7-49）。

图 7-46　冰墨种翡翠挂牌

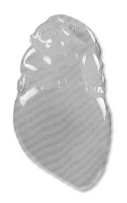

图 7-47　芙蓉种翡翠挂件

图 7-48　芙蓉种翡翠观音挂件　　　　图 7-49　芙蓉种翡翠福瓜挂件

七、金丝种

　　金丝种翡翠，其绿色呈丝状分布，绿色中略带黄色色调，色泽鲜艳明亮，透明度较高，质地细腻。绿丝有粗有细，可连可断，其质地往往较地子更细腻（图 7-50、图7-51）。金丝种翡翠具有"翠中泛金光"的外观，以翠色呈游丝、散布形态与地子相互映衬、浑然一体者为佳，给人以鲜活而又独特的感觉。

图 7-50　金丝种翡翠挂牌　　　　图 7-51　金丝种翡翠福瓜挂件

八、白底青

　　白底青翡翠，底色为白色，绿色呈斑块或团块状出现，与白色形成鲜明对比，半透明至不透明，质地较细腻（图 7-52、图 7-53）。

图 7-52　白底青翡翠如意羊挂件　　　图 7-53　白底青翡翠亭台松柏挂件

九、花青种

花青种翡翠主体绿色分布不均匀，呈脉状或斑状分布；底色为淡绿色，半透明至不透明，质地可粗可细（图 7-54~图 7-59）。

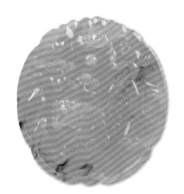

图 7-54　花青种翡翠挂牌　　　图 7-55　花青种翡翠挂牌　　　图 7-56　花青种翡翠项坠

图 7-57　花青种翡翠平安扣项坠　　　图 7-58　花青种翡翠戒指　　　图 7-59　花青种翡翠手镯

十、油青种

　　颜色为深绿色至暗绿色，带明显灰色或蓝色色调；半透明，质地细腻，表面可见油脂光泽（图7-60~图7-62）。

图7-60　油青种翡翠挂件

图7-61　油青种翡翠荷花挂件

图7-62　油青种翡翠摆件

十一、豆种

颜色多为浅绿色，似豌豆，半透明至微透明，中—粗粒结构，肉眼可见明显颗粒界限。翡翠行业有"十有九豆"一说，常见的有冰豆种、豆青种、粗豆种等。其中，透明度高且地子细腻的为冰豆种（图7-63、图7-64），颜色为豆青绿色且分布较为均匀的为豆青种（图7-65、图7-66），透明度低、质地粗且疏松的为粗豆种（图7-67）。

图7-63　冰豆种翡翠挂件

图7-64　冰豆种翡翠弥勒佛挂件

图7-65　豆青种翡翠蝉挂件

图7-66　豆青种翡翠弥勒佛挂件

图7-67　粗豆种翡翠手镯

十二、干青种

近满绿色，颜色深浓且正，不透明，玉质较粗，常有黑点，地子干（图7-68、图7-69）。干青种翡翠的矿物成分为钠铬辉石，可含有一定量的含铬硬玉及少量铬铁矿及其他角闪石类矿物。

图7-68　干青种翡翠挂件

图7-69　干青种翡翠手串

十三、"铁龙生"

"铁龙生"也称"天龙生"，颜色较浓，为鲜艳的满绿色，深浅不一，分布不均匀，半透明至微透明，有白色石花或黑色斑点，颗粒粗细不均，但多数质地较粗，主要成分为硬玉或含铬硬玉，通常加工成薄片状翡翠成品（图7-70、图7-71）。

图7-70　"铁龙生"翡翠挂件

图7-71　"铁龙生"翡翠蝴蝶

"铁龙生"产于缅甸北部龙肯场区，当地人称为"Htelongsein"，1991年在次生矿中发现，1994年发现原生矿露头，进而大规模开采。1999年，缅甸政府以"公盘"形式，首次将大量铁龙生投放市场。

十四、马牙种

马牙种翡翠大多为绿色，色泽呆板，绿中常有很细的白丝，不透明，结构较细，表面光泽如同瓷器（图7-72）。

图 7-72　马牙种翡翠挂件

十五、乌鸡种

乌鸡种又称"香灰种"，透射光和反射光下均呈深灰至灰黑色，颜色分布不均匀，微透明至不透明，颗粒有粗有细。因为颜色似乌鸡皮，故得名"乌鸡种"（图7-73~图7-75）。

图 7-73　乌鸡种翡翠摆件

图 7-74　乌鸡种翡翠手镯

图 7-75　乌鸡种翡翠原石

前人及本书作者的研究表明，黑色翡翠的颜色主要由翡翠中的石墨矿物包体（有学者认为是碳质）所致。有些黑色翡翠除含有石墨外，还含有磁铁矿，例如哈萨克斯坦的黑色翡翠。

十六、雷劈种

雷劈种翡翠总体为满绿色，带偏色色调，具有白色斑点，不透明，具有大量不规则裂纹，价值不高（图 7-76）。

雷劈种翡翠主要是在形成以后受后期地质构造运动的作用，在刚性条件下受力破碎而成的。

图 7-76　雷劈种翡翠原料

翡翠除以上具有的典型"种"外，在实际的翡翠商贸中还具有较多的过渡"种"。例如，有些种质介于玻璃种与冰种之间的过渡种（图7-77），或者在一块翡翠成品上由于透明度发生变化，部分为玻璃种，部分为冰种的翡翠（图7-78），均可叫做"高冰"翡翠。此外，还有介于冰种与糯种翡翠之间的"冰糯种"翡翠（图7-79）等。

图 7-77 "高冰"翡翠观音挂件

（翡翠上半部分属于玻璃种，下半部分属于冰种）

图 7-78 "高冰"翡翠观音挂件

图 7-79 冰糯种翡翠手镯

第八章
Chapter 8
翡翠的优化处理及其鉴别

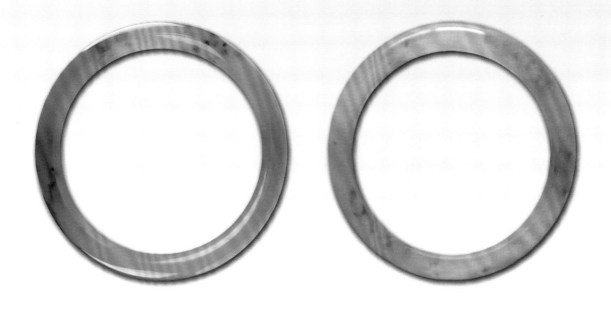

除切割和抛光以外，用来改善珠宝玉石的颜色、净度、透明度、光泽或特殊光学效应等外观及耐久性或可用性的所有方法，统称为宝石的优化处理。根据可接受程度将其分为优化和处理两类。

未经处理的天然翡翠，即天然产出的、未经物理或化学方法人为地破坏其内部结构或带入带出其他物质的翡翠，称为"A货"翡翠。大多数经优化的翡翠因结构未遭到破坏，耐久性未发生改变而为行业和消费者所接受，也可视为"A货"翡翠。

随着翡翠资源尤其是优质翡翠资源的日渐枯竭，市场对翡翠需求量快速增长，出现了大量经过优化处理的翡翠，优化处理的技术水平不断提高。

第一节

翡翠的优化处理

一、翡翠的优化

翡翠的优化是指传统的、被人们广泛接受的，能使翡翠潜在的美展现出来的方法。其主要方法是热处理。

翡翠的热处理（也称"焗色"）是指在加热条件（氧化，200℃±）下，将天然翡翠原有的黄色、棕色、褐色等转变为鲜艳的红色的方法。此方法的整个过程没有外来物质的加入而一直为翡翠行业所接受。

（一）原理

翡翠的黄棕色和褐色，是由充填在颗粒间隙或微裂隙的次生矿物褐铁矿形成的。加热促进了氧化作用的发生，作为褐铁矿主要矿物成分的针铁矿 $FeO（OH）$，在加热条件下容易脱水转变为具鲜艳红色的赤铁矿。

$$2FeO(OH) \rightarrow Fe_2O_3 + H_2O \uparrow$$

针铁矿　　　　　赤铁矿

（二）方法

选择黄色、棕色或褐色的翡翠，清洗干净后，放在炉中缓慢升温并加热至200℃左右，当翡翠颜色转变为猪肝色时，开始缓慢降温，待冷却后可获得较鲜艳的红色，也可再将翡翠浸泡在漂白液中数小时进一步氧化，以增加颜色的艳丽程度。

（三）鉴定特征

外观上，经过热处理的红色翡翠透明度不如天然红色翡翠，有发干的感觉。加热改色的翡翠的性质与天然翡翠基本相同，常规方法不易鉴别。天然翡翠的红外光谱在 $1500\sim1700cm^{-1}$、$3500\sim3700cm^{-1}$ 具有较强的吸收峰，为翡翠中的结构水和吸附水的红外光谱吸收区；加热改色的翡翠在这两个位置不显示强的吸收区，说明经过加热的翡翠中不含水。

二、翡翠的处理

翡翠的处理是指非传统的、尚不被人们接受的、能增强翡翠美感的方法。天然翡翠大多为无色或淡色，颜色往往不够纯正，透明度较低，因此人们采用处理的方法来改善翡翠的颜色和透明度，从而增加其美学价值和商业价值。

国家标准《珠宝玉石鉴定》GB/T 16552—2010规定，经过处理的翡翠必须在其鉴定证书中注明为"翡翠（处理）"。

目前，常见的翡翠处理方法有漂白和浸蜡，漂白和充填，染色，覆膜。最主要的处理品种如下。

"B货"翡翠：将天然翡翠进行漂白充填处理后得到的翡翠。

"C货"翡翠：将天然翡翠经过人工染色后得到的翡翠。

"B+C货"翡翠：将天然翡翠经过漂白、染色、充填处理后得到的翡翠。

优化处理的翡翠可以通过其颜色、光泽、结构、吸收光谱、荧光、红外光谱等特征加以鉴别（表8-1），详细叙述见本章第二节至第五节。

表 8-1 优化处理翡翠的主要鉴别特征

	"A货"翡翠	"B货"翡翠	"C货"翡翠	"B+C货"翡翠	漂白、浸蜡翡翠	覆膜翡翠
优化处理	未经任何处理或热处理改色	经过漂白、充填	经过人工染色	经过漂白、充填、染色	经过漂白、浸蜡	在无色或浅色和质地较好的翡翠表面镀一层绿色的薄膜
颜色特征	颜色多样，多数分布不均匀	底色干净，颜色无层次感，呆板	颜色浮在表面，呈网状分布	颜色呆板，呈网状分布	底色干净，颜色无层次感，呆板	绿色分布均匀且色满，颜色呆板无变化
光泽	玻璃光泽	树脂光泽	玻璃光泽	树脂光泽或蜡状光泽	蜡状光泽	树脂光泽
结构特征	结构未遭破坏，可见明显"翠性"	结构疏松，可见明显"沟渠状"或"蜘蛛网状"龟裂纹和溶蚀凹坑	在缝隙和裂隙交叉处可见染料聚集	具有"B货"和"C货"的结构特征	结构疏松，可见明显"沟渠状"或"蜘蛛网状"龟裂纹和溶蚀凹坑	因表面覆膜而看不清翠内部结构
吸收光谱	437nm吸收，优质的绿色翡翠在630、660、690nm处有三条窄的吸收带	437nm吸收，绿色翡翠品种在630、660、690nm处有三条窄的吸收带	437nm吸收，染绿色者在650nm左右有一宽而模糊的吸收带	437nm吸收，染绿色者在650nm左右有一宽而模糊的吸收带	437nm吸收，绿色翡翠品种在630、660、690nm处有三条窄的吸收带	因覆膜的存在而无法识别
荧光	一般无荧光	多数有蓝白色荧光	有些发黄绿色或橙红色荧光	染不同的颜色呈现不同荧光	可无荧光，有时可见蓝白色荧光	呈粉色、蓝色的强荧光，由表层塑料薄膜引起
红外光谱	2880、2925、2970cm^{-1}处可见抛光蜡的吸收峰	3040、3060cm^{-1}处存在有机物吸收峰	同"A货"翡翠	3040、3060cm^{-1}处存在有机物吸收峰	2880、2925、2970cm^{-1}处可见强吸收的透明波谷，即蜡吸收峰	与"B货"翡翠相似，呈现树脂吸收光谱

"B货"翡翠及其鉴别

制作"B货"翡翠的目的主要是为了改善净度，提高透明度，固结裂隙。"B货"注胶处理既弥合了翡翠原有缝隙，又增加了其透明度和光泽，使翡翠看起来透明度较高。然而，尽管"B货"翡翠具有较好的透明度及净度，但由于结构遭到破坏并被低硬度充填物充填，其耐久度会下降。经过一段时间佩戴，充填物易老化而使翡翠开裂、变黄，在一定程度上影响翡翠的耐久性，失去收藏价值。"B货"翡翠在其鉴定证书中需注明为"翡翠（处理）"。

一、"B货"翡翠的制作过程

制作"B货"翡翠首先要选择合适的翡翠原料，经过切割、酸洗漂白、碱泡增隙、清洗烘干、填隙固结（充填）、加热固化和打磨抛光几个步骤。主要工序及工艺特点如下。

（一）分类选料

选取颗粒较粗、结构松散、基底泛黄、灰、褐等脏色调的低档翡翠作为"B货"翡翠的原料（图8-1）。含有黑癣的翡翠，黑癣不易被酸腐蚀，较少用于制作"B货"翡翠。

图8-1 制作"B货"翡翠的原料分类

（二）酸洗漂白

酸洗漂白在去除翡翠脏色的同时，也会使其结构变得疏松（图8-2），因此需选用不同强度的酸浸泡"B货"原料。为了加快漂白速度，在浸泡过程中需要经常加热。浸泡和加热的时间根据翡翠结构的致密及松散程度来决定：若结构致密、色污严重，则需时较长；若结构松散杂质少，则需时较短。酸洗漂白后还需使用弱碱中和并清洗干燥，以去除多余的酸和杂质。

图8-2　漂白前（左）与漂白后（右）的翡翠原料

（三）碱泡增隙

经过酸洗的翡翠原料，虽去除了氧化物类杂质，但其孔隙度尚较小，不利于树脂的充填。因此要再用碱水（NaOH溶液）加温浸泡，通过碱水对翡翠中硅酸盐的腐蚀作用，达到增大孔隙的目的（图8-3）。

（四）填隙固结

充填是指对经过酸洗漂白的翡翠进行固结处理。经过

图8-3　经过碱泡后的翡翠原料

酸洗漂白及碱泡增隙之后，翡翠的裂隙和孔隙增多，抗机械能力下降，透明度变差，必须用有机聚合物（主要是环氧树脂）充填裂隙和孔隙使其固结，以提高其韧度和透明度。常用方法是把酸洗碱泡后的原料烘干，置于密封的容器，抽真空，以排除翡翠裂隙中的空气，使有机胶能充分注入裂隙。

（五）加热固化

将充填了树脂的翡翠用锡纸包住置于微波炉加热，使多余的树脂胶流出。加热也会使树脂固化，以确保充填效果（图8-4、图8-5）。

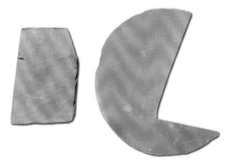

图8-4　经处理而成的"B货"翡翠

图8-5　"B货"翡翠手镯雏形

（六）打磨抛光

用刀刮去可见树脂，再打磨抛光，便可制得"B货"翡翠成品。

二、"B货"翡翠的鉴定

（一）常规鉴定

1. 光泽

光泽由玻璃光泽向树脂光泽、蜡状光泽转化（图8-6）。注胶量越大，树脂光泽（蜡状光泽）越明显。

图8-6 "A货"翡翠（左）与"B货"翡翠（右）的光泽差异

2. 结构特征

"B货"翡翠经过强酸强碱浸泡腐蚀，结构变得松散，颗粒界限模糊。透射光下，可见内部裂隙交错，裂隙中通常可见胶结物或残留气泡。若抛光不良，反射光下可见表面出现"沟渠状"或"蛛网状"的酸蚀网纹及溶蚀凹坑（图8-7）。酸蚀网纹又称"龟裂纹"，是充填在裂隙或晶粒间隙中硬度较低的胶状物在抛磨时形成的沟纹；溶蚀凹坑是翡翠中某些矿物受酸碱溶蚀后留下的。另外，充填翡翠因结构被破坏而很难观察到"翠性"。

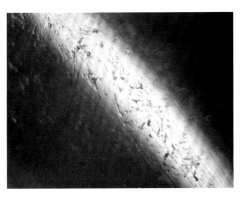

图8-7 "B货"翡翠表面的溶蚀凹坑（左）及酸蚀网纹（右）

3. 颜色

"B货"翡翠经过酸洗，结构遭到破坏，光学性质也随之发生改变，原来颜色的定向性发生改变：基底变白，绿色有漂浮感，颜色不自然，分布无层次（图8-8）。

4. 密度、折射率

由于酸蚀充胶，大多数"B货"翡翠的密度（小于3.34g/cm³）、折射率（点测小于1.65左右）比天然翡翠略低。

5. 荧光性

图8-8 "B货"翡翠手镯

绝大多数天然翡翠无荧光，"B货"翡翠通常具有斑杂状或均匀分布的荧光。荧光的颜色与强弱与充填物有关，例如充填树脂胶的"B货"翡翠在紫外荧光灯下呈现蓝白色荧光（图8-9），而铅玻璃充填的"B货"翡翠就没有荧光。

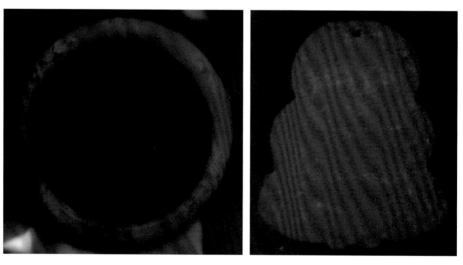

图8-9 "B货"翡翠可见荧光

6. 敲击反应

"B货"翡翠轻轻敲击会发出沉闷的声音，而"A货"翡翠敲击时则发出清脆的声音（此方法比较适于翡翠手镯的鉴别）。

（二）大型仪器鉴定

1. 红外光谱分析

红外光谱主要用于研究原子之间化学键振动、晶格振动及能级跃迁对红外辐射所产生的共振吸收，是一种反映物质分子中振动能级的振动光谱。

红外光谱分析是鉴别"B货"翡翠最常用、最有效的方法。天然翡翠红外光谱在400~1600cm^{-1}波段内，出现425、470、520、585、662、738、850、940、1060cm^{-1}位置的典型硬玉吸收峰，而在2600~3200cm^{-1}波段范围内，纯净的天然翡翠没有明显的吸收。而"B货"翡翠在此波段存在较多吸收峰。吸收峰的位置和强度是由充填有机物的种类及其含量决定的。常用的充填有机物为环氧树脂（含苯的碳氢化合物），其特征吸收峰为2880、2925、2970、3040、3060cm^{-1}，其中3040、3060cm^{-1}为苯环C-H伸缩振动的特征吸收峰。

由于翡翠抛光工序中需要采用石蜡，因此部分"A货"翡翠的红外光谱中存在蜡的吸收峰。石蜡特征吸收峰为2850、2880、2925、2970cm^{-1}，是无苯环的吸收峰。因此，在用红外光谱分析检测翡翠，3040cm^{-1}和3060cm^{-1}的吸收峰可以作为区分"A货"翡翠与"B货"翡翠的可靠依据（图8-10）。

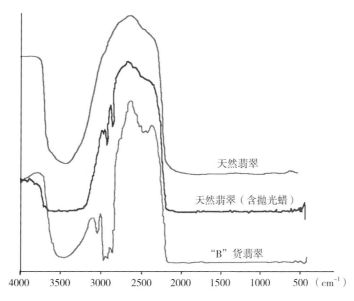

天然翡翠

天然翡翠（含抛光蜡）

"B"货翡翠

图 8-10　天然翡翠与"B货"翡翠的红外光谱
（苏文宁，1998；赵妙琴，2000）

2.激光拉曼光谱分析

拉曼光谱测试是一种用于微区分析的快速而又无损的方法，该分析对于鉴定翡翠的"A货"和"B货"十分准确可靠。

天然翡翠主要出现硬玉的拉曼光谱，其最强的四条谱带均与硅酸盐矿物中硅氧四面体单链有关，分别是1037、992、698、378cm^{-1}，其中1037cm^{-1}和992cm^{-1}属于[Si$_2$O$_6$]$^{4-}$基团的Si-O对称伸缩振动；698cm^{-1}属于Si-O-Si的对称弯曲振动，378cm^{-1}属于Si-O-Si不对称弯曲振动（图8-11）。

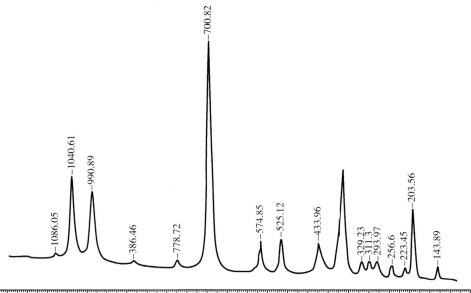

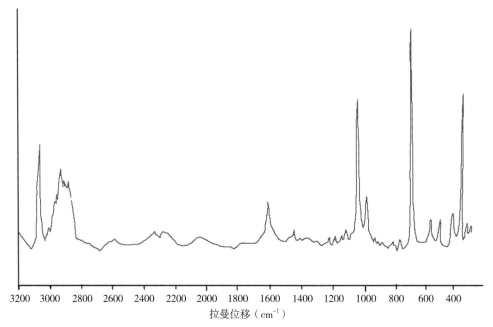

图 8-11　天然翡翠（上）与"B货"翡翠（下）的拉曼光谱图

（张蓓莉，2006）

"B货"翡翠若充填有环氧树脂，则出现6条强拉曼谱带，其中4条最强的谱带都与苯基有关，即 1609、1116、3069、1189cm^{-1}（图 8-12）。其中，1609cm^{-1} 和 1116cm^{-1} 属于苯基中共价键 C—C 伸缩振动，3069cm^{-1} 属于苯环中 C—H 伸缩振动，1189cm^{-1} 属于苯环内 C—H 弯曲振动。另有 2905cm^{-1} 和 2869cm^{-1} 属于 CH_3 和 CH_2 的伸缩振动。

翡翠抛光采用的石蜡不存在苯环的特征峰，含有甲基（CH_3）和亚甲基（CH_2）。石蜡的最强拉曼谱带为 2882cm^{-1} 和 2848cm^{-1}，均为与 CH$_3$ 和 CH$_2$ 有关的谱带，基本与环氧树脂的 2905cm^{-1} 和 2869cm^{-1} 两带强度相当。

因此，翡翠中只要出现有别于石蜡的环氧树脂的特征强拉曼谱带（1116、1609、1189、3069cm^{-1}），便可确定其为"B货"翡翠。

3. 阴极发光观察

"A货"翡翠在阴极发光显微镜（50倍）下可呈现不同颜色、不同强度的荧光特征，荧光具有红色、黄绿色、蓝紫色及不可见光系列。镜下可见翡翠组成矿物的晶形完好，为自形至半自形，以长柱状、菱形横截面为主。生长环带明显，且闭合程度较高，环带的荧光颜色由内向外由蓝紫色向红色过渡或者由暗绿色向黄色过渡，发光强度也由弱变强（图 8-12）。

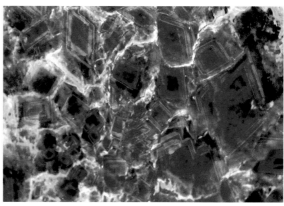

图 8-12 "A货"翡翠的阴极发光图像

"B货"翡翠呈现均匀分布的亮绿色至黄绿色荧光，边缘环带由于溶蚀作用，表现为凹凸不平或残留不全。晶体周边常被溶蚀成港湾状或参差状，充填于裂隙中的胶体呈暗绿色荧光。在柱状、粒状矿物晶体表面，清晰可见呈细小弯曲状或不规则状延伸的溶蚀纹，此溶蚀纹或是切穿整个晶体，或是沿颗粒边缘向内部延伸直至尖灭。

第三节

"C货"翡翠及其鉴别

　　经过人工染色的翡翠又称"C货"翡翠。人工染色，可使无色或浅色的翡翠变成绿色、红色或紫色，以仿冒优质的翡翠。目前，制作"C货"翡翠主要采用加热染色法。

　　翡翠的加热染色，也称炝色或炝翠，通常选用颗粒粗大、有一定孔隙度的低档翡翠，加热到一定的温度，翡翠颗粒之间产生微裂隙，然后置于铬盐溶液或有机染料中浸泡，染色剂就会沿翡翠晶粒间隙或裂隙沉淀而致色。其鉴别特征如下。

一、外观

　　染色翡翠的绿色浮在表面，绿色不纯正，色调偏黄或偏蓝，呆板而不协调；光泽暗淡，透明度较低。

二、放大观察

　　用放大镜或显微镜观察颜色的分布，可见染料沿颗粒边缘或裂隙呈丝网状分布（图8-13），较大的裂隙中可见染料相对聚集，有时还可见人为的炸裂纹。

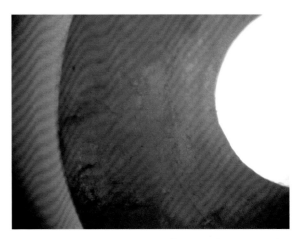

图8-13　"C货"翡翠放大检查可见颜色呈网状分布

三、吸收光谱

　　铬盐染绿色翡翠的吸收光谱，在650nm左右有一条宽而模糊的吸收带，而天然优质

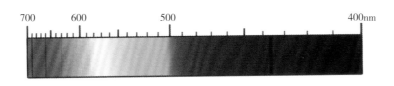

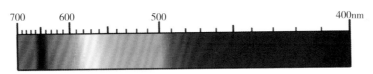

图 8-14　含铬翡翠（上）和染色翡翠（下）的吸收光谱

绿色翡翠在 630nm、660nm 和 690nm 处有 3 条窄的吸收带（图 8-14）。

四、紫外荧光

大多数染色绿翡翠在紫外光下无荧光，若含有蜡则可见弱黄白色荧光，少数可见很强的荧光；染色紫翡翠可见强的橙色荧光。

五、丙酮擦拭检验

将棉球沾上丙酮后擦拭翡翠表面，若棉球被染色，则说明翡翠经过染色处理。但有些质量高的染色翡翠一般不易掉色。

六、遇热褪色

染色翡翠若加热到一定的温度会立即褪色，阳光长时间曝晒也会变黄；若置于50~60℃的温水浸泡数小时，水可被染成绿色。

第四节

"B+C货"翡翠及其鉴别

"B+C货"翡翠是指经过漂白、染色、充填处理后的翡翠，所染的颜色种类较多，常见的有绿色、红色、黄色、紫色等。其制作步骤为泡酸、碱中和、染色（采用铬盐、有机染料）、充填以及抛光。鉴别染色充填"B+C货"翡翠要综合充填翡翠和染色翡翠的鉴别特征。

一、外观

翡翠整体外观有胶状感，内部颗粒间隙模糊，颜色往往过于鲜艳，不自然，绿色无"色根"，有漂浮感，"地子"经过浸酸，十分干净（图8-15）。

二、放大观察

放大观察翡翠表面可见酸蚀网纹和溶蚀凹坑（图8-16），绿色染料沿裂隙及晶粒间隙呈网状分布，裂隙交叉处颜色相对集中（图8-17）。

图 8-15 "B+C货"翡翠手镯

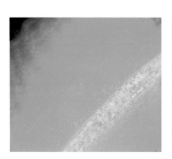

图 8-16 "B+C货"翡翠手镯及其表面的酸蚀网纹和溶蚀凹坑

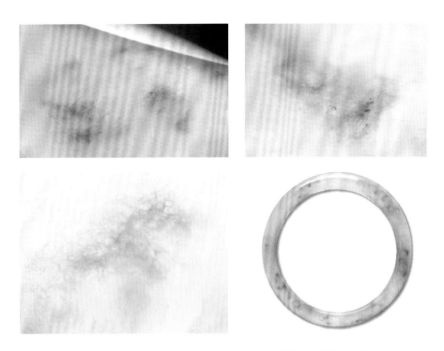

图 8-17 "B+C 货" 翡翠手镯及其绿色染料呈网状分布

三、滤色镜观察

一些染绿 "B+C 货" 翡翠在滤色镜下变红（可作为辅助鉴别手段）。

四、吸收光谱

吸收光谱可以检测染色剂是否存在，绿色 "B+C 货" 翡翠在可见光光谱的红色区域有一条略粗的吸收带。

五、紫外荧光

紫外荧光灯下，一些绿色 "B+C 货" 翡翠的荧光反应为蓝绿到绿蓝；紫色 "B+C 货" 翡翠，通常呈蓝紫色荧光；红色 "B+C 货" 翡翠，由于添加了含铁染色剂呈惰性反应，无荧光。

六、大型仪器检测

红外光谱和拉曼光谱可显示充填物和染料的特征吸收峰。

第五节

翡翠的其他处理方法及其鉴别

一、漂白、浸蜡翡翠及其鉴别

近年来，市场上还有一种漂白浸蜡处理的翡翠。这种翡翠的处理方法是，翡翠经过酸漂洗，置于蜡液中，通过加热并浸泡使蜡液渗入翡翠裂隙和颗粒缝隙中。漂白、浸蜡翡翠的鉴别特征如下。

（一）肉眼和放大观察

漂白、浸腊翡翠外观与传统的漂白、注胶翡翠（"B货"翡翠）较为相似，具有明显的蜡状光泽。宝石显微镜下，表面可见酸蚀网纹，有时可见表面蜡残余，表面纹饰越多，蜡残余越多。一般来说，经过处理的翡翠结构越疏松，蜡越容易进入内部颗粒间，但不可能无限制地渗透进入翡翠内部。

（二）红外光谱特征

漂白、浸蜡翡翠可见到明显的石蜡吸收峰，以 2850、2880、2925、2970cm^{-1} 为特征峰。需要注意的是，翡翠抛光工序中采用石蜡，部分 "A货" 翡翠的红外光谱也会存在蜡的吸收峰。姚德贤等认为，如果出现微弱的 2850、2920cm^{-1} 吸收峰，可以确定是 "A货" 的抛光蜡；如果出现强的 2850、2920cm^{-1} 透射吸收谷，则应该是经过漂白并注入的蜡（图8-18）。

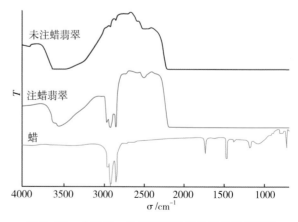

图 8-18　未注蜡、注蜡翡翠及蜡的红外透射光谱
（张健等，2013）

二、镀膜翡翠及其鉴别

镀（覆）膜翡翠又称"穿衣翡翠"，是指在无色或浅色、透明度和质地较好的翡翠表面上镀一层绿色的薄膜，以改变其颜色、仿冒高档绿色翡翠。镀（覆）膜翡翠的鉴别特征如下。

（一）肉眼观察

镀膜翡翠绿色分布均匀、满色，颜色呆板无变化。可带蓝色色调，表面光泽暗淡，局部可见薄膜脱落（图8-19）。

图8-19　镀膜翡翠

（二）手感

镀膜翡翠手摸时有涩感，不如天然翡翠光滑。

（三）放大观察

镀膜翡翠无颗粒感，表面镀膜厚薄不匀，可见流动构造，镀膜上有砂眼和气泡。因表面覆膜，而看不清翡翠内部结构。如若有膜层脱落，脱落部位以及附近可观察到膜层与翡翠在光泽与硬度的差异性。

（四）硬度

镀膜翡翠膜层是一种高分子聚合物，硬度低。膜上通常可见很细的摩擦伤痕，小刀或指甲可刮开膜层。

（五）折射率

镀膜翡翠点测法为1.56左右（薄膜的折射率），比天然翡翠低很多。

（六）紫外荧光

镀膜翡翠呈粉色、蓝色的强荧光，由表层塑料薄膜引起。

（七）红外光谱

镀膜翡翠与"B货"翡翠相似，呈现树脂的吸收光谱。

（八）酒精、二甲苯擦拭（有损检测）

用含酒精或二甲苯的棉球擦拭镀膜翡翠，棉球可被染绿。

（九）热烫（有损检测）

镀膜翡翠用开水浸泡片刻，表面镀膜会因受热膨胀而出现皱纹、皱裂或脱落。

（十）热针法（有损检测）

镀膜翡翠热针接触镀膜翡翠表面可闻到烧焦味。

第六节

拼合翡翠、再造翡翠及其鉴别

一、拼合翡翠

拼合翡翠是指由两块（或以上）翡翠或其他材料经人工拼合而成，给人以整块翡翠的感觉，通常用来冒充中高档翡翠，但市场上较少见。拼合既可用于翡翠原石造假，也可用于切磨好的成品。

（一）原石造假

制作步骤：在无色、质地较差的翡翠原石上切下一片薄片，将其染绿或置入胶后粘贴回原处，再用粉碎的翡翠皮壳混合石英砂用胶黏结在外部，以模仿皮子并掩盖接缝。

（二）成品造假

1. 二层石

二层石有"假二层"和"真二层"两种："假二层"石的上层采用无色翡翠，底层采用绿色玻璃或染绿薄片，两者黏合而成以模仿满绿翡翠；"真二层"石的顶层和底层采用颜色一致的翡翠黏合而成，以增大体积（图 8-20）。

2. 三层石

三层石常见的有两种：一是顶层和底层均为无色翡翠，中间层由绿玻璃薄片或双面皆绿的薄片黏合而成（图 8-21）；二是三层均为翡翠，但质量略有差异，一般以中间层质量稍差，上、下两片质量较好的为主，以使整个戒面体积增大，从而提高其销售价格。

鉴别特征有：①腰棱部位有黏合缝，拼合层可见气泡，颜色有分层现象。②将翡翠置于 60℃ 左右的热水中，黏合部位会有气泡溢出，或黏合胶软化而脱落。③红外光谱可见有机物（胶）的吸收峰。

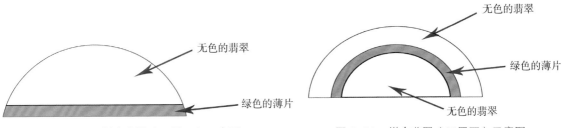

图 8-20　拼合翡翠（二层石）示意图　　　　图 8-21　拼合翡翠（三层石）示意图

二、再造翡翠

再造翡翠是将天然翡翠经机械破碎加胶、加颜料压而制成的翡翠，属于翡翠烧结品。2010 年，叶未等将挑选后的天然翡翠粉末与无铅无色玻璃混合后预压成型并烧结，得到了再造翡翠。具体方法是将天然翡翠边角料细化、磁选去除翡翠粉末内部具有磁性的黑色或暗色物质，添加 Cr_2O_3（质量分数比小于 1%）、黏结剂（无铅无色玻璃，质量分数比控制在 1%~10%），经过配料在混料机中混合均匀后低温高能球磨，将最终粉料预压成型，将预压坯置于放电等离子体反应合成炉烧结。放电等离子烧结等工艺可将天然多晶集合体翡翠黏合，在不改变翡翠晶体结构的前提下制成体积大、透明度高的再造翡翠。

再造翡翠具有如下鉴别特征：①颜色：绿色均匀、呆板、无色根。②结构特征：胶结结构明显，无翠性。③折射率：折射率为 1.66~1.67（点测）。④相对密度：一般小于天然翡翠。⑤光泽与断口：玻璃光泽；断口参差状，也可见贝壳状。⑥早期再造翡翠的红外光谱中还可具有机物（胶）的吸收峰。

第七节

合成翡翠及其鉴别

一、合成翡翠的历史

人工合成翡翠技术的研究始于 20 世纪 60 年代。1963 年，贝尔（Bell）和罗茨勃姆（Roseboom）发现翡翠是一种低温高压矿物集合体，只有高压下才能合成。这一发现开启了真正意义上的合成翡翠研究。

1984 年 12 月，美国通用电气公司（GE 公司），在世界上首次成功合成了翡翠。该法将粉末状钠、铝的化合物和二氧化硅加热至 2700℃高温熔融，然后将熔融体冷却，固结成一种玻璃状物体，再将其磨碎，置于制造合成钻石的高压炉加热，高压加热结晶产物就是合成翡翠。为了获得各种颜色的合成翡翠，可分别加入不同的致色离子：加入少量 Cr 元素翡翠变成绿色、加入较多 Cr 元素则变成黑色、加入少量 Mn 元素翡翠变成紫色等（欧阳秋眉，2005）。2002 年，GIA 首次对 GE 宝石级合成翡翠做了简要报道。

我国在合成翡翠方面也开展了相应的研究工作。20 世纪 80 年代，吉林大学和中科院长春应用化学所、中科院贵阳地球化学研究所等开始了合成翡翠的试验。但受实验条件和设备的限制，难以做到由硬玉成分的非晶质体向晶质体完全转变，致色离子 Cr^{3+} 也难以进入硬玉矿物晶格，合成试验效果欠佳。2012 年，杨晔和陈美华改进了合成翡翠的粉料制备技术，采用湿化学方法中的溶胶 – 凝胶法制出具翡翠组分的均匀分散的粉料，经过加热为玻璃相的合成原料，再对其进行高温高压处理，最终获得了较理想的合成翡翠制品，其外观与 GE 合成翡翠较为相似。

二、合成翡翠的实验条件

采用高温超高压合成技术、模拟天然翡翠的生成环境是人工合成翡翠的关键。

美国贝尔和罗茨勃姆实验室根据实验得到了硬玉的温度——压力曲线图（图 8-22），可以看出，形成硬玉的温度下限约 400℃，压力为 $1.8 \times 10^9 Pa$，温度越高，要求压力越大；并且当压力越大时，形成硬玉的温度区间就越高。

三、合成翡翠的工艺过程

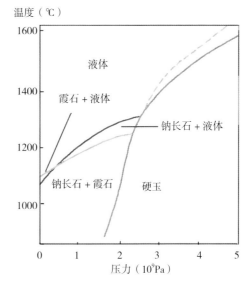

图 8-22　硬玉的温度 – 压力关系图
（欧阳秋眉，2000）

高温超高压合成翡翠有两大步骤：

（1）按照翡翠矿物（硬玉）的分子式 $NaAlSi_2O_6$ 中的理想成分含量：SiO_2（59.45%）、Na_2O（15.34%）、Al_2O_3（25.21%）称量混合，并添加不同的致色离子。致色离子的种类和含量不同产生的致色效果不同（表 8-2）（沈才卿，2006）。1100℃高温下熔融，制成具有各种颜色的非晶质合成翡翠玻璃质原料。

表 8-2　致色元素的种类及含量对合成翡翠颜色的影响

加入试剂	浓度由 0.01%~10% 时翡翠玻璃料的颜色变化
Cr_2O_3	柠檬黄色→黄绿色→绿黄色→绿色→深绿色→橄榄绿色
CoO	浅蓝色→青莲色→深钻蓝色
NiO	浅藕色→藕色→紫色→蓝紫色→深蓝色
CuO	浅蓝色→天蓝色→海蓝色→深墨水蓝色
$MnSO_4$	浅紫丁香色→紫丁香色→深紫丁香色→紫色
Fe_2O_3	白色→浅黄绿色→浅黄褐色
TiO_2	灰色→深灰色→白色
Nd_2O_3	日光灯下呈紫红色→太阳光下呈青紫色
Lu_2O_3	鲜绿色
V_2O_5	白色中带蓝色色调→白色中带红色色调
Ce_2O_3	白色→白色中带红色色调
SnO_2	白色中带黄绿色色调→白色中带微红色色调
Fe_3O_4	白色中稍带黄绿色色调

注：沈才卿，2006；闽学伟等，1986。

（2）将玻璃质原料粉碎，预成型，在六面砧压机上进行高温超高压晶体结构的转化，可得由硬玉晶质体组成的合成翡翠。实验结果显示，人工合成翡翠的最佳温度为1200~1400℃，压力为30~45kPa，改变上述条件，尤其是温度和压力，直接影响合成产物的硬度、颜色和透明度（李新英，刘晓亮，2010）。

四、美国通用电气公司合成翡翠的鉴别特征

合成翡翠主要由具有定向性的硬玉矿物和玻璃质组成，化学成分基本接近硬玉矿物，因此合成翡翠的硬度、密度、折射率等物理性质与天然翡翠基本一致。其中，以美国通用电气公司合成翡翠为例，合成翡翠多呈绿色—黄绿色，半透明，用以模仿天然高档祖母绿色翡翠，两者外观基本一致。但合成翡翠整体颜色较为呆板，无色根（图8-23）。合成翡翠具有微晶结构，结晶程度高，质地细腻，玻璃光

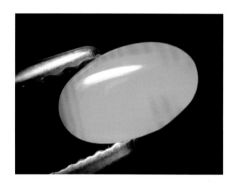

图8-23 合成翡翠
（亓利剑提供）

泽，略弱于天然翡翠；折射率为1.66（点测法），密度为3.31~3.37g/cm³；手持式分光镜下，红区明显可见3条吸收强度不等的吸收窄带；紫外灯下，长波呈蓝白色弱荧光，短波下呈灰绿色中—强荧光，而天然翡翠基本没有紫外荧光（曹姝旻，亓利剑，2006）。

电子探针分析结果显示，GE合成翡翠的主要化学成分：SiO_2含量为59.74%~61.72%，Al_2O_3含量为23.90%~24.97%，Na_2O含量为13.65%~14.85%，微量成分：Cr_2O_3（0.05%~0.07%）、K_2O（0.02%~0.04%）、CaO（0.02%~0.06%）。与天然翡翠相比，由于GE合成翡翠原料成分配比与天然翡翠中的硬玉矿物化学成分$NaAlSi_2O_6$相同，因此两者电子探针测试结果吻合（表8-3）。

表8-3　GE合成翡翠与天然翡翠组成矿物硬玉的成分对比

名称	Na_2O	Cr_2O_3	K_2O	MgO	MnO	CaO	Al_2O_3	TFe	TiO_2	SiO_2	合计
天然翡翠	14.45	0.00	0.00	0.27	0.00	0.28	25.48	0.06	0.00	58.69	99.23
GE 合成翡翠	15.087	0.062	0.016	0.006	0.018	0.044	24.787	0.025	0.000	59.478	99.523
	14.613	0.048	0.038	0.000	0.000	0.017	25.137	0.005	0.016	59.991	99.865
	13.847	0.064	0.028	0.000	0.000	0.063	23.826	0.015	0.000	62.353	100.196
	13.446	0.066	0.031	0.016	0.000	0.064	23.962	0.000	0.000	61.090	98.675

注：曹姝旻，亓利剑，2006。

其吸收峰与天然硬玉的不同之处在于，基团频率区 3400~3700cm^{-1} 显示一组由 OH$^-$ 的伸缩振动导致的特征吸收谱带 3375、3471、3614cm^{-1}，揭示了 GE 合成翡翠含有微量水分子，从而证明它是在低温、高压和水的参与下结晶形成的。

拉曼光谱测试结果显示，天然翡翠与 GE 合成翡翠的拉曼谱峰差异不明显，仅是天然翡翠的拉曼谱峰向小数值偏移。

研究表明，尽管合成翡翠的很多性质与天然翡翠一致或相似，但其透明度、颜色、结构等与天然翡翠仍存在着一定的差异，而且高温高压合成翡翠成本太高，合成样品多为直径和高均为几毫米至十几毫米的圆柱体，用途有限，且尚不能形成批量生产（李新英等，2010）。

翡翠人工合成的研究非常复杂，尤其是要得到与优质高档翡翠类似的合成翡翠的难度更大，因此，合成翡翠的研究已成为当今宝石学研究的重要课题之一。

第九章
Chapter 9
翡翠及其相似品的鉴别特征

由于翡翠的稀缺性和保值性，在翡翠市场上充斥着一些外观上与翡翠易混淆的相似玉石品种及人工仿制品。掌握翡翠的基本鉴别特征尤为重要。在肉眼观察鉴定的基础上，借助宝石专用仪器及现代测试技术，可以有效去伪存真，避免不必要的损失。

第一节

翡翠的主要鉴别特征

一、"翠性"

"翠性"，是指因硬玉矿物的解理面和双晶面而在光照下产生星点状、片状、针状闪光的现象（图 9-1）。硬玉及其他辉石矿物具有平行于 {110} 柱面方向的两组完全解理，以及可能存在的平行于底面 {001} 和柱面 {100} 的简单双晶和聚片双晶。这些平整光滑的解理面和（或）双晶面对光线产生了镜面反射，很像雪花和苍蝇翅膀的反光，因此业内也将"翠性"称为"雪片"和"苍蝇翅"。

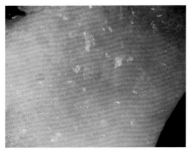

图 9-1　翡翠原石表面及切割面的"翠性"

"翠性"是鉴别翡翠真伪的重要特征之一，可以以此区分翡翠与其他相似玉石仿制品。但并不是所有翡翠都可见"翠性"，与其矿物颗粒大小关系密切。翡翠的矿物颗粒越粗大，"翠性"就越明显，肉眼即可观察到；颗粒越细腻，"翠性"就越不易看到。例如，玻璃地的翡翠就看不到"翠性"，通常只有用10倍放大镜在翡翠白色团块状的"石花"附近观察才能看到。

二、抛光表面的"微波纹"

翡翠成品表面通常可见起伏不平却光滑的抛光面（图9-2），称为表面"微波纹"。这种现象产生的根本原因在于，组成翡翠的硬玉矿物排列方向不一，导致出露表面方向的硬度存在细微差异，从而在加工和抛光过程中产生微小不平整的光滑面。

颗粒较粗且抛光良好的翡翠成品表面通常可见"微波纹"，反射光下肉眼可见，10倍放大镜或显微镜下可见明显的"微波纹"。

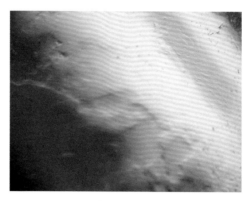

图9-2 翡翠成品抛光表面的"微波纹"

三、结构特征

结构是指组成矿物的颗粒大小、形态及结合方式（详见本书第四章）。翡翠是通过变质变形作用形成的多晶质集合体。用肉眼、10倍放大镜、宝石显微镜观察，可以看到翡翠的组成矿物颗粒呈柱状或略微拉长的柱状，有时可呈近似定向排列。偏光显微镜下可见翡翠的纤维（交织）结构或柱粒状结构（图9-3）。翡翠的这种特征的变晶结构是其有别于其他玉石品种的重要特征之一。

图9-3 翡翠的纤维（交织）结构（左）与柱粒状结构（右）

四、颜色

翡翠的颜色类型很多，常见的有无色、白色、绿色、蓝色、红色、黄色、紫色、黑色等，其色调、分布形态（点状、线状、带状、团块状等）及组合多种多样（详见本书第五章）。大部分翡翠的颜色分布不均匀，可以以此区分其他颜色分布均匀的玉石品种，如软玉、绿玉髓（澳玉）、岫玉（蛇纹石玉）等。

五、光泽

翡翠属于折射率和硬度较高的玉石品种，故其光泽往往强于其他相似玉石品种（如软玉、岫玉等），常呈特征的玻璃光泽（图9-4），抛光效果较好的可达到强玻璃光泽。而其他玉石的光泽也各有各的特征，例如软玉通常呈油脂光泽（图9-5）、岫玉通常呈蜡状光泽（图9-6）。

图 9-4　翡翠的玻璃光泽　　　图 9-5　软玉的油脂光泽　　　图 9-6　岫玉的蜡状光泽

六、相对密度

翡翠的相对密度为3.25~3.40，大于与其相似的绝大多数绿色玉石。用手掂量，翡翠较重，有"打手"的感觉。

翡翠的相对密度主要采用静水称重法测量。使用电子天秤分别称取翡翠样品在空气和水中的重量，根据以下公式计算其相对密度：

相对密度 = 样品在空气中的重量 /（样品在空气中的重量 − 样品在水中的重量）

七、折射率

翡翠的折射率比较稳定，点测法为 1.66 左右。

测量翡翠的折射率通常采用折射仪（配折射油）。观察时，取下目镜上的偏振片，眼睛距折射仪目镜 30~45 厘米，由翡翠样品与折射仪棱镜接触形成影像的明暗分界线，读取折射率的数值。

八、查尔斯滤色镜

查尔斯绿色镜仅允许深红光和蓝绿光通过，绿色翡翠在滤色镜下不变红，以此可将一些滤色镜下变红的相似玉石品种区别开来，例如绿色东陵石、水钙铝榴石、绿色独山玉等。

九、可见光吸收光谱

翡翠在分光镜下可见 437nm 特征吸收线（图 9-7）。此外，铬致色的绿色翡翠还可见 630nm、660nm 和 690nm 的特征吸收线（图 9-8）。

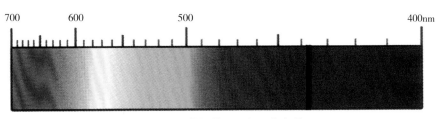

图 9-7　翡翠的可见光吸收光谱

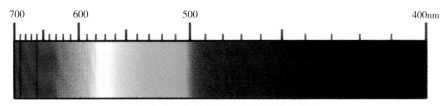

图 9-8　含铬翡翠的可见光吸收光谱

十、紫外荧光

天然翡翠基本没有紫外荧光，只有当翡翠的某些部位存在某些具有发光性的杂质矿物（例如方解石、高岭石等），才会在紫外光下观察到荧光，此荧光特征不同于人工处理翡翠的荧光特征。

第二节

相似品的鉴别特征

翡翠市场上，常见的相似玉石主要有软玉、钠长石玉、隐晶质石英质玉（玉髓、玛瑙）、显晶质石英质玉（东陵石、石英岩）、水钙铝榴石、独山玉、符山石玉、葡萄石、黄色钙铝榴石、蛇纹石玉、天河石等。另外，一些人工合成产品也可以用来冒充翡翠，例如玻璃、塑料等。具体鉴别特征见表9-1。

表9-1　翡翠及相似品的鉴别特征

品种名称	颜色	相对密度	摩氏硬度	折射率（点测）	其他鉴别特征
翡翠	无色-白色、红-黄（褐）、绿-蓝、粉-紫、灰-黑及其组合色	3.34（+0.06，-0.09）	6.5~7	1.66±	颜色不均匀，纤维状至柱粒状结构，强玻璃光泽，有"翠性"，反光观察见"微波纹"
软玉	白-青、浅至深绿、黄-褐、灰-黑	2.95（+0.15，-0.05）	6.0~6.5	1.60~1.61	颜色均匀，隐晶质结构，油脂光泽，质地细腻
钠长石玉	无色、白、灰绿	2.60~2.63	6	1.52~1.53	粒状结构，光泽较弱，常见絮状物以及"飘蓝花"现象
玉髓、玛瑙	绿、红-黄、蓝-紫	2.60±	6.5~7	1.53或1.54	颜色较均匀，隐晶质结构，质地细腻，透明度较高，可见贝壳状断口
东陵石、石英岩	白、绿、黄-红、褐等	2.64~2.71	7	1.54±	放大观察颜色不均匀，粒状结构
水钙铝榴石	绿至蓝绿、粉、白、无色	3.47±	7	1.72±	常见暗绿色和黑色斑点
独山玉	白、绿、黄、褐、紫等	2.70~3.09	6~7	1.56~1.70	颜色斑杂且不均匀，粒状结构
符山石玉	黄绿、蓝绿、灰绿	3.40±	6~7	1.71±	颜色较均匀，常见黄色带绿色色调

品种名称	颜色	相对密度	摩氏硬度	折射率（点测）	其他鉴别特征
葡萄石	浅黄、浅绿、白	2.80~2.95	6~6.5	1.63±	颜色均一，放射状纤维结构
钙铝榴石（黄色）	黄、褐黄、黄褐、褐红	3.40~3.60	7	1.72~1.74	颜色均匀，质地细腻，光泽强
蛇纹石	黄绿、绿、棕等	2.57±	2.5~6	1.56~1.57	颜色均匀，常呈典型的黄绿色，隐晶质结构，质地细腻，蜡状光泽
天河石	蓝绿、天蓝	2.65	6~6.5	1.53	特征的天蓝色，解理和双晶发育，具白色"网格状"图案
仿翡翠玻璃	绿（常见）	2.30~4.50	5~6	1.40~1.70，有的更大	典型玻璃光泽，常见气泡、漩涡状搅动纹、未熔粉末，贝壳状断口

一、软玉

软玉在缅甸和我国云南称为"昆究"，是我国传统玉石品种，其中和田羊脂白玉被视为玉石中的珍品，而青玉和碧玉，与翡翠外观较为相似（图9-9~图9-13）。只要掌握软玉和翡翠二者的颜色、光泽、结构、相对密度等差异，是可以加以区分的。

图9-9　具有油脂光泽的白玉手串

图9-10　具有油脂光泽的白玉挂件

图9-11　黄玉及青花玉手镯

图 9-12 颜色分布均匀的碧玉手串

图 9-13 颜色均匀、可见黑点的碧玉手镯

(一) 基本特征

1. 矿物组成及其化学成分

软玉主要由角闪石族中的透闪石—阳起石类质同象系列的矿物组成，主要矿物化学成分为 $Ca_2(Mg, Fe)_5[Si_4O_{11}]_2(OH)_2$，其中 Mg、Fe 间可具完全类质同象替代。

2. 物理性质

折射率：1.606~1.632（+0.009，−0.006），点测法常为 1.60~1.61。

相对密度：2.95（+0.15，−0.05）。

摩氏硬度：6.0~6.5。

韧性：极高。

断口特征：参差状断口。

可见光吸收光谱：极少见吸收线，500nm 可有模糊吸收线，优质绿色软玉红区可见模糊吸收线。

放大检查：纤维交织结构、黑色包体。

特殊光学效应：猫眼效应。

(二) 与翡翠的区别

软玉按其颜色可大致分为白玉、青白玉、青玉、黄玉、碧玉、糖玉、墨玉七个品种，此外还有青花玉、翠青玉、烟青玉等。

它们与翡翠的区别在于软玉颜色分布均匀，常见油脂光泽，具有典型的"毛毡状"结构，总体比翡翠颗粒更细小、更细腻，无"翠性"。软玉的绿色品种——碧玉易与油青种翡翠相混淆，碧玉颜色分布较均匀，常见黑色矿物，折射率和相对密度均小于翡翠。

二、钠长石玉

钠长石玉又称"水沫子"，属于与翡翠伴生（共生）的玉石品种；呈无色、灰白色、白色，内部常见团块状或丝絮状蓝绿色矿物；透明度较高，内部可见"白棉"（图9-14、图9-15）；外观与"冰种"或"冰种飘蓝花"翡翠极为相似。

图9-14 透明度高的钠长石玉手镯 　　图9-15 钠长石玉手镯

（一）基本特征

1. 矿物组成及其化学成分

主要矿物成分为钠长石 $NaAlSi_3O_8$，次要矿物有硬玉、绿辉石、透辉石、碱性角闪石、阳起石等。

2. 物理性质

折射率：1.52~1.54，点测法常为 1.52~1.53。

相对密度：2.60~2.63。

摩氏硬度：6。

解理：钠长石具 {001} 完全解理。

放大检查：纤维状或粒状结构。

（二）与翡翠的区别

钠长石玉多为无色到灰白色，可见灰蓝色、墨绿色"飘花"，"飘花"的成分为辉石类和闪石类的矿物，有些被交代成绿泥石。钠长石玉内部除含有蓝色飘花外，还有白色的絮状物，形似水中泛起的泡沫。钠长石玉光泽较翡翠稍弱，可见不明显的粒状特征，无翠性，折射率、相对密度、硬度均低于翡翠。钠长石玉手镯敲击发出的声音沉闷，与翡翠发出清脆的声音不同。

三、石英质玉

（一）基本特征

1. 矿物组成及其化学成分

石英质玉石的组成矿物主要为石英，可含有云母类矿物及赤铁矿、针铁矿等。化学组成主要是 SiO_2，另外可有少量 Ca、Mg、Fe、Mn、Ni、Al、Ti、V 等元素的存在。

2. 物理性质

折射率：1.544~1.553，点测法常为 1.54。

相对密度：2.64~2.71。

摩氏硬度：7。

放大检查：粒状结构，可含云母或其他矿物包体。

（二）与翡翠的区别

1. 绿玉髓（澳玉）

绿玉髓为隐晶质结构，颜色分布均匀（图9-16、图9-17），易与优质翡翠相混淆；其质地均匀细腻，具玻璃光泽，半透明至微透明，抛光面不见"微波纹"；折射率（1.54）及相对密度（2.6）均远低于翡翠。

图9-16 绿玉髓挂件

（图片来源：国家岩矿化石标本资源平台 http://www.nimrf.net.cn/）

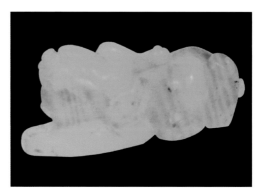

图9-17 苹果绿色玉髓手把件

图9-18 绿色玛瑙手镯

2. 绿色玛瑙

绿色玛瑙系石英矿物隐晶质集合体，多呈灰绿色，市场上绿色玛瑙多为人工染色而成；可见宽窄不一的环状、带状生长条带（图9-18），其他物理性质与绿玉髓相同，可与翡翠区别。

3. "东陵石"、"密玉"和"贵翠"

"东陵石"颜色为绿色－蓝绿色（图9-19~图9-21），内部可见绿色铬云母片状闪光（图9-20），具有砂金效应。这个现象有时会被误认为"翠性"；滤色镜下，绿色部分变红。

"密玉"内部可见绿色片状绢云母，粒状结构，滤色镜下变红。

图9-19 "东陵石"貔貅手把件

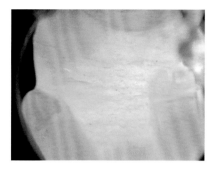

图9-20 "东陵石"内部的铬云母呈片状

图9-21 "东陵石"雕件

（图片来源：国家岩矿化石标本资源平台 http://www.nimrf.net.cn/ ）

　　"贵翠"是一种含有绿色高岭石族矿物的细粒石英岩，常见绿色，包括淡绿、翠绿、葡萄绿，也有胆矾蓝，质地较细，颜色不均匀，多呈带状分布的淡绿色。这些绿色品种的相对密度（2.64~2.71）、折射率（点测约1.54）均远低于翡翠。

　　4."黄龙玉"或"黄蜡石"

　　近年来，玉石市场流行一种俗称"黄龙玉"或"黄蜡石"的黄色隐晶—显晶质石英质玉。这种玉石易与黄色翡翠混淆。该玉石为黄色、蜡黄色，具有粒状结构，玻璃光泽，半透明到透明（图9-22、图9-23），抛光面不见"微波纹"。此外，其他物理性质与石英质玉接近，相对密度（2.64~2.71）、折射率（点测约1.54）均远低于翡翠。

图9-22 "黄蜡石"弥勒佛挂件

图 9-23 "黄龙玉"摆件

5. 染色石英岩

染色石英岩俗称"马来玉",是一种将白色石英岩染成绿色冒充翡翠的常见仿制品。染色石英岩具有粒状结构，绿色整体分布均匀（图9-24），绿色染料沿石英颗粒间隙呈网状分布，吸收光谱具有明显的 650nm 宽吸收带，折射率及相对密度均远低于翡翠，滤色镜下变红色。

图 9-24　染色石英岩戒面

（图片来源：国家岩矿化石标本资源平台 http://www.nimrf.net.cn/）

四、水钙铝榴石

水钙铝榴石是铝质石榴石系列中的含水品种，又称"不倒翁"、"南非玉"、"青海翠"，其集合体通常呈绿至蓝绿色、黄色、白色、无色，并可见伴有暗绿色和黑色斑点（图9-25）。

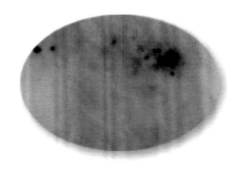

图9-25　水钙铝榴石戒面

（一）基本特征

1. 矿物组成及其化学成分

主要矿物为水钙铝榴石，化学式为 $Ca_3Al_2[SiO_4]_{3-X}(OH)_{4X}$。

2. 物理性质

相对密度：3.47（+0.08，−0.32）。

折射率：1.720（+0.010，−0.050）。

吸收光谱：深绿色样品460nm以下全吸收；其他颜色的样品可具463nm附近的吸收线。

（二）与翡翠的区别

折射率、密度均高于翡翠，粒状结构，查尔斯滤色镜下呈红色，暗绿色水钙铝榴石吸收光谱在460nm以下为全吸收，其他颜色的水钙铝榴石在463nm附近可见明显吸收线；放大检查可见典型的暗色铬铁矿包体。

五、独山玉

独山玉又称"南阳玉"，是一种产出于辉石岩岩体中的黝帘石化斜长岩（图9-26～图9-28）。

图9-26　独山玉挂件

图9-27　独山玉喜鹊摆件

图 9-28　独山玉八仙过海摆件

（一）基本特征

1. 矿物组成及其化学成分

独山玉的主要矿物组成为斜长石（主要是钙长石 $CaAl_2Si_2O_8$）和黝帘石［Ca_2Al_3 $(SiO_4)_3(OH)$］，斜长石含量为 20%~90%，黝帘石含量为 5%~70%；次要矿物组成是含铬云母、透辉石、角闪石、黑云母以及少量榍石、金红石、绿帘石等。

2. 物理性质

颜色：以不均匀的白色、绿色为主，也可见紫、蓝、黄等杂色。

折射率：1.56~1.70（点测），受其组成矿物（主要是斜长石和黝帘石）的影响，变化较大。

硬度：6~7。

相对密度：2.70~3.09，一般为 2.90。

滤色镜下特征：绿色独山玉呈红或橙红色。

（二）与翡翠的区别

绿色独山玉的颜色分布与翡翠不同，具斑杂状色斑，颜色整体不如翡翠艳丽，滤色镜下呈红或橙红色。两者结构明显不同，独山玉为粒状变晶结构，区别于翡翠的纤维交织结构。另外，组成独山玉的多种矿物的硬度差异较大，导致独山玉抛光面不平整，物理性质变化也较大。

六、符山石玉

符山石玉又称"加州玉"，系由细粒符山石组成的绿色矿物集合体（图9-29、图9-30）。

图 9-29　符山石玉戒面
（余晓艳提供）

图 9-30　符山石玉项坠
（余晓艳提供）

（一）基本特征

1. 矿物组成及其化学成分

主要矿物组成是符山石，化学式为 $Ca_{10}Mg_2Al_4[Si_2O_7]_2[SiO_4]_5(OH)_4$，可含有 Cu、Fe 等元素，也可有钙铝榴石成分。

2. 物理性质

相对密度：3.40（+0.10，-0.15）。

摩氏硬度：6~7。

折射率：1.713~1.718（+0.003，-0.013），点测常为1.71。

双折射率：0.001~0.012。

吸收光谱：绿色符山石玉在464nm处可见明显的吸收线，528.5nm处可见弱吸收线。

放大检查：气液包体、矿物包体。

（二）与翡翠的区别

绿色符山石玉呈黄绿色至绿色，颜色较浅，分布比翡翠均匀；亚透明至半透明；常含有石花状的包裹体；折射率（1.72）远高于翡翠；绿色符山石玉在464nm处可见明显的吸收线，528.5nm处可见弱吸收线，不同于翡翠的437nm吸收线；滤色镜下为红色。

七、葡萄石

（一）基本特征

1. 矿物组成及其化学成分

葡萄石属于硅酸盐类矿物，化学式为 $Ca_2Al[AlSi_3O_{10}](OH)_2$，可含有 Fe、Mn、Mg、Na、K 等元素。

2. 物理性质

折射率：1.616~1.649（+0.016，−0.031），点测常为 1.63。

密度：2.80~2.95。

摩氏硬度：6~6.5。

解理：一组完全至中等解理，集合体通常不可见。

吸收光谱：438nm 弱吸收带。

放大检查：纤维状结构，呈放射状排列。

特殊光学效应：猫眼效应（罕见）。

（二）与翡翠的区别

葡萄石通常呈无色、白色、浅黄色、肉红色、绿色，其中绿色葡萄石易与翡翠混淆。葡萄石颜色均匀（图 9-31），摩氏硬度为 6~6.5，相对密度为 2.80~2.95，集合体折射率点测为 1.63，均小于

图 9-31　葡萄石戒面

翡翠，具有典型的放射状纤维结构（图 9-32），吸收光谱可见 438nm 弱吸收带。根据上述特征很容易区分葡萄石与翡翠。

图 9-32　葡萄石原石

（图片来源：国家岩矿化石标本资源平台 http://www.nimrf.net.cn/）

八、钙铝榴石（黄色）

近年来，一种比较新的品种——黄色钙铝榴石出现在翡翠市场，呈黄色、褐黄色、黄褐色、褐红色，较易与"黄翡"或"红翡"相混淆（图9-33）。

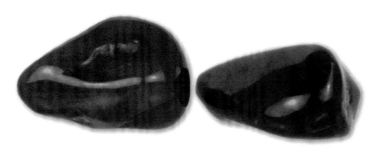

图 9-33　钙铝榴石原石

（一）基本性质

1. 矿物组成及其化学成分

属于石榴石的钙质石榴石品种。钙铝榴石的化学式为 $Ca_3Al_2[SiO_4]_3$，Al^{3+} 和 Fe^{3+} 形成完全类质同象替代。

2. 物理性质

相对密度：3.61（+0.12，−0.04）。

折射率：1.740（+0.020，−0.010）。

摩氏硬度：7。

（二）与翡翠的区别

钙铝榴石颜色均匀，质地细腻，光泽比翡翠强，粒状结构。滤色镜下变为红色。相对密度（3.4~3.6）和折射率（1.72~1.74）均高于翡翠。

九、蛇纹石玉

蛇纹石玉颜色多样，品种繁多，例如我国辽宁"岫岩玉"、美国宾夕法利亚州"威廉玉"、新西兰"鲍文玉"等均为蛇纹石玉（图9-34、图9-35）。

（一）基本特征

1. 矿物组成及其化学成分

蛇纹石玉的矿物组成以蛇纹石 $(Mg，Fe，Ni)_3Si_2O_5(OH)_4$ 为主，常见伴生矿物有方解石、滑石、磁铁矿等。

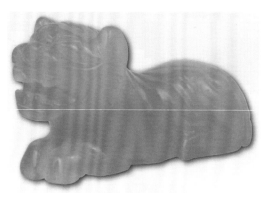

图 9-34 绿色蛇纹石玉镇纸

图 9-35 黄色蛇纹石玉手串

2. 物理性质

折射率：1.560~1.570（+0.004，-0.070）。

摩氏硬度：2.5~6（含有其他矿物时，硬度变化大）。

相对密度：2.57（+0.23，-0.13）。

放大检查：黑色矿物包体，白色条纹，叶片状、纤维状结构或隐晶质结构。

（二）与翡翠的区别

蛇纹石玉颜色多样，以黄绿色为主，还可呈墨绿、绿、浅绿、黄绿、灰黄、白和黑等各种颜色；一般具有蜡状光泽，半透明至微透明，抛光表面不见"微波纹"，无"翠性"；显微隐晶质结构，参差状断口；蛇纹石玉通常具有特征的白色云雾状团块和黑色铬铁矿，还可见具有强金属光泽的黄铁矿等硫化物；硬度及相对密度均低于翡翠。

十、天河石

天河石系钾长石亚族矿物的一个变种，呈亮绿或亮蓝绿至浅蓝色（图 9-36）。天河石通常可见绿色和白色的格子状色斑，呈微透明，通常可切磨成弧面形戒面或作为雕刻

图 9-36 天河石手串

品的原料。

（一）基本特征

1. 矿物组成及其化学成分

天河石的化学成分为 $KAlSi_3O_8$，含有 Rb 和 Cs。

2. 物理性质

相对密度：2.56（±0.02）。

折射率：1.522~1.530（±0.004）；点测约 1.53。

解理：两组完全解理。

摩氏硬度：6~6.5。

放大检查：常见网格状色斑。

（二）与翡翠的区别

天河石只是颜色与翡翠有点相似，成品的鉴别比较容易，但在翡翠市场上会遇到以天河石原料冒充翡翠山料的情况，需加以注意。天河石通常呈独特的浅至中等的蓝绿色、灰绿色，微透明—半透明，近玻璃光泽，抛光面可见解理面闪光，与翡翠的"翠性"相似，但天河石的解理和双晶发育方向单一，通常可见白色网格状图案。与翡翠多方向的"翠性"有所不同。此外，天河石的相对密度（2.65）和折射率（约1.53）均远低于翡翠。长波紫外光下呈黄绿色荧光，短波下无反应，X 光长时间照射呈弱绿色。

十一、仿翡翠玻璃

除上述与翡翠相似的玉石品种外，市场上还可见人工合成制品仿翡翠，主要为仿翡翠玻璃（图 9-37）。

（一）基本特征

1. 矿物组成及其化学成分

化学成分主要为 SiO_2；可含有 Na、Fe、Al、Mg、Co、Pb、稀土元素等。

2. 物理性质

光泽：玻璃光泽。

摩氏硬度：5~6。

相对密度：2.30 ~4.50。

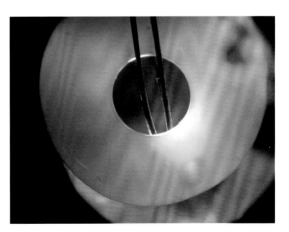

图 9-37　仿翡翠玻璃内部可见的气泡

折射率：1.470~1.700（含稀土元素玻璃折射率 1.80±）。

紫外荧光：弱至强，因颜色的不同而异，一般短波强于长波。

放大检查：气泡、表面洞穴、拉长的空管、流动线、"橘皮"效应、浑圆状刻面棱线。

（二）与翡翠的区别

仿翡翠玻璃与翡翠的差异较大，易于辨认。其颜色比较均匀，有时可见流纹状色带，肉眼或 10 倍放大镜下可见内部大小不等的气泡，无"翠性"，可见贝壳状断口，折射率为 1.40~1.70，相对密度为 2.30~4.50，变化范围大。

第十章
Chapter 10
翡翠原石及其特征

第一节

翡翠原石的分类

翡翠原石的种类繁多，主要根据地质产状、外皮特征、玉质外露程度（赌性）及质量状况等进行分类。

一、按地质产状分类

翡翠原石按地质产状分为原生矿石和次生矿石两种。

（一）原生矿石

原生矿石是指从原生矿床中开采出来的、未经风化或轻微风化的、不带风化壳的翡翠原料，又称"新坑无皮石"，业内称为"新坑料"（图10-1）。

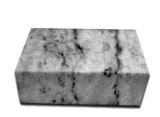

图10-1　新坑无皮石翡翠原料

外观特征：一般块度大，外形棱角分明，不带风化壳。玉质外露，水头差、色淡，多为粗粒结构，有些裂隙较发育。

原生矿石可以直观地观察原料表面来判断内部玉料质地的好坏，内外质量基本一致，一般不会出现表面浅层品质与内部品质上的较大偏差。

（二）次生矿石

次生矿石是指翡翠成矿后，经过地球外部动力作用（如风化、剥蚀、搬运及沉积作用）后，形成形状各异、带皮的翡翠原料，即原生矿石经过风化破碎残留在原地或搬运一定距离后沉积下来的矿石。

外观特征：具有风化外皮（皮壳），品质普遍比原生矿石高，可出现高档翡翠玉料。

次生矿石分为三种类型：残积－坡积型、阶地（高地）砾岩层型、河床及河漫滩型。业内习惯按原石赋存环境、经过的风化作用及皮壳特点，进一步将次生矿石分为山石、半山半水石、水石和水翻砂石四种。

1. 山石

山石是指风化作用残积和堆积成因的翡翠原料。它是原生矿石经过物理、化学风化，大块矿石分裂成碎块，残留在原地或经过重力作用和暂时性水流携带至平坦的山坡或山谷处堆积的翡翠原料（图 10-2）。

外观特征：形状呈参差不齐的多角状或半棱角状，一般具有一层很薄的、呈不同颜色的风化外皮，外皮颜色取决于原生矿的矿物组成、化学成分及风化作用所处的地质环境等因素。

图 10-2　翡翠山石

2. 半山半水石

半山半水石是指经水流的侵蚀、冲刷和短距离搬运至山脚或山前平地，水流冲刷时间相对较短的翡翠原料（图10-3~图10-5）。

图10-3　具一定磨圆度和风化皮的翡翠半山半水石

外观特征：介于山石和水石之间。其前身大多是经过风化和剥蚀的山石，在水流的侵蚀、冲刷和短距离搬运作用下，形成具有一定磨圆度，呈次棱角状至次圆状的砾石外形。在水流及风化作用下，山石的外皮也进一步被侵蚀或磨蚀，导致外皮加厚或变薄。

图10-4　翡翠半山半水石

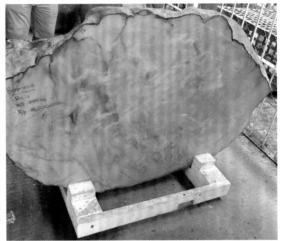

图10-5　春带彩半山半水石

3. 水石

又称"水皮石"，是指由河流长距离搬运至河漫滩沉积并经过水流长期冲刷的翡翠原石，主要产于河床及河漫滩（图10-6）。

外观特征：一般呈椭球形、球形，具有较好的磨圆度、光滑的外皮，皮很薄，外皮颜色多种多样，有黄、白、绿等颜色。经过水流长距离搬运与分选，水石质地较细腻、致密。

图 10-6　翡翠水石

4. 水翻砂石

水翻砂石是指主要产于阶地砾岩层或山地洪积、冲积层的翡翠砾石。在地壳抬升、河流改道、古河道干涸等地质作用下，原本赋存于古河床或山地洪积层中的翡翠砾石，再一次暴露于地表，并经过氧化、水解等长期风化作用，形成了一种独具特色的砂状外皮。此类翡翠砾石被称为"水翻砂石"（图 10-7）。

外观特征：磨圆度较好，多呈球形或椭球形，具有一层砂状风化皮，表皮可见明显砂粒，外皮颜色多种多样，有黄、白、黑等颜色。

图 10-7　翡翠水翻砂石

二、按皮壳特征分类

翡翠的皮壳是指翡翠原石在风化、剥蚀、搬运和沉积等过程中形成的风化层。翡翠皮壳的类型很多，富于变化。翡翠原石皮壳的颜色、粗细、厚薄等特征，主要与内部组成矿物及化学成分、形成的表生地质环境有关。按外皮颜色及粗细分为以下几种。

（一）糠皮石

糠皮石多呈黄色至黄褐色。外皮特征：粗糙、松散、凹凸不平。组成外皮的矿物颗粒松散，呈长柱状、柱状、板状，颗粒之间常可见到大小不等的孔洞或凹坑，犹如米糠般堆积在一起而得名（图 10-8）。

按糠皮石外皮组成矿物颗粒粒度的大小，细分为粗糠皮石、中糠皮石和细糠皮石。

粗糠皮石：外皮矿物颗粒形如粗糠，呈两端尖锐柱状，一般呈黄色、黄褐色。

中糠皮石：矿物颗粒大小介于粗糠皮和细糠皮之间。

细糠皮石：外皮矿物颗粒较细，呈褐色、褐黄色。

图 10-8　糠皮翡翠原石

（二）砂皮石

多产于阶地砾岩层型翡翠矿床中。

外观特征：风化皮发育，保存得最为完好。其皮壳较厚且粗糙、砂粒突出，手摸有粗糙和较明显的砂粒感。

按砂皮颜色细分为：白砂皮、黄砂皮、铁砂皮、黑乌砂皮等。业内有"砂粗肉粗，砂细肉细"的说法，即可根据皮的粗细判断翡翠内部质地的粗细。

1. 白砂皮

外皮呈白色或几乎没有颜色，有时呈浅灰色，砂粒通常突出，较为疏松（图10-9、图10-11）。

白砂皮内部通常质地细腻，地子比较干净，透明度较高，如果内部出现绿色团块，则绿色往往较纯正，并具有一定的浓度，颜色会比较漂亮。如果砂粒犹如细盐粒般细密，则称"白盐砂皮"，为白砂皮中上品（图10-10）。

图 10-9　白砂皮翡翠原石　　　　　　　图 10-10　白盐砂皮翡翠原石

图 10-11　砂粒较明显的白砂皮翡翠原石

2. 黄砂皮

外皮呈浅黄色、土黄色、棕黄色等。皮的厚度不一，多数较厚，可达数厘米，外皮上的砂粒通常比较粗大，可见组成矿物的柱粒状结构（图 10-12）。

呈黄色是由于翡翠中的铁元素氧化成为褐铁矿所致。黄砂皮内的翡翠可能含有较多的绿色，多数颜色不均匀，可有较浓的根色。

若黄砂皮表层砂粒匀称，且砂粒突出，则预示其内部的翡翠种质较好；若砂粒不匀称、皮壳光滑，则预示内部的翡翠种质较差。

图 10-12　黄砂皮翡翠原石

3. 铁砂皮

也称"红砂皮"，外皮呈铁锈的红棕色，皮壳很薄、坚硬。外皮的颜色是翡翠中的铁元素经过表生风化作用形成 Fe^{3+} 所致（图 10-13）。

一般认为，铁砂皮内的翡翠种质较好，玉质较细腻，可出高档料。

图 10-13　铁砂皮翡翠原石

4. 黑乌砂皮

外皮呈较深的黑色，有的略带灰色、绿色。外皮一般较光滑，砂粒不明显，皮层比较紧密（图 10-14）。

一般认为，黑乌砂皮内的翡翠易生色，内部可有较深的绿色，甚至出现满绿色，但其颜色变化很大，绿中带黑，绿色发干的情况也时有发生。

图 10-14　黑乌砂皮翡翠原石

（三）石灰皮

又称"粉皮石"，表皮呈灰白、淡黄—浅黄等颜色，似石灰状，皮质较软，石灰皮层可刷掉，露出白砂。石灰皮多为高岭土所致。石灰皮内部的质地一般细腻致密（图 10-15）。

（四）水皮石

水皮石主要产于河床及河漫滩型翡翠矿床中，皮薄、光滑、细腻，外皮呈黄、褐、

图 10-15　石灰皮翡翠原石

白、绿、黑花等颜色，透过强光可以较容易判断内部的情况。由于经过较长距离的搬运和分选，水皮石保留了质地较致密、细腻的部分，因此品质较高（图10–16）。

图 10–16　水皮石翡翠原石

（五）漆皮石

皮色漆黑，表面有光亮感，皮壳厚薄不一，皮很紧，内部种质有可能很好（图10–17）。

图 10–17　漆皮石翡翠原石

（六）老象皮石

皮色灰白，表面粗糙呈高低不平的褶皱，看似无砂，摸起来有粗糙感，皮厚薄不一，感觉如大象皮。具有老象皮的原石常有玻璃地翡翠产出（图10–18）。

图 10–18　老象皮翡翠原石

（七）蜡皮石

外皮颜色多种多样，按外皮颜色分为黄蜡皮石、白蜡皮石、红蜡皮石、黑蜡皮石等。皮壳厚薄不一，但均坚硬、光滑，具蜡状光泽（图10-19）。蜡皮石玉料品质变化较大，但一般来说，蜡皮石玉料的成分较稳定，同一块原石内玉料品质比较均匀。

图 10-19　蜡皮石翡翠原石

蜡皮石产于阶地砾岩层型翡翠矿床，外皮颜色与原石所处位置有关，红蜡皮石产于接近地表的红色砾岩层，外表深黑至暗绿的黑蜡皮石产于黑色砾岩层。

三、按玉质外露程度（赌性）分类

（一）明货

明货是指原料已切开，玉质外露，颜色、质地、水头等一目了然（图10-20）。明货可以是新坑无皮石，也可以是切开的翡翠次生矿石。购买明货翡翠风险相对较小。

图 10-20　明料

（二）暗货

又称赌货，是指有一层外皮而看不到内部玉质情况的翡翠原石。暗货外皮通常开"天窗"（水口），只能看到很小部分的玉质（图10-21）。如果暗货外皮未开"天窗"，则称"全赌料"或"蒙头料"（图10-22）。购买暗货翡翠原石风险很大，购买"全赌料"风险更大。

图 10-21　暗货

图 10-22　暗货（全堵料）

（三）半明半暗货

半明半暗货是指带皮的翡翠原石切开一半或一面，能够观察到原石部分玉质（图10-23）。购买半明半暗货有一定的风险。

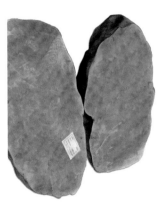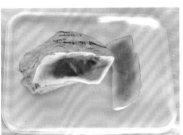

图 10-23　半明半暗货

四、按质量档次分类

按原石的绿色纯正程度、分布特征、水头及质地等对翡翠原料进行质量高低的评价，适用于翡翠原石明货或半明半暗货的交易。

（一）低档料

也称"砖头料"，是指颜色、质地、净度较差的翡翠原料（图10-24、图10-25）。一般用来加工各种摆件、低档手镯、低档挂件等。低档料体积变化很大，最小的几千克，一般的几十到几百千克，有的甚至可达几吨、几十吨。

图 10-24　低档料

图 10-25　缅甸公盘低档料货场

（二）中档料

又称"花件料"，是指具有一定的颜色，或色浅但水头较好的翡翠原料（图10-26、图10-27）。一般用来制作手镯、挂件、摆件等，有时也能取出色绿种好的制作翡翠戒面。

图 10-26　中档料

图 10-27　缅甸公盘货场中档料

（三）高档料

又称"色料"，颜色纯正，有一定的饱和度，透明度较高，质地较细腻，适用于制作高档翡翠首饰（图10-28）。评价高档料以颜色为先，还要考虑其透明度、质地、净度、重量、可利用率等多方面的因素。

图10-28　高档料

2010 年 11 月，缅甸内比都翡翠公盘"标王"为难得一见的翡翠高档料（图 10-29）。重量为 6 千克，底价为 58 万欧元，成交价为 19899999 欧元（折合当时人民币 1.9 亿元），平均每千克约 3300 万元人民币。

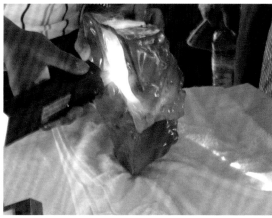

图 10-29　缅甸内比都翡翠公盘"标王"

第十章　翡翠原石及其特征

237

第二节

翡翠赌石的皮壳特征

一、翡翠原石的皮壳特征

目前，市场上销售的翡翠原石多为采自河床的翡翠砾石，也称"子料"。由于子料有一层皮，内部玉质的优劣很难判断，因此业内称之为赌石。对赌石的估价难度最大、风险最高、涉及面最广，有"神仙难断寸玉"之说，一般人不敢轻易进行赌石交易，所以，从业者必须具有系统的翡翠知识和长期购买和销售翡翠的实践经验。

翡翠赌石的皮壳是原生翡翠经过风化、剥蚀、搬运和沉积等作用形成的风化壳，其特征与原石内部的质量紧密相关，成为赌石可赌性的重要依据。根据皮壳的颜色、致密程度、凸凹程度可大致推断翡翠赌石的内部颜色、透明度、净度、结构细腻程度等。若皮质致密细腻，通常表明其内部颗粒较细、透明度高、杂质少；若皮质松软粗糙、皮壳厚，表明其内部颗粒较粗、透明度低，通常会有棉绺、石花等；若皮壳表面有松花、蟒、癣，表明其内部可能有绿。总之，只有综合考虑翡翠皮壳的各方面特征，才能判断和估计内部的实际状况。

翡翠皮壳的标志性特征主要有雾、癣、蟒和松花。

（一）翡翠中的雾

翡翠中的雾是指存在于外层风化壳与内部翡翠之间的一层雾状不透明的物质，是外皮与内部玉质之间半氧化或轻微风化的过渡部分。雾与内部玉料的界限比较分明，两者的矿物组成和物理性质大同小异，不同的是，雾中的矿物经过风化作用，部分离子被氧化或交代形成了次生矿物，因此产生了次生色。

雾的存在能反映翡翠原石内部玉质的杂质含量、透明度高低、干净程度等信息。常见的雾呈白、黄、红、黑等颜色，不同颜色的雾具有不同的指示作用。由于雾保留了原岩的风化信息，因此根据雾和外皮对原石内部玉质进行预测，结果相对可靠。而外皮的颜色因为浸染了周围环境的颜色，所以一定要首先了解产地，方可进行具体分析。

1. 白雾

白雾可能是由于风化作用使矿物颗粒之间松散而产生间隙所致，或含有风化作用形成的白色黏土矿物（图 10-30）。白雾显示内部可能为较纯的硬玉，即玉石含铁量低、杂质少、质地干净、透明度较高。若白雾之下有绿，有可能为非常纯净的翠绿。白雾的存在也说明翡翠的种质较好。所以在市场上，赌白雾的买家较多。

图 10-30　翡翠中的白雾

2. 黄雾

黄雾表明翡翠内部含有的铁元素氧化成铁的氢氧化物，侵染呈黄色，但硬玉还没有完全风化成其他矿物（图 10-31）。若黄雾呈纯净的淡黄色，则表明杂质较少，可出现高翠（质量较好的翡翠），有时也可能因铁离子存在而呈偏蓝的绿色。若黄雾色彩变化很大，有的地方有黑色、褐色的斑块，则预示玉料内部玉质有变化，且质地不同。

图 10-31　翡翠中的黄雾

3. 红雾

红雾反映出翡翠内部所含铁元素已经氧化，侵染呈红色。红雾的翡翠种质相对较嫩，结构疏松，浸入的矿物质相对较多。纯净鲜艳的红雾较好，雾色偏暗且有杂质者为差。红雾表明翡翠种质很嫩，几乎不会出现玻璃种，出现冰种、冰糯种的机会也不多（图 10-32）。

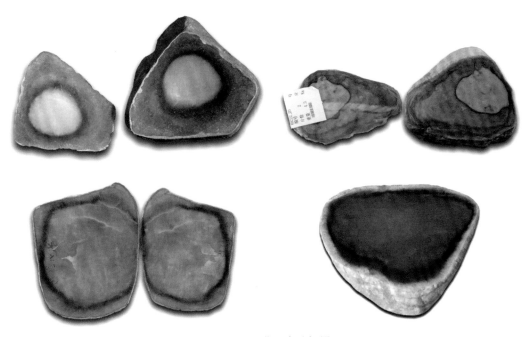

图 10-32　翡翠中的红雾

4. 黑雾

黑雾是由翡翠中的铁、锰等杂质元素氧化所致，主要出现在外表皮壳呈黑灰色的玉料中（图 10-33）。黑雾表明翡翠内部杂质多、透明度低。个别黑雾也表明内部可能出现高翠，但有时水头较差。

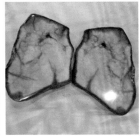

图 10-33　翡翠中的黑雾

（二）翡翠中的癣

癣是指翡翠原石皮壳出现的大小不同、形状各异的黑色、深绿色或灰色斑块或条带。它是绿色硬玉被交代所形成的。

一般而言，癣的矿物组成主要为角闪石族矿物（以碱性角闪石，如蓝闪石为主），可伴生有钠铬辉石、铬铁矿等矿物。若癣的矿物组成主要为角闪石族矿物，则颜色较深，表面光泽暗淡；如矿物组成主要为铬铁矿或钠铬辉石，则肉眼观察呈黑色，显微镜下呈鲜艳的绿色，且光泽较强。

若矿物组成以碱性角闪石为主的癣过度交代绿色硬玉，对翡翠中的绿色起到破坏作用，交代的越彻底，绿色存在的可能性越小，俗称"黑吃绿"（图10-34）。所以，黑色的癣是绿色存在的标志，两者有十分紧密的关系——有绿不一定有黑，但有黑通常有绿（图10-35）。

图 10-34　翡翠中的黑癣（黑吃绿）

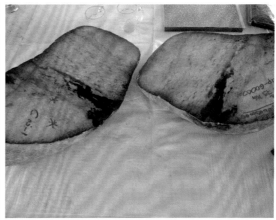

图 10-35　翡翠中的黑癣与绿色伴生

如矿物组成以铬铁矿或钠铬辉石为主的癣过度交代绿色硬玉，则其矿物组成中的铬元素又为绿色翡翠的形成提供了条件，生成的先后顺序为先有黑后有绿。在这种情况下，癣是绿色存在的良好指示，俗称"绿随黑走"（图 10-36）。

铬铁矿在阳光和反射光下呈金属光泽，边缘通常有浓艳绿色的 Cr 含量高的钠铬辉石。钠铬辉石中的铬来源于铬铁矿，从边缘至中心交代铬铁矿，既可部分交代，也可完全交代。这是铬铁矿的假象，即保留铬铁矿晶形而实际已成为钠铬辉石，肉眼观察呈黑色，显微镜下呈鲜艳绿色。钠铬辉石外围又可能被后期生成的角闪石交代，形成绿色的含铬角闪石。

图 10-36　翡翠中的黑癣（绿随黑走）

翡翠原石中，癣与绿相互制约、相互依存。根据癣的形态和大小，可大致推断绿色的有无和多少。其形态大致有块状、脉状、点状等。

1. 块状癣

块状癣是由于流体交代硬玉强度较大而形成角闪石的结果（图 10-37）。块状癣面积较大，一般发生在成分、结构较均匀的翡翠中，交代过程呈面状推进，使得绿色有可能完整、均匀地保留下来。块状癣显示，赌料内部出现绿色的可能性较大，为赌性最好的一种癣。业内所说的"睡癣""软癣"和"膏药癣"均为典型块状癣。

图 10-37　翡翠中的块状癣

2. 脉状癣

脉状癣是指流体沿玉石的裂隙充填交代形成的长条形角闪石集合体（图 10-38），例如"直癣""猪鬃癣"等。脉状癣与绿的成因没有密切的联系，不能作为判别赌石内绿色存在与否的依据。

图 10-38 翡翠中的脉状癣

3. 点状癣

点状癣为分布不规则的黑点（图 10-39），俗称"癫点""苍蝇屎"等。点状癣在绿色中分布较为分散，选料时很难避开，可赌性较差。

图 10-39 翡翠中的点状癣

（三）翡翠中的蟒

蟒是指翡翠原石风化壳表面呈凸起或下凹的条带，是判断赌石内有无颜色及颜色分布状态的依据之一（图 10-40）。

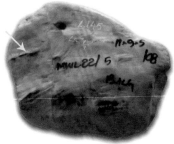

图 10-40　翡翠原石表面出现的绿色蟒带

　　翡翠中的蟒是经成岩期后改造形成的。经过成岩成矿作用，硬玉岩发生破裂、变形，含致色离子的流体沿裂隙渗入，交代结晶作用形成绿色条带。凸起蟒带的玉质比周围玉质更细腻、水头更好；而下凹蟒带的玉质则相反，比周围玉质粗糙或伴有裂隙。这是由于细粒致密结构比粗粒疏松结构抗风化能力强。因此，蟒带的形态、走向是判断翡翠颜色、质地的重要标志。

　　如蟒带呈白、黑、橙红、灰等其他颜色，则不一定是绿色的标志，黑色的蟒带是角闪石脉的表现，不指示绿色。若在蟒带上发现松花，则具有较强的赌性。

（四）翡翠中的松花

　　翡翠中的松花，指翡翠表皮隐约可见的形似干苔藓的色块、斑块以及条带状物（图10-41），是翡翠原料的绿色部分经过风化逐渐褪色的痕迹，是翡翠皮壳上绿色的表现，也是翡翠内部或浅层绿色在皮壳表面的表现。

　　由于致色离子的种类、含量和空间分布在一定的成矿时间和空间上是相对稳定的，因而根据松花颜色的浓度、数量和形态的变化，可以推断翡翠内部颜色的浓淡、数量和

图 10-41　翡翠中的松花

形态的变化，并进一步推断翡翠内部颜色的变化和分布。

　　如果皮壳没有松花，内部可能很少会有颜色；皮壳多处有松花，内部可有颜色或仅仅表层有颜色。一般而言，松花越绿、越密、越集中越好。松花呈块状最好，呈脉状次之，呈浸染状最差。此外，松花是否渗入翡翠内部及渗入的深浅，也是推断内部翡翠颜色好坏的标志。

　　以上是根据翡翠外皮特征来判别内部玉质状况的依据，另外还要考虑翡翠皮壳的颜色和类型与各场口的地质、地理环境等因素的关系，例如风化层的土壤成分和颜色、地下水位、气候、pH 值及氧化还原条件等。因此，不同场口的翡翠赌石具有一定的特殊性，经验丰富的翡翠商往往首先通过场口来断定原石的可赌性，甚至有"不懂场口别买赌石"的说法。

第十章　翡翠原石及其特征

第三节

翡翠原石的绺裂

翡翠原石的绺裂是指存在于翡翠中的裂纹或裂隙（图 10-42）。翡翠原石的外部形状与其内部绺裂紧密相关，大部分绺裂可以在原石皮壳显现，原石的下凹部分通常就是绺裂存在的部位，因为翡翠原石经过风化作用，裂隙存在部位的风化速度比周围的快，最终沿裂隙形成凹陷。

图 10-42　翡翠原石的绺裂

绺裂对翡翠质量有很大的影响，也可能给翡翠加工和利用造成困难，所以绺裂是评价质量必须考虑的重要因素之一。俗语说："一绺折半价""宁赌色，不赌绺"。评价原石质量，要分析绺裂产生的原因、分布的方向、延伸的深度等，还要特别注意发现隐而不露的绺裂。

绺裂可按其成因、大小、与绿色的关系及表现形式等进一步分类。

一、按绺裂的成因分类

按绺裂的成因分为天然绺裂和人为绺裂。

天然绺裂又分为原生绺裂和次生绺裂。原生绺裂是指地球的地质运动（包括挤压、拉伸、剪切等）作用产生的裂隙。次生绺裂是指因长期暴露于地表，经过风化（主要是温差变化）和剥蚀作用产生的裂隙。

天然绺裂有张裂隙和剪裂隙之分。因拉伸力而产生的裂隙为张裂隙，一般呈开口形，裂隙面粗糙不平，裂隙内通常充填铁氧化物、水垢、污泥等（图10-43）。因剪切力而产生的裂隙为剪裂隙，一般呈闭合形或半开口形，裂隙面平直（图10-44）。无论张裂隙还是剪裂隙，对翡翠质量的影响都很大。

人为绺裂是指开采、搬运、加工过程中受撞击产生的裂隙。

图 10-43　翡翠原石的张裂隙

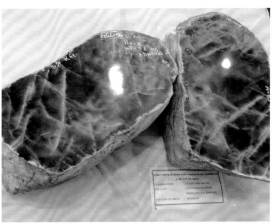

图 10-44　翡翠原石的剪裂隙

二、按绺裂的大小分类

按绺裂的大小分为大型绺裂与小型绺裂。大型绺裂多呈开口形，小型绺裂多呈半开

口形或合口形。大型绺裂有夹皮绺、恶绺、通天绺、大十字绺等，小型绺裂有碎绺、蹦瓷绺、小绺等。

（一）夹皮绺

夹皮绺是指已破开的裂纹内部具有一定厚度的风化层的绺裂（图10-45、图10-46）。

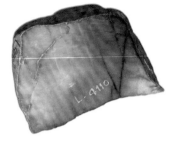

图10-45　翡翠原石的夹皮绺

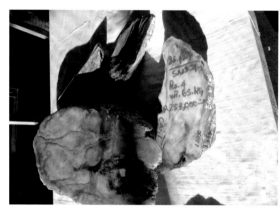

图10-46　翡翠原石的夹皮绺及其黄雾

（二）恶绺

恶绺是指中间夹杂有水垢、泥污之类杂质的绺裂（图10-47）。恶绺通常上下贯通，可以具有颜色，例如黑绺、黄绺等。

图10-47　翡翠原石的恶绺

（三）通天绺

通天绺是指绺裂上下贯通，彻底开裂。绺裂的排列通常比较密集（图10-48）。

图10-48　翡翠原石的通天绺

（四）十字绺

通常是指两个或三个方向呈垂直或近于垂直交叉的绺裂（图10-49）。按绺裂大小的不同分为大十字绺与小十字绺。大十字绺方向清晰，易于识别；小十字绺以内绺形式出现，不易识别。

图10-49　翡翠原石的十字绺

（五）碎绺

碎绺是指半开口的小型裂绺，杂乱成群出现，多呈白色（图10-50）。

图10-50　翡翠原石的碎绺

（六）蹦瓷绺

蹦瓷绺是指半开合口的小型绺裂，形如瓷器边缘受撞击产生的小裂痕，通常呈小层片状（图10-51）。蹦瓷绺深度有限，对翡翠质量有影响。

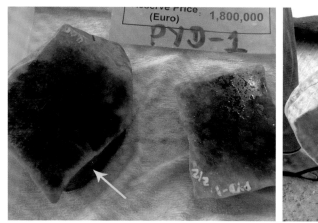

图10-51　翡翠原石的蹦瓷绺

（七）小绺

小绺是指小型合口绺裂，有纹线无颜色，纹线较小（图10-52）。小绺在翡翠绿色部分出现对其品质有较大影响。

结构粗糙的翡翠通常易产生小型绺裂，业内人有"不怕大裂怕小绺"的说法（图10-53）。大型绺裂多为外部发育，一般易受重视。小型绺裂均在翡翠内部出现，难以预

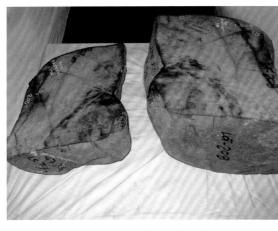

图 10-52　翡翠原石的小绺

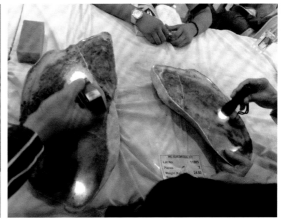

图 10-53　翡翠原石的大裂

料，危害极大。

绺裂的颜色可用来判别绺裂的存在及大小。绺裂呈白色，表明已基本开裂；呈红、黑、黄等颜色，表明绺裂极为严重；色淡或察觉不到颜色的绺裂，则呈轻微合口状。

三、按绺裂与绿色的关系分类

按绺裂与绿色的关系分为截绿裂、错位裂和随绿裂（图 10-54）。

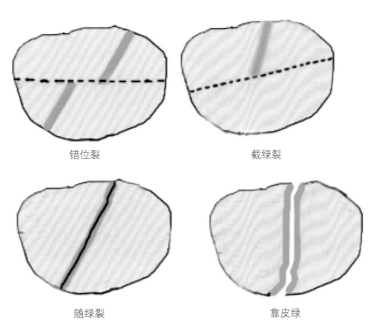

错位裂　　　　　　　　　　截绿裂

随绿裂　　　　　　　　　　靠皮绿

图 10-54　绺裂与绿色关系示意图

（一）截绿裂

截绿裂是指把绿色色带截断的绺裂（图 10-55）。翡翠中绿色通常沿一定方向延伸，截绿裂通常横穿绿色，阻挡了绿色的延伸，会对翡翠品级产生极大影响。

图 10-55　翡翠原石的截绿裂

（二）错位裂

错位裂是指造成翡翠绿色的分布错位和位移的绺裂，但只是使绿色色带错位。错位裂对翡翠中的绿色没有影响，所以对翡翠本身颜色影响不大，但对设计加工有较大影响（图 10-56）。

图 10-56　翡翠原石的错位裂

（三）随绿裂

随绿裂是指与绿色延伸方向平行的裂隙（图 10-57）。由于绿色部位为构造薄弱面，因此比其他部位易于开裂。"绺随绿走"，对绿的危害很大，通常形成"靠皮绿"，也称"串皮绿""膏药绿"，给人一种满绿的感觉，实际上绿色只在表皮薄薄一层。俗语说："宁买一条线，不买一大片。"一条线即为脉状绿（俗称绿带子），一大片是指靠皮绿。

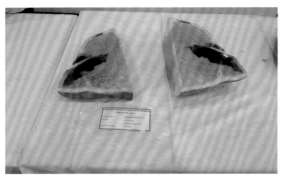

图 10-57 翡翠原石的随绿裂

四、按绺裂的形式分类

按绺裂的形式分为直线式、曲线式、雁行式和分散式。

（一）直线式

绺裂呈直线状，最常见，要注意其深度对翡翠质量的影响（图 10-58）。

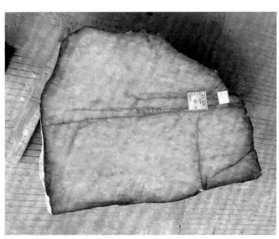

图 10-58 翡翠原石的直线式绺裂

（二）曲线式

绺裂呈曲线状，弯曲部位通常有分岔，要注意分岔对翡翠质量的影响（图 10-59）。

（三）雁行式

绺裂呈衔接状或斜裂状，由剪切作用导致，较为常见（图 10-60）。

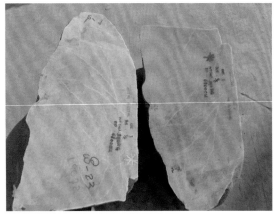

图 10-59　翡翠原石的曲线式绺裂

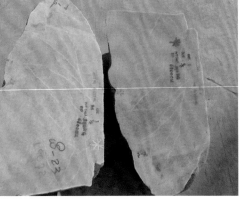

图 10-60　翡翠原石的雁行式绺裂

（四）分散式

俗称"鸡爪裂"，表现为一条绺裂分散为几条（图 10-61）。一般而言，集中的绺裂为较大的绺裂，分散的绺裂则逐渐减小，直至消失。鸡爪裂对翡翠质量影响较大。

图 10-61　翡翠原石的分散式绺裂

第十一章

Chapter 11

翡翠的加工及工艺

第一节

翡翠加工工艺概况

中国有句古话："玉不琢，不成器。"玉石只有经过玉雕艺人鬼斧神工般的琢磨，才能最大限度地体现其艺术价值和商业价值。我国玉器加工历史悠久，在加工工艺和对文化内涵的表现等方面积累了丰富的经验。

我国是世界上最早从事玉器加工活动的国家。距今约1万多年的旧石器时代，人们就开始对玉石进行琢磨。经过漫长的探索和发展，玉石加工已成为一门非常独特的技艺。明代《天工开物》完整地记载了当时的制玉技术，其原理和工艺与现代加工工艺差异不大，受当时条件的限制，只能采用原始的人力加工机器。

翡翠进入中国后，其丰富的色彩及多样的品种给中国的玉雕注入了新的活力。翡翠加工业的发祥地在云南腾冲，始于明代中期，兴于清代，至今已有400多年的历史。现如今，广东省的揭阳、广州、平洲、四会和云南省的腾冲、瑞丽等地的玉雕业蓬勃发展，具有很大的规模。

中国翡翠雕刻艺术及技法堪称世界一绝。中国艺术大师们把对自然的领悟、文化的传承、故事的叙述、宗教的信仰、民俗的继承等以一定的艺术形式融入翡翠雕刻作品之中。大到数十米高的巨作，小到颈项吊坠，皆表现了艺术大师丰富的想象力和创造力，将玉石的自然美与雕刻创作的艺术美完美地结合在一起。无论是人物、花鸟还是风景，都给人以惟妙惟肖、巧夺天工之感，蕴含着深厚的祥瑞之意，映射出中华民族博大精深的文化内涵。

翡翠加工工艺和设备

由于翡翠硬度较高，仅用一把钢刀是不能完成其加工的，需要经过多道加工工艺步骤并借助专用的玉石加工设备才能完成。

早期的琢磨设备较为简陋，以人工为主。考古资料记载，石器时代的制玉工具为石铊；到了青铜器时代，历经夏、商、西周时期的逐步发展，青铜琢玉工具使玉器加工发生了质的飞跃，从此迎来了玉器加工的金属时期；春秋战国时期称为"铁器时代"，青铜琢玉工具逐渐为铁制工具所取代；现代翡翠加工沿用传统的玉器加工工艺，并随着科学技术的进步，以电动机械为主，现代化的加工工艺快速发展，大大提高了工作效率。

翡翠加工制作的主要设备可分为切割设备、琢玉设备、抛光设备、打孔设备四种，包括开石机、琢玉机、抛光机、打孔机等。

一、切割设备

常用的切割设备为开石机（图 11-1），主要组成部件包括主动轴承、冷却装置、支

图 11-1　大型开石机（左）及小型开石机（右）

撑、进料装置、防溅罩、电动机、皮带。开石机可以很大，用来切割大块整料的开石机的刀片直径可达1米。

对于小块的翡翠原石，用一般的开石机即可胜任。开石机主要用于切割原石玉料，也可用于预成形，即将毛料修整为初始造型（毛坯）。现代开石机代替了旧时的拉丝弓，开石不再需要人工拉锯。

二、琢玉（雕玉）设备

在翡翠加工和制作中，琢玉机是十分关键的设备，琢玉机及各种配件可以完成翡翠加工的大部分工艺步骤。

琢玉机（雕刻机）主要由机身、传动和主轴组成，由电动机带动，速度可调，配件固定安装在主轴上，操作非常简便。此外，还有照明、吊秤、供水、砂圈、挡板等辅助设备。

蛇皮钻（吊机）是另一类型的琢玉机器（图11-2），主要由电钻、软轴和工具头三部分组成。这种设备可以手提，工具头可从任意方向雕琢翡翠的各个部位。由于机器轻便灵活，操作方便，现被广泛使用。

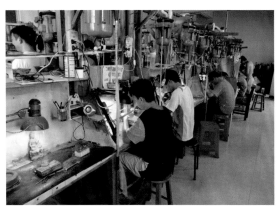 

图11-2　用蛇皮钻（吊机）琢玉

常用的配件（图11-3）：铡铊——造型出坯；錾铊——錾去多余部分；碗铊——旋碗；冲铊——冲磨大的平面；磨铊——磨出大样，如手、头部等；轧铊——细化造型；匀铊——匀出更细的纹饰；钉铊——用于切割、辗轧、顶撞、掏掖。

图11-3　各种类型的"铊"

三、抛光设备

除部分圆珠或小件素身制品用水筛机或流通机抛光外，大多数翡翠制品还需使用抛光机进行抛光（图11-4）。辅助材料为抛光粉，主要采用金刚石微粉。对于翡翠成品的精细之处，仍然采用传统的抛光条进行手工抛光。

根据翡翠原料的不同选择不同的工具配件进行抛光。翡翠抛光后，还需用超声波清洗机和烘箱分别进行清洗和烘干。

图 11-4　抛光机

四、打孔设备

打孔机主要用于玉器挂件、珠子的打孔。现如今广泛使用的是机械打孔机（图11-5）和超声波打孔机，最新式的超声波打孔机工作效率更高，而且可以打异形孔。

五、手镯切形设备

手镯坯料的切形常用套料机［图11-6（左）］，其效率高，误差小，不仅可以套出常见的圆镯坯形，还可以套出如贵妃镯的椭圆镯坯形。其原理是用空心套筒将已经切片的翡翠半成品进行切割，套取出环状（椭圆环状）的坯形，以便后期倒角和修形。除了手镯，套料机还可以制作戒指、平安扣等其他环状形制的坯料。

图 11-5　打孔机

图 11-6　手镯套料机（右）与不同尺寸的套筒（左）

第三节

翡翠的加工步骤

翡翠加工工艺遵循"减法原则"，即按设计要求将原石通过琢、磨、抛等工艺，去除不需要的部分，从而准确地得到设计所要求的形状和效果。玉料一旦经加工就无法还原了，因此，需要加工者具有丰富的实践经验，并在加工前仔细研究，做出缜密的设计。翡翠加工工艺有选料、设计画样、切形、琢磨、抛光、清洗、过蜡七个步骤。

一、选料

选料考究，因材施艺，按料取材。为完美地展示每件翡翠作品独特的气韵，翡翠原料需要根据其原石的形状、大小（重量）、颜色分布等做出精妙的设计，使翡翠的颜色、质地、光泽等得到充分的展现。

选料分为审料、开石、切片三个步骤。

（一）审料

审料也叫问料，加工前需要将原石表面用水打湿，透射光下仔细观察，对原料进行全面分析，尤其是要把握翡翠的颜色、纹路、裂纹等的分布规律，确定出切片方向，大致确定作品的题材，做出初步设计（图 11-7）。

1. 看皮壳

分析原石皮壳类型，试探性擦出小窗口，观察有无雾层及其厚薄和颜色。

2. 看颜色

仔细观察颜色的色调、浓淡、位置、走向、形态以及分布面积，在此基础上考虑是否可以运用"俏雕"手法。"俏雕"运用巧妙得当具有画龙点睛的作用；若运用不当，反而会弄巧成拙，影响整体效果。

3. 看纹路

观察翡翠纹路（即晶体排列方向）、颜色与纹路的关系，注意颜色是逆纹而生，还是顺纹而生。

4. 看杂质

杂质包括裂纹和脏点。无裂纹者可加工成为素身制品，首先考虑能否做手镯，再考虑能否做平安扣、马鞍戒、蛋面等。若有裂纹，则要看清裂纹的分布、走向、大小以及与颜色的关系，以避开裂纹为原则，最终确定原石的用途。

有的脏点带有颜色，也可以利用，但若影响整体效果，需要考虑去除。

除了颜色、纹路、裂纹以外，还要考虑原石的形状和块度，以达到物尽其美、物尽其用的目的。

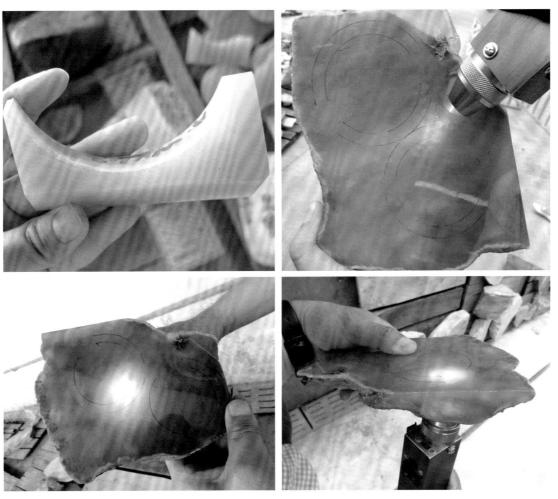

图 11-7　审料

第十一章　翡翠的加工及工艺

261

（二）开石

经过对原石进行全面分析，可以开石了。下刀时手法要稳，力度要匀。如有裂纹，应沿主裂纹的方向切开（图11-8）。

图 11-8　开石

（三）切片

开料后，为了制作手镯、挂件、戒面等体积不大的制品还需对翡翠原料进行切片（图11-9）。切片之前，需对玉料的颜色、水头及裂纹的分布进一步考量。切片时要注意不破坏翡翠的完整的颜色，切片的厚度主要由以下两个方面确定。

1. 水头长短

透明度高的原料更适合设计制作厚度大的成品，如蛋面、手镯等；而透明度低的原料可考虑制作厚度较薄的成品，如平安扣、马鞍戒等，使作品在视觉上具有通透感。

2. 原料利用率

尽可能保留原料，以便制作大体积的成品。成品越大，越难得，价值也越高。首先考虑能否制作手镯，余料再制作小饰品；体积小、质地好的原料可制作戒面，裂隙多的原料一般只考虑制作花件或雕件。

图 11-9　切片

二、设计画样

　　根据原料的质量（颜色、水头、质地、裂纹、瑕疵等）和形状特点，来设计题材和琢形（图11-10、图11-11）。这是翡翠加工工艺十分关键的一个步骤，直接决定了翡翠成品的市场价值。设计画样要注意：量料取材，因材施艺。根据原料的形状、种质粗细、

设计师参照设计图准备画样

设计师在翡翠原料上画样

设计师在翡翠块料上画出成品轮廓

设计师设计画样完毕

图 11-10　设计挂件画样

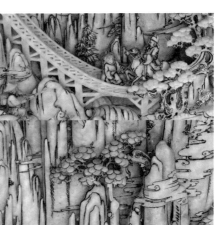

图 11-11　设计摆件画样

第十一章　翡翠的加工及工艺

263

水头长短等方面来考虑作品的造型，必要时要准确分析原料颜色深浅分布及形状（图11-12），也要合理运用"俏雕"手法来突出原料不同的特点，从而使翡翠颜色与造型达到浑然天成的艺术效果（图11-13）。

图 11-12 根据原料颜色分布设计手镯的最佳位置

图 11-13 种色俱佳的翡翠手镯

对于质量高的翡翠原料，要将其完美的品质表现出来，并突出其水头，因此设计雕刻应简单，稍加修饰即可，尽量设计为素面。对于杂质较多的原料，应通过图案的设计达到"避裂、去脏、去瘤、盖棉、用色"的效果，并充分利用及展现翡翠中的俏色。

例如，设计制作一件弥勒佛作品，绿色在腹部比在头部效果好，能显得厚实稳重，而浅色或无色的脸部则显得弥勒佛明亮、端庄（图11-14）。颜色较深的原料适合加工成较薄的成品，使其颜色显得更加鲜艳，还可增加其透明感；色浅者则要加工得厚一点，使其颜色显得更浓重。

图 11-14 腹部为绿色的翡翠弥勒佛挂件

紧跟市场。翡翠成品最终要在市场上销售，设计的作品题材应当充分考虑当前市场的需求。例如，观音、弥勒佛、叶子等一些具有传统寓意的图案，表达人们祈求平安富贵、健康长寿、事业有成的美好愿望，所以此类题材的翡翠成品较为畅销；而十二生肖题材的翡翠作品在相应的属相年会更受关注。

当今的信息化时代，人们更加追求快速的信息交流、吸收和表达，正可谓"百花齐放、百家争鸣"。因此，为了满足人们这一需求，翡翠作品题材应该更加广泛多样，与时俱进。

三、切形

用铊切出所画翡翠玉件的轮廓，切形应保留翡翠加工后最大的体积（图11-15）。

对手镯制坯，用套料机在手镯设计位置的片料上切出手镯坯形。首先，用内环套钻将翡翠片料上的手镯设计位置与内环套对准，用带橡胶垫的压板将片料夹住，调节套料机转速，启动电源，在片料上轻轻下压套钻约1毫米，再正常钻进，通常不钻通而是留下约1毫米的厚度，以免钻通片料因压力突然释放而造成片料破裂；然后，换上外环套钻，同样按内环套钻的操作步骤，在将要钻通时减小套钻的压力，最终使手镯圆环安全地套取下来；最后，再用钩铊把未钻通的圆内环线钩通，手镯坯形就成功地制成了（图11-16）。

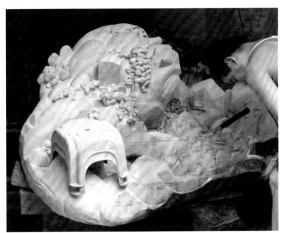

图11-15　切形后的山子（左）和观音（右）

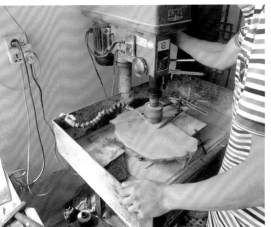

图11-16　用套料机套取翡翠手镯的过程

续图 11-16　用套料机套取翡翠手镯的过程

四、琢磨

对初胚进行雕琢和勾线，去除造型的多余部分，以充分表现玉器的形态。雕刻过程中，线条要流畅，造型要优美，具有整体感。琢磨分为琢、磨、细化三个步骤。

（1）琢　把造型中的余料切除，其手法有铡、摽、抠、划等。铡，即切，直线切入；摽，即将棱角切去；抠，即挖取；划，即反复铡和抠。

（2）磨　采用研磨的方法去除多余的原料。当不能用切割的方法切出造型时，可使用冲铊和磨铊等工具，将造型的多余部分研磨掉。磨，主要有冲和轧两种方法：冲，即大面积冲磨，用直径 3~4 厘米的小圆铊（或金刚石轮），将高低不平的部分冲磨成初坯；轧，即指推进的碾轧，常用轧铊开脸、开眉，轧出嘴、鼻、耳等。

（3）细化　基本造型完成后，为使细部清晰，还要进行勾、撤、披、顶撞等工艺步骤。勾，即勾线；撤，即顺勾线去除小余料；披，即勾辙后的底部清理；顶撞，即使底纹平整。此外，还有叠挖、翻卷等工艺步骤，可以把头发、衣角等细节刻画得飘逸传神，栩栩如生（图 11-17）。

打孔、镂空、活环链等工艺一般与琢磨同时完成。打孔必须在玉件两边找准并画定位置，以免打斜；钻孔有针钻、管钻、大石蕊钻三种，适用于不同大小的翡翠成品。

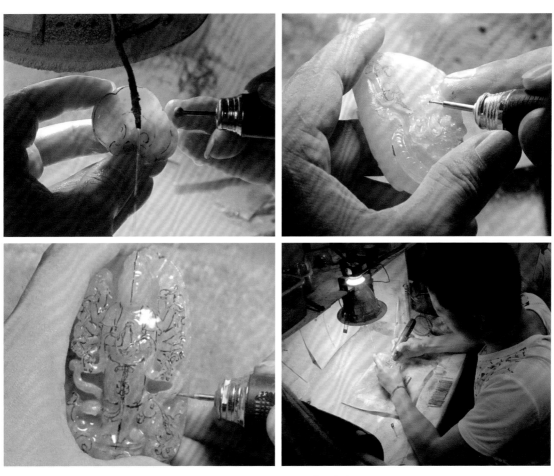

图 11-17　雕刻师对造型进行细化

五、抛光（出水）

　　翡翠的抛光至关重要，关系到翡翠成品的美观，所以要求相当精细。抛光不改变翡翠原有的纹饰和造型，仅使翡翠表面平整光亮，尤其是一些细部纹饰需要更加仔细地抛光（图 11-18、图 11-19）。翡翠抛光一般有手工、机械两种方式。

　　抛光有四个工艺步骤：抿、快、钝、亮。抿，即用细金刚砂把翡翠作品表面的丝毛磨去。快与钝，都

图 11-18　抛光翡翠原石

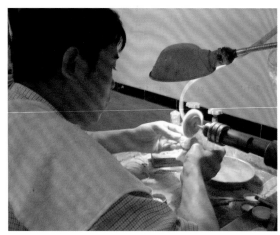

图 11-19　抛光翡翠成品

是用更细的金刚砂进一步打磨。亮，即把抛光粉粘在旋转的抛光工具上摩擦玉器表面，使之光滑明亮。

另外，目前有些翡翠成品采用磨砂和抛光并用的手法，以具有不同的质感、对比鲜明，体现作品新颖独特的设计。

六、清洗

清洗的目的是将翡翠加工过程中所沾染的污渍去除，而不破坏翡翠本身的内部结构。常用方法有过酸梅（酸洗）、过灰水（碱洗），一般先酸洗后碱洗，但也有相反的。

（一）过酸梅（酸洗）

酸梅为有机弱酸。过酸梅的目的是洗去加工过程中表面残留的污渍，例如金属的擦痕等。

（二）过灰水（碱洗）

灰为碱性物质，首先用水将稻草灰调匀，然后将翡翠成品浸没其中数小时，去除加工过程中的油渍。现在人们也有的用热肥皂水洗涤，可取得同样的效果。

此外，还有水洗、冷洗、热洗、酶煮洗、超声波洗等清洗方法（图11-20）。

图 11-20　超声波清洗

七、过蜡、擦蜡

过蜡、擦蜡的目的是消除翡翠表面的微观不平整，提高其光亮度。翡翠为多晶质集合体，各微小晶体具异向性、呈柱状，不同方向抗磨能力不同，抛光后不可能完全平整光滑。

常用的过蜡工艺有炖蜡和喷蜡两种。炖蜡，即将白色川蜡熔于锅中，再将翡翠成品浸入其中（图 11-21）。喷蜡，即将翡翠成品置于烘炉加热至 80℃左右，然后将蜡粉喷或涂于翡翠成品的表面。

最后，再进行擦蜡，用毛巾或竹签将表面的蜡擦去，使翡翠表面十分光滑。

炖蜡

喷蜡

图 11-21　翡翠的过蜡工艺

第四节

翡翠加工的主要雕刻技法

翡翠雕刻制品是指经过雕琢的翡翠饰品或摆件等。根据雕刻工艺的不同，有浮雕、圆雕、透雕三种基本类型。

一、浮雕

浮雕又称凸雕，是在平面或弧面上雕琢出凸起纹饰或图案，并保留背景图案的雕刻工艺（图 11-22）。浮雕有浅浮雕和高浮雕两种。

图 11-22　翡翠浮雕成品

二、圆雕

圆雕也称整雕、立体雕，是不依附于背景的一种整体雕刻工艺，可从不同的角度看到雕刻对象的各个侧面（图 11-23）。

图 11-23　翡翠圆雕成品

三、透雕

透雕又称镂空雕，是在浮雕的基础上，保留凸出的物像，将背景图案局部或全部镂空的雕刻工艺（图 11-24）。透雕背面多以插屏的形式来表现，有单面透雕和双面透雕之分。单面透雕只雕刻正面，双面透雕则将正、背两面的物像都雕刻出来。另外，还有多层透雕。

图 11-24　翡翠透雕摆件

翡翠雕刻制品的制作过程中很多传统而精湛的工艺技法被应用，例如阴刻阳刻、出廓雕、金镶玉技术、活环链技术（图 11-25）、套料制作技术、减低突雕（撞地浮雕）、双勾线轧法（也称双勾线法或拟阳线）、勾撤雕（也称一面坡）、游丝雕、薄胎、两面造等。

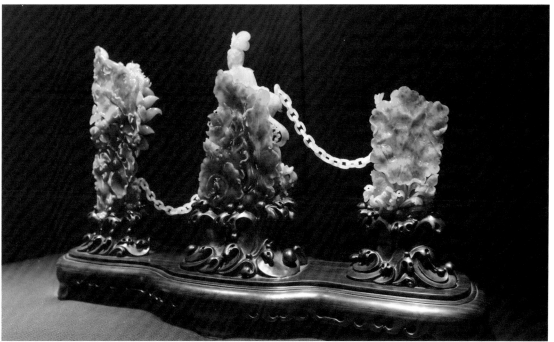

图 11-25　活环链手法雕刻而成的翡翠套件

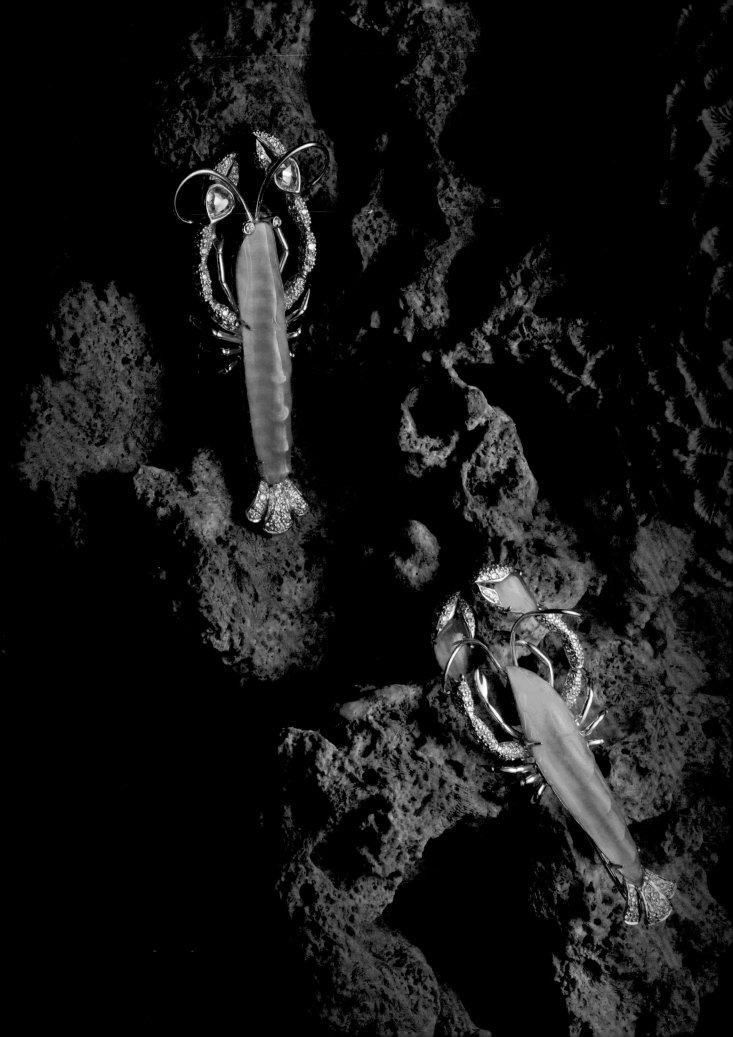

第十二章
Chapter 12
翡翠成品的主要类型

　　我国现代首饰设计理念及工艺不断提高，除保留经典的传统款式以外，还非常注重翡翠饰品的国际化，将西方设计理念运用于东方美石的造型设计中，使翡翠饰品更具时尚感，翡翠市场的潜力愈发凸显。常见的翡翠成品的主要类型有手镯、手链、手串、戒指、扳指、项饰、胸饰、腰饰、耳饰等首饰或套装首饰（图12-1），以及摆件、器皿、把玩件、文房用品、写实制品等其他成品。

图 12-1　老坑玻璃种翡翠套装首饰

翡翠手镯、手链和手串

一、手镯的文化历史

西周时期，手镯似乎并非作为纯粹的装饰品来使用的。《周礼·地官封人》中记载"以金钏擎鼓"，"钏"是古代军中的一种打击乐器，后来逐渐演变成佩戴在手腕上的装饰品。"钏"即我们今日所说的"手镯"，在古代还有"腕环""腕钏"等名称。

"手镯"一词最早出现在南宋洪迈所著的小说《夷坚志》，书中描写"在日藏小儿手镯一双，妇人金耳环一对"（李敏，2007）。随后，"手镯"一词逐渐取代了"环""钏"等名称，并沿用至今。

古时，人们相信手镯可以保护佩戴者，因而一直被视为一种护身符，许多文人雅士对女子佩戴手镯的姿态情有独钟。三国时期，魏国曹植的《美女篇》就有"攘袖见素手，皓腕约金环"的描写。唐朝白居易在《盐商妇》里写道："绿鬓富去金钗多，皓腕肥来银钏窄。"其中，对女子素手皓腕佩戴手镯的描写足以显示不同时期的女子喜戴手镯的风尚。

云南省腾冲县明崇祯十九年（清顺治三年）墓葬出土了一只翡翠手镯，专家鉴定为天然翡翠，杨伯达推断其"大致可视为万历中之物"。由此可见，翡翠手镯早在明万历年间就已经出现。

现如今，市场上出售的翡翠手镯以素面为主，表面光滑平整，无任何纹饰（图12-2）。但也有雕花手镯，除手镯外侧表面雕刻有花纹外，还有整体呈绳纹（图12-3）、螺旋纹、竹节纹或龙纹（例如二龙戏珠）等式样的雕花镯，这种雕花类型的手镯多由有瑕疵或绺裂的翡翠原料加工而成。此外，还有以翡翠戒面和其他宝石搭配有贵金属镶嵌的手镯。翡翠手镯可使佩戴者显得更加美丽温婉，显示出与众不同的高贵气质。

277

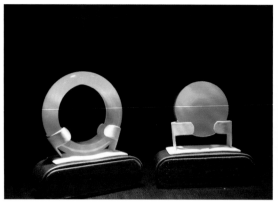

图 12-2　翡翠手镯和镯心

图 12-3　"福禄寿"翡翠手镯（上面的翡翠整体呈绳纹状）

二、翡翠手镯的类型

（一）按形状分类

素面或雕花翡翠手镯大多按其圈口形状分为圆形手镯（圆镯）和椭圆形手镯（贵妃镯），再根据条杆（即圈条横截面）的形状进一步分为正圆形、扁圆形、长方形手镯等。因此，组合起来有：圆形圈口圆形条杆，简称圆圈圆条（图 12-4）；圆形圈口扁圆形条杆，简称圆圈扁条（图 12-5）；圆形圈口方形条杆，简称圆圈方条（图 12-6）；椭圆形圈口圆形条杆，简称椭圆圈圆条（图 12-7）；椭圆形圈口扁圆形条杆，简称椭圆圈扁条（图 12-8）；椭圆圈口方形条杆，简称椭圆圈方条（图 12-9）。

图 12-4　圆圈圆条手镯　　　　　　　图 12-5　圆圈扁条手镯

图 12-6　圆圈方条手镯　　　　　　　图 12-7　椭圆圈圆条手镯

图 12-8　椭圆圈扁条手镯　　　　　　图 12-9　椭圆圈方条手镯

（二）按文化寓意分类

珠宝行业内对玉石手镯经典的款式有其专用俗称及文化寓意，例如福镯、平安镯、平和镯和贵妃镯等。

1. 福镯

圈口和条杆均为正圆形的手镯称为圆圈圆条镯，俗称福镯（图 12-10~图 12-12）。

因其内圆、外圆、环圆而寓意"圆圆满满，福寿安康"。这种手镯款式的历史相对较久，一般年代较久的手镯多为这种类型。

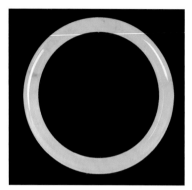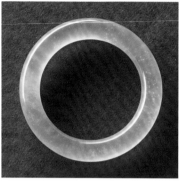

图12-10　各色圆圈圆条翡翠手镯

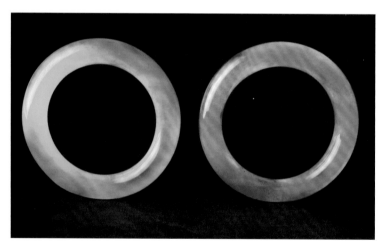

图12-11　经典圆圈圆条老坑种翡翠对镯

图12-12　经典圆圈圆条老坑种翡翠手镯

2. 平安镯

圈口呈正圆形而条杆呈扁圆形的手镯称为圆圈扁条镯，俗称平安镯（图12-13）。手镯圈口内侧平滑，外侧呈凸起的外弧形，形态上称为内平外圆，外圆弧形拱起，形如马鞍，取"鞍"的谐音"安"而称为平安镯。其内侧平滑，佩戴也比圆条镯更为舒适贴手。

图12-13 圆圈扁条手镯

3. 平和镯

圈口呈正圆形而条杆呈长方形的手镯称为圆圈方条镯，俗称平和镯、角镯（图12-14）。平和镯既具有西方简洁的立体风格，又蕴含中华传统文化"天圆地方"的理念，佩戴在手腕上，寓意处事平和、四平八稳、和气生财。

4. 贵妃镯

圈口呈椭圆形而条杆呈正圆形、扁圆形、长方形，俗称贵妃镯（图12-15）。相传古代四大美人之一杨贵妃为彰显自己与众不同，特地让玉石匠人为其制作椭圆形玉镯，并下令天下人不得仿制，因此这种手镯称为"贵妃镯"。由于其圈口呈椭圆形，因此和手腕的扁圆形比较贴合，适合手腕纤细的女性佩戴，可以衬托手腕之圆润。

图12-14 圆圈方条镯

图12-15 椭圆圈圆条镯（贵妃镯）

5. 美人镯

此外，还有一些不太常见却十分别致的手镯，例如"美人镯"。"美人镯"的条杆极细，条杆直径为一般圆圈口手镯的1/2~1/3，条杆呈圆形、扁圆形、方形（图 12-16），这类秀气的手镯十分适合手腕纤细的女性佩戴。"美人镯"的特点在于内圈直径稍大，佩戴时宽宽松松地套在手腕上，更能彰显女性独特的风韵。

6. 镶嵌类手镯

除了传统的直接从翡翠原石上"套"出来的手镯，现在市场上还有一些用贵金属镶嵌翡翠戒面制成的手镯。翡翠与其他宝石搭配镶嵌相得益彰，既有时尚感，又能彰显翡翠的灵气和优雅（图 12-17）。

图 12-16　圆圈圆条黄翡（美人镯）

图 12-17　镶嵌类手镯

三、手链和手串

用贵金属镶嵌的翡翠手链，其款式变化多样、不拘一格（图 12-18）。如果说翡翠手镯具有典雅大气、古朴厚重的风格，那么，款式新颖的翡翠手串显得更加都市化、多元化和个性化，具有别样的风情和视觉效果，备受时尚人士的青睐（图 12-19）。

283

图 12-18　五彩翡翠镶嵌手链

图 12-19　翡翠手串

翡翠戒指和扳指

一、戒指的文化历史

戒指，古时并不是以装饰品的形式出现，最初的叫法也只是因形而称为"环"，后来被称为"戒指"。西汉毛亨的《毛诗诂训传》写道："古者后夫人必有女史彤管之法。史不记过，其罪杀之。后妃羣妾以礼御於君所，女史书其日月，授之以环，以进退之。生子月辰，则以金环退之，当御者以银环进之，著于左手。既御，著于右手。事无大小，记以成法。"意思是后宫妃子有了身孕或其他情况不能接近君王，将金指环戴在手上，以拒绝帝王的"御幸"；若能接受，就将银指环戴在左手，"御幸"后则将银指环戴在右手。因此，古时"环"有"禁戒""戒止"的含义，随后逐渐由"环"演变成"戒"而称"戒指"，意味着戒指一经佩戴，便受到一种至高无上、不得越雷池一步的禁锢和约束。

在古埃及，法老把象征权力的印章做成戒指戴在手上，后来戒指才逐渐演变成为装饰品。虽然两者没有什么共通性，却可以说这是戒指的雏形，也可算是人们佩戴戒指的由来。

古罗马人首先将印章戒指用作订婚戒指，新郎将戒指交给新娘的家人，表示对婚姻的承诺和经济能力的象征。9世纪罗马教皇尼古拉一世说："戒指是结婚的证明"，被认为是关于结婚戒指的最古老的说法。11世纪《罗马结婚戒指的起源》一书提到新郎新娘交换婚戒的习俗。13世纪欧洲各地开始普遍接受结婚赠送或交换婚戒的习俗。

受早期外来戒指文化的影响，在我国戒指也逐渐与婚姻联系在一起。不过，这个从外国传入的佩戴婚戒的习俗并没有在中原得到广泛流传（付小秋，2008）。当

时，除了北方一些少数民族把戒指当作装饰物以外，戒指仍然是王室贵族的专属品。到了魏晋南北朝，由少数民族带来的移民文化对中原文化产生了很大的影响，平民百姓也慢慢习惯于以戒指作为饰物佩戴，且这个习俗一直延续至今。在现代社会中，戒指不仅是爱情婚姻的信物，还是彰显个人魅力的一种时尚饰品。戒指缤纷多样的款式使其已由单纯的信物发展成为一种流行的首饰，在不同的场合佩戴合适的款式尤为重要。

二、翡翠戒指的类型

（一）镶嵌类型翡翠戒指

镶嵌类型戒指是目前市场上最常见的一种，也是样式最多的一种戒指。

素身（即未经过雕刻的）戒面的基本形状有椭圆形、圆形、马眼形、水滴形、心形、方形、月形等（图12-20）。镶嵌类型的翡翠戒指常将素身的翡翠戒面作为主石，配以钻石、红宝石、蓝宝石等配石镶嵌在贵金属上，给人以高贵典雅之感，佩戴有画龙点睛之效（图12-21~图12-24）。

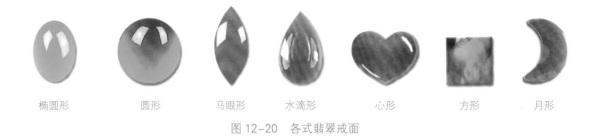

椭圆形　　圆形　　马眼形　　水滴形　　心形　　方形　　月形

图12-20　各式翡翠戒面

长方形　　马眼形　　马鞍形　　貔貅形　　椭圆形

图12-21　各式镶嵌翡翠戒指

图 12-22　翡翠熊猫款戒指

图 12-23　玻璃种翡翠戒指

图 12-24　双戒面起光玻璃种翡翠戒指

（二）素身翡翠戒指

素身翡翠戒指的造型与翡翠手镯类似，多为一块翡翠原料掏出的素圈。为保证佩戴时与手指贴合，此类戒指的横截面基本为半圆形（图 12-25、图 12-26）。有些戒指为了突出绿色部分，还会将其凸雕成类似马鞍形（图 12-27）。

图 12-25　翡翠素身戒指

图 12-26　花青种翡翠素身戒指

图 12-27　马鞍形素身翡翠戒指

三、翡翠扳指

早期的扳指称为"玉韘（shè）"，清代才称为扳指。扳指是古代实用器具，射箭拉弓时戴在射手拉弓大拇指上以保护手指不被弓弦勒伤。考古得知，迄今最古老的扳指出土于商代晚期殷墟妇好墓中的玉韘。

最初，扳指多由皮革、兽骨、犀角等具有实用性的材料制成。随后，在不断的发展中出现了以和田玉、翡翠、珊瑚、水晶等名贵材料制作的扳指，并逐渐演变为纯装饰物，成为财富地位的象征。此外，有些扳指甚至雕有纹饰，例如标志尚武骑射精神的射鹿、蹲虎、猎骑、四骏等图案，也有具有文人雅趣的寒江独钓、泉旁观瀑、崖居等图案；还有些扳指刻有诗文。

清朝年间，上到皇帝下至大臣，佩戴扳指已经成为一种时尚，既有游牧民族不忘马背上得天下的寓意，也能显示出佩戴者的雅趣和鉴赏能力。清乾隆皇帝对扳指尤为喜爱，并留下了不少咏扳指的诗词"环中内外光明莹，一气浑融万里涵。"其后，贵族多以翡翠扳指为上乘之选，颜色浑澄不一，花纹各异，满绿清澈如水者价值连城，非贵胄而不敢轻易佩戴（庾莉萍，2008）。现如今，名贵扳指多作为一种收藏品出现在各大拍卖会上。

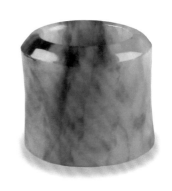

图 12-28　翡翠扳指

上好的翡翠扳指为素身，没有雕琢，其价值由翡翠本身天然的颜色、质地等决定（图 12-28）。

翡翠项饰和腰饰

翡翠项饰品种繁多，目前市场上常见的有珠链、项坠、挂牌，还有根据古代礼器演化而来的素身怀古、平安扣、玉环、路路通等。常见的翡翠腰饰有腰佩等。

项链成为一种首饰经历了漫长的过程。考古发现，在远古时代，人们就已把动物的牙齿做成项链，在生存环境恶劣的年代，有可能被作为展现实力和炫耀捕获的胜利的标志。考古研究结果表明，直到汉代甚少有项链作为佩饰出现的身影，汉代女性不流行佩戴项链大约是因为这一时期服装衣领的式样限制了项链的佩戴，那时的衣领呈交叠"V"字形，厚实宽大的包缝在前胸交错重叠，如果再佩戴项链就会显得更加累赘繁琐。直到隋代贵族李静训墓出土了随葬的项链，从其风格、制作工艺及所用材料可以大致推断出该项链原产于巴基斯坦或阿富汗地区。由此可以推测，项链在中国的流传与异域文化传入中原有着非常直接的联系。

受古代服装领口风格演变的影响，可以推测，从南北朝开始直到宋朝，妇女的服饰多为领襟开敞的设计。随着异域文化的传入，从隋唐到宋朝奢靡之风盛行，首饰从最初的头饰也就自然延伸到了颈项。

一、翡翠珠链和项链

珠链由朝珠演变而来，而朝珠的历史又可以追溯到佛教的念珠，故称"佛珠"。

佛珠是早期盛行于蒙古与西藏密宗喇嘛教徒使用的一种宗教物品。清代每逢皇帝皇后生日或重大典礼，喇嘛进贡佛珠已经成为一种固定的礼俗。清代皇室贵族十分喜爱那些由高僧作法祈福的佛珠。久而久之，佩戴佛珠成了一种风气。后来经过改良，佛珠成了宫廷服饰特有的配饰，称为"朝珠"。皇帝和大臣不同的场合佩戴不同的朝珠，平民百

姓任何时候都不得佩戴。朝珠每串有108颗珠子，所使用的材料与佩戴者的身份等级密切相关。

所有翡翠饰品中，最为难得的当属珠链。一条珠链的每颗珠子的颜色、大小、种水要一致，无杂质（图12-29～图12-31），而翡翠的颜色与结构多变，想要找到颜色和种水完全匹配的翡翠原石很困难，且切磨成珠子会耗费很多玉料，因此制作一串珠链需要大量原石，而一条质量上乘的翡翠珠链更是可遇不可求。有时珠链也可作为配饰与其他饰品进行搭配。近年来，翡翠拍卖市场上，翡翠项链的价格从几百万元到几千万元甚至更高，总是处于翡翠饰品的最高价位。

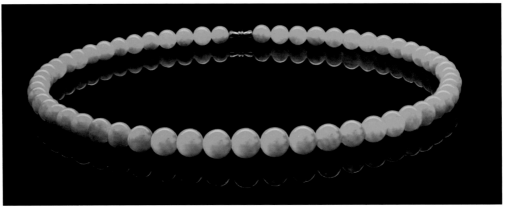

图 12-29　翡翠珠链

图 12-30 翡翠项链和耳坠套件

图 12-31 翡翠项链、手链及戒指套装

二、翡翠项坠、翡翠挂牌

项饰对于衬托脸部及颈部的特征、烘托人的整体气质有着极为重要的作用，是首饰佩戴的点睛之笔。项饰的种类只有镶嵌与未镶嵌两大类，其中镶嵌的翡翠项饰主要与钻石和其他彩色宝石相配，此类翡翠项饰的组合图案变化多样（图 12-32~图 12-35）；未镶嵌的翡翠项饰包括单独的雕刻挂牌（坠）和中国结艺搭配的组合图案挂坠（图 12-36~图 12-42）。

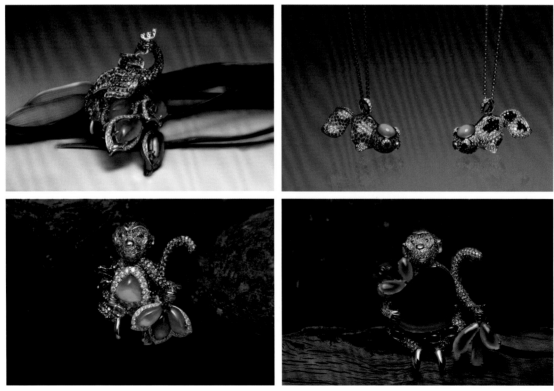

图 12-32　各式镶嵌翡翠的项坠

图 12-33　翡翠树叶项坠

图 12-34　翡翠橄榄形项坠

图 12-35　翡翠项坠

图 12-36　翡翠龙牌

图 12-37　翡翠如意龙挂牌

图 12-38 翡翠"大展宏图"挂牌

图 12-39 翡翠鹰挂牌

图 12-40 翡翠平安无事挂牌

图 12-41 翡翠"般若波罗蜜心经"挂牌

图 12-42 墨翠钟馗挂牌

三、翡翠素身怀古、平安扣和玉环

圆形素身怀古、平安扣和玉环来源于古代玉璧。玉璧是一种扁平状有穿孔的圆形玉器，为"六器"之一，是古代重要的祭器和礼器。《周礼》有"以苍璧礼天"的记载，后逐渐作为配饰流行。

怀古、平安扣和玉环外形轮廓呈圆形，内部中央有圆孔，横截面有平有凸。

按中央圆孔的直径大小可分为怀古型（图12-43）、平安扣型（图12-44）和玉环型（图12-45）。怀古型的中央孔径最小；平安扣型，又称"玉扣"，其中央孔径中等，一般占直径的1/3；玉环型的中央孔径最大。

怀古、平安扣和玉环的外圆象征广阔天地，内圆象征内心平安。平安扣的形状又很像古时的铜钱。据说古铜钱能辟邪保平安，可是戴铜钱不美观，所以玉器中出现了平安扣，既美观寓意又好。

图 12-43　翡翠怀古

图 12-44　翡翠平安扣　　　　　　　　图 12-45　翡翠玉环

四、翡翠路路通

路路通呈椭球体，两端向内收缩（图12-46）。

路路通的造型来源于古代玉管。考古研究结果表明，玉管最早用于装饰始于商代，材质有绿松石、玛瑙等。这些玉管出土时位于颈部、腰部、头部等，按其长度分为长管和短管。长管与其他玉石珠组成项链，饰于颈部；短管被单独放置在口内。

路路通的中心是空的，用细绳穿过孔洞戴于颈上。随着人体的活动而不停地转动，寓意人生畅通无阻、财源滚滚、路路畅通。

图 12-46　翡翠路路通项坠

五、翡翠腰佩

　　"君子无故，玉不去身"，佩玉成为古代人类社会不可缺少的礼俗。古人藏玉，除了把玩之外，还将玉佩于腰间。古人腰间常佩冲牙和玉璜，行走时，相互碰撞，发出铿锵悦耳的声音。如果佩玉之人的行为举止过于夸张激烈，相撞之声则杂乱无章，即以此警戒。君子佩玉的习俗一直延续到今天，虽然配饰的款型已有改变，但佩玉的寓意尚在，一直备受青睐（图 12-47~图 12-49）。

图 12-47　今非昔比翡翠腰佩　　图 12-48　春带彩翡翠如意腰佩　　图 12-49　渔翁得利翡翠腰佩

第四节

翡翠胸针

胸针是一种佩戴在胸襟的装饰品，是人类历史上最古老的装饰品之一。

关于胸针的来历有两个说法：一个说法可以追溯到石器时代，那时古人类告别了衣不蔽体的蛮荒时代，他们用兽骨磨成锋利的针状物来固定身上的兽皮，这应该是胸针的雏形。中世纪时期（476—1453）是胸针向装饰品过渡的重要阶段，纽扣不断得以普及使得胸针不再作为固定衣物的物品，逐渐转化为具有装饰作用的物品，胸针的款式也开始变得更为华丽和精致。另一个说法可以追溯到中世纪时期，那时西方传教士通常胸前佩戴镶有宝石的宗教象征物，用作护身符。这种护身符久而久之就演变成如今的胸针类的装饰品（图 12-50~图 12-57）。

图 12-50　翡翠孔雀胸针

图 12-51　翡翠如意胸针

第十二章　翡翠成品的主要类型

297

图 12-52 翡翠章鱼胸针

图 12-53 翡翠生肖狗胸针

图 12-54 翡翠蜻蜓胸针

图 12-55 翡翠树叶胸针

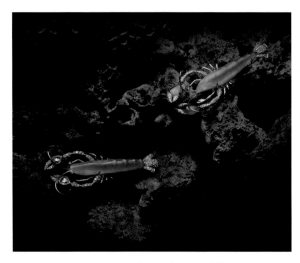

图 12-56 翡翠"虾趣"胸针

图 12-57 翡翠熊猫胸针

第五节

翡翠耳饰

关于耳饰的由来说法不一，有源于北方民族御寒的金属耳套说，也有用于医疗目的（例如治疗眼疾）之说。少数民族佩戴耳饰的历史则更为久远。

西汉刘熙的《释名·释首饰》记载，蛮夷妇女举止轻浮、不甘居守、有伤风化，因此部落首领便立下规矩，令所有女子在耳垂穿孔，悬以耳珠，名曰"耳珰"，行走时耳珰随步履的摆动而叮当作响，以提醒佩戴者注意操守（李芽，2011），不具装饰的用途。明代《留青日札》一书说："女子穿耳，戴以耳环，盖自古有之，乃贱者之事"，亦可见最初的耳饰并非有身份的女子之物。

随着朝代的更替，辽、金、元等北方少数民族入主中原，也把他们的文化融入中原。北方民族普遍喜欢佩戴耳环，甚至男子也流行这种习俗。这也是耳饰沿袭流传的重要原因。宋朝以后，穿耳戴环之风再度盛行。此时，人们无论贵贱尊卑皆佩戴耳饰，使之成为一种风气。清代，许多官宦富贵人家的女子都拥有几十副以上的耳坠饰物，造型、色彩多样，按不同的季节及场所与服装搭配佩戴。

耳饰有耳坠和耳钉，耳坠动感十足，耳钉灵巧大方，通过传统与时尚、简约与华丽的造型，彰显出主人的个性（图12-58~图12-60）。随着佩戴者头部的摆动、举手投足、回眸顾盼，耳饰都会散发出灵动诱人的气息。尤其是那些设计镶嵌精良的翡翠耳饰珍品，可以说更适合东方人佩戴，其细腻内敛的色泽，在东方女子象牙白色的皮肤衬托下越发显得深邃和幽静。柔美晶莹的翡翠经过或简或繁的切割和镶嵌，高贵和华丽呼之欲出，独显佩戴者的尊贵与大气。

图 12-58　翡翠耳坠

图 12-59　祖母绿色翡翠耳钉

图 12-60　翠绿色翡翠耳坠

第六节

翡翠其他配饰

一、头饰

头饰最常见的有发簪、钗、步摇和头花等。在东方女性乌黑的秀发上，头饰既有固定发髻之用，又犹如众星捧月令人瞩目，平添女性之妩媚动人。虽然现如今头饰已经随着生活方式的改变而日渐式微，但那些流传至今的精美头饰仍不禁让我们遥想古代美人垂眉含笑之温婉和云鬓高耸之华贵，令人爱不释手。

发簪的形式和类型繁多，有蝴蝶、蜻蜓和寓意吉祥的龙凤造型，还有佛手、灵芝和各种花草树叶的纹饰图案，其中以龙为题材的比较罕见，可能与皇室御用有关。发簪的材料十分多样，可以是单一的骨头、象牙、玉石或金属，也可以用不同材料镶嵌而成。

翡翠发簪偶见，碧绿的翡翠更显女性温婉动人、散发出古典东方美的韵味，与光滑细腻的绸缎搭配，满头秀发更是多姿多彩（图 12-61）。

镶嵌翡翠头花较为少见，碧绿的翡翠、璀璨的钻石与光滑细腻的绸缎搭配，为满头秀发平添无尽风采（图 12-62）。

图 12-61　翡翠发簪

图 12-62　翡翠头饰

二、翎管

清代，官阶等级由垂伸于官帽后面翎子的不同来区分。翎子按材质分为花翎、蓝翎和染蓝翎。花翎即孔雀翎，蓝翎则是用俗称"野鸡翎子"的褐羽制成，而染蓝翎则使用靛蓝染天鹅毛制成，其中以花翎最为尊贵。花翎有单眼、双眼、三眼之分。眼是指孔雀翎上的眼状圆形花纹，一个圆圈即一只眼，以翎眼多者为贵。而翎管是用来插入翎毛连接帽子的物件，材质有翡翠、白玉、珊瑚、青金石等。

花翎，曾经是清代官场上身份和荣誉的象征之物，一度成为大小官员和王公贵族毕生追逐的终极目标，因此被皇帝用作笼络和收买人心的工具。鸦片战争后，随清王朝的逐渐衰败而出现了捐翎制度，咸丰年间捐银7000两即可获得花翎，曾经高贵身份和荣誉的象征，已沦为清政府敛财的商品，昔日辉煌遂成明日黄花。

材质上等的翎管是极好的收藏品和炫耀之物（炫示物）。据说清朝中后期，若要到宫里办事，带上一套翡翠扳指和翎管作为礼物是打通关节的上乘之选（图12-63）。《清史演义》第四十三回说，查抄乾隆皇帝宠臣和珅的赃物，发现了12个满绿翡翠翎管和835个各色翡翠翎管。

图12-63　翡翠翎管（清代）
（二级甲等文物，故宫博物院提供）

三、手把件

一般来说，可握在手中观赏把玩的物件都可以称为"手把件"，又称"把玩件"，例如文玩核桃、小鼻烟壶、小紫砂壶等，尺寸通常在10厘米以下。但是通常人们所说的"手把件"指的都是可握在手中把玩的石头，例如和田玉、翡翠、玛瑙等。除此之外，一些坚硬的木材也可制成手把件，例如紫檀木、黄花梨木等。

手把件是从配饰发展而来的。考古发现，元代就已有了玉石手把件，但直到明清时期手把件才开始流行起来，多为王公贵族所喜爱。手把件除了可以放在手中把玩，还可以挂在腰上作为腰佩（图12-64、图12-65）。

翡翠

图 12-64　俏色翡翠手把件

图 12-65　冰种（冰黄）翡翠手把件

翡翠摆件

翡翠摆件的题材主要有山子、佛神、人物、动物、植物等，也有吉祥寓意的组合图案和现代题材。

一、翡翠山子

翡翠山子，是按照翡翠原石的自然形态，以"丈山尺树、寸马分人"的构图法雕琢山水人物、历史故事等自然景观和人文故事，从而保留天然整体原石外形和原貌，最终呈现玉料、题材、工巧等方面和谐统一的玉雕。因其是用整块翡翠雕刻而成，放置在底座之上，形似一个小山子，故得名。玉山子最早见于唐代，宋代、元代也很常见，明清盛行。

山子雕刻的题材主要有：山林景观有山石、亭台楼阁、小桥流水、日月、祥云等；（佛神）人物有佛祖、观音、罗汉、老者、童子等；动物有鹿、仙鹤、喜鹊等；植物有苍松翠柏、梅花、兰花、竹、菊花、莲花等；传统纹饰有神兽纹、祥云纹等。不同的构成元素有不同的文化寓意：苍松寓意长青不老；翠柏寓意生机活力；梅花寓意坚毅忍耐、高洁谦虚；兰花寓意君子品格；竹寓意清高谦逊而有气节；菊花寓意不从流俗、不媚世好、卓然独立之君子；仙鹤比喻品德高尚的贤能之士，还有对德高望重长寿老人的赞誉之意，寓意长寿；莲花寓意出淤泥而不染的纯洁品格。其他构成元素在后面章节有详细叙述。

雕刻师加工前需审料，并按照"保全原料、去脏饰绺、巧用俏色"的原则做出合理的设计。之后，加工时用多种雕刻技法（例如镂雕、圆雕、浮雕、线雕等）对每个物象进行精准的雕琢，力求做到整体意境深远、细节神韵到位。只有遵循这条"带绺施艺，相玉而琢，遮瑕扬瑜，变绺为趣，因势利导"的技艺规则，才能将翡翠原料雕琢成蕴含

浓郁人文气息和思想境界的翡翠山子，从而具有较高的欣赏价值和艺术价值。大型山子高 1 米以上，场面壮观，气势恢宏；小型山子通常高十几厘米到几十厘米，小巧精美，常作为案头摆设（图 12-66~图 12-72）。

图 12-66　春带彩翡翠山子

图 12-67　翡翠"山中访友"山子

图 12-68　翡翠山子

图 12-69　俏色翡翠山子

图 12-70　翡翠"良师益友"山子

图 12-71　翡翠"指日高升"山子

图 12-72　红皮俏雕翡翠山子

二、吉祥佛神（人物）类

佛教对中华民族影响深远，佛教文化主题在翡翠作品中占据着举足轻重的地位（图 12-73~图 12-75）。翡翠摆件中常见的佛神有释迦牟尼、观音、弥勒佛、罗汉等。释迦牟尼（公元前 565—前 486），即如来佛祖，尊称"佛陀"，意为"大彻大悟之人"，民间称其为"佛祖"；观音，意译为"观世音"，观音救苦救难，特别是观音送子的说法让观音在中国家喻户晓；弥勒佛，佛教尊称"未来佛"，笑口永开的大肚弥

图 12-73　翡翠持莲观音摆件

勒被大众寄予无限的信任和期望；罗汉即阿罗汉，有杀贼（断惑、无烦恼）、不生（脱离生死不受轮回之苦）、应供（接受人天供养）三种寓意，称为"罗汉三义"。

图 12-74　翡翠观音摆件

图 12-75　黄翡弥勒佛摆件

三、故事题材类摆件

　　翡翠成品中的故事题材是指文化故事及传说的一系列艺术造型，通过翡翠作品叙述了所发生的美丽传说和故事。

　　作品名称：春带彩翡翠百子图摆件（图 12-76）

图 12-76　春带彩翡翠百子图摆件
（长 153 厘米、宽 75 厘米、高 30 厘米，重 750 千克）

百子的典故最早出于《诗经》，传说周文王有很多的儿子，在路边捡到雷震子的时候，他已经有99个儿子了，加上雷震子正好100个，因此有"文王百子"的典故。"子孙满堂"被认为是家族兴旺的最主要的表现，"文王百子"被认为是祥瑞之兆，因此古代有许多"百子图"流传至今，寓意多福多寿、多子多孙、子孙昌盛、万代延续。

作品名称：郑和下西洋翡翠摆件（图12-77）

郑和下西洋是指明成祖朱棣命三宝太监郑和，从太仓的刘家港起锚（今江苏太仓市浏河镇），率领200多艘海船、2.7万多人远航西太平洋和印度洋，拜访了爪哇、苏门答腊、苏禄、彭亨、真腊、古里、暹罗、榜葛剌、阿丹、天方、左法尔、忽鲁谟斯、木骨都束等30多个国家和地区。郑和下西洋展示了明朝早期中国的强盛国力，加强了东西方文明间的交流，向世界展示了文明大国的风范。此摆件寓意乘风破浪、不惧艰险的坚韧意志和广交天下好友的壮志豪情。

图12-77 郑和下西洋翡翠摆件

第八节
其他翡翠器物

其他翡翠器物主要有玉瓶、玉碗、玉壶、鼻烟壶、烟斗、玉炉、玉熏、笔架、笔筒、毛笔、印章、屏风以及写实翡翠佳肴和果品等。

一、翡翠玉瓶

瓶是佛教八大吉祥物之一，寓意圆满无漏。"瓶"谐音"平"，寓意平安吉祥（图12-78~图12-81）。

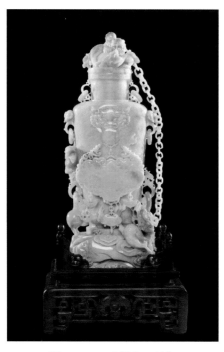

图 12-78 翡翠多环链瓶

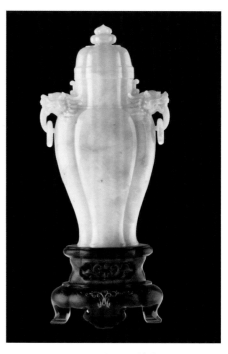

图 12-79 翡翠瓜棱象耳瓶

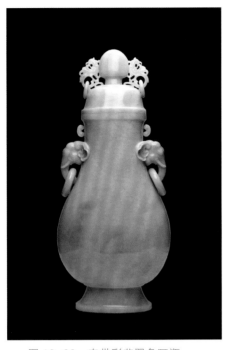

图 12-80　春带彩翡翠象耳瓶

图 12-81　紫色翡翠对瓶

二、翡翠玉鼎

　　鼎最早是烹饪之器，远古时期制作鼎的主要材料为黏土烧制的陶，后来又有了用青铜铸造的铜鼎。自从青铜鼎出现后，它又多了一项功能，成为祭祀神灵的一种重要礼器。在古代，鼎被视为传国重器、国家和权力的象征，"鼎"字也被赋予"显赫""尊贵""盛大"等寓意。鼎有三足的圆鼎和四足的方鼎。现今，由翡翠雕刻而成的玉鼎在用以陈设观赏、彰显尊贵的同时，又被赋予了玉鼎美学的价值（图 12-82）。

图 12-82　翡翠四足方鼎和翡翠三足圆鼎

三、翡翠日常器皿

制作翡翠日常器皿需要很大的原料，并且要求琢玉师的技术高超，只有这样才能琢磨出很薄的器壁，即为薄胎玉器。常见的翡翠日常器皿有翡翠碗、翡翠盘、翡翠壶、翡翠勺、翡翠筷子等（图 12-83）。

图 12-83　翡翠玉碗、玉筷

四、翡翠茶具

茶壶出现于汉代，是茶具最重要的组成器具，古时称为"注子"（从壶嘴向外倒水），泡茶称为"点注"。玉壶是玉品与茶道完美的融合，古时常用来形容人的品行，表达自己对操守、德行的追寻之心。例如，唐代王昌龄《芙蓉楼送辛渐》中的"一片冰心在玉壶"，意为"我的心犹如晶莹剔透的冰贮藏在玉壶里一般"，形容人心的纯净、直率、无所遮掩，与玉的秉性完全一致——毫无杂质的温润和表里如一的玉德。另外，翡翠茶壶古朴典雅、美观大方，用此壶品茶，可以说是一种赏心悦目的精神享受（图 12-84、图 12-85）。

图 12-84　俏雕翡翠茶壶

图 12-85　翡翠茶具

五、翡翠鼻烟壶

鼻烟壶为盛装鼻烟的容器。鼻烟壶随鼻烟的传入而兴起，其式样、工艺和质地逐渐多样化，集绘画、书法、诗词、彩绘于一身，含琢磨、雕刻、镶嵌、内画等多项工艺技术，是收藏品中重要的一类（图 12-86）。

使用鼻烟壶主要在清代。清代前期的作品以方形、圆形为主，后期的作品形状多有变化。乾隆时期，鼻烟壶的制造技术有了很大的进步，主要表现在材质多样化，动物、瓜果造型的作品增多。翡翠鼻烟壶的优劣取决于材质本身，其纹饰、造型往往较为简洁。

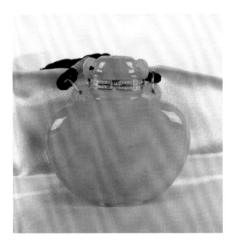

图 12-86　翡翠鼻烟壶
（由庚昌商行提供）

六、翡翠文房用具

（一）毛笔

毛笔历来被中国文人奉为"文房四宝"之首，系中国独有传统、举世无双的书写工具，其材质、工艺、形制及使用方法，处处蕴含并体现着中华文化的深厚内涵。相较于早已退出历史舞台的古埃及芦管笔和欧洲羽毛笔，毛笔至今长盛不衰（图 12-87）。

图 12-87　翡翠毛笔

（二）笔筒

笔筒系文房用具，是盛放笔的筒状器皿，多为直口直壁，口底相若，造型简约。筒壁浮雕技艺精湛，雕刻方法有镂雕、浮雕等，古朴之中别有韵味（图12-88）。

（三）笔架

笔架又称"笔格"，既是搁放毛笔的实用品，又是案头雅玩的艺术品，是旧时文人案头不可或缺的文具。书画作文构思暂息，藉以搁笔，以免笔杆转动而污损它物。玉质笔架形式多样，样式不同，多有别称，例如琢成山形称"笔山"。其造型多为平底五峰，中峰最高，侧峰次之（图12-89）。

图12-88　翡翠笔筒

图12-89　翡翠笔架

（四）翡翠印章

印章也称"印信"，是中国独有的镌刻艺术，兴盛于秦汉。印章最早只是权力的象征。《史记》记载，战国时期，政治家苏秦拥有六国相印，表明当时官吏使用印章已经形成一种制度。印章演变发展到今天，款式更加多样化和个性化，其应用范围也更加广泛，具有实用和审美双重价值。其主要功能是示信，也常作为御玺、官印，象征权力，显示官阶；字画器物上的印章表明出处，作为物品交换的凭证；印章还曾用作配饰，逐渐成为一种收藏品。

翡翠印章属高档印章，款式多种多样，常见题材为"辟邪招财"等（图12-90、图12-91）。

图 12-90　绿色翡翠印章

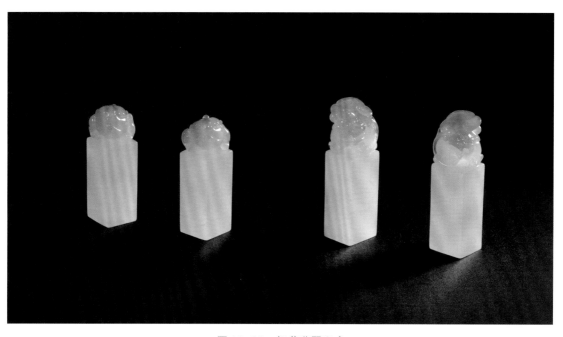

图 12-91　红黄翡翠印章

七、翡翠插屏

　　玉插屏是一种雕琢有各种精美图案的玉石薄板，置于案头或室内，用作摆设、观赏或隔离空间的家具（图 12-92、图 12-93）。

　　玉插屏始见于汉代，流行于明清，呈方形、圆形或随石赋形，长方形比较多见，插放在预先做好的边框或木座上。大型玉插屏用作玉屏风，小型玉插屏用作摆设品。玉插屏加工工艺以浮雕和透雕为主，装饰效果较好，可雕琢独立题材的山水、人物等图案，也可多件相互联结映衬。

图 12-92　长方形春带彩翡翠大型插屏

图 12-93　扇形春带彩翡翠插屏

八、翡翠烟斗

据说，烟斗的使用时间早于哥伦布发现新大陆的时间。最早出现的烟斗为陶制烟斗。从18世纪开始，人们开始采用玉石制作烟斗。玉石烟斗造型更加美观多样（图12-94、图12-95）。

图 12-94 黄翡烟嘴

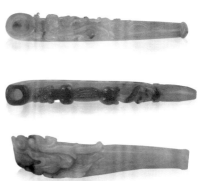

图 12-95 翡翠螭龙烟斗

九、翡翠写实果品和佳肴

翡翠玉雕师们采用各种颜色和质地的翡翠原料，精心设计雕琢出十分逼真的各种"佳肴"。其作品在外形和色泽等方面均具有惟妙惟肖、以假乱真的视觉效果（图12-96~图12-99）。

据传，满汉全席是集满族和汉族饮食文化为一体的巨型筵席，起源于清代的宫廷，原为康熙帝66岁大寿宴席，意在化解满汉不和、提倡满汉一家（图12-100）。

图 12-96 翡翠什锦"果盘"

图 12-97 翡翠 "施公饼"

图 12-98 翡翠 "如此多情"

图 12-99 翡翠 "面包有了"

图 12-100 翡翠 "满汉全席"

第十三章
Chapter 13
翡翠成品的文化寓意

第一节

吉祥佛神类翡翠成品

一、释迦牟尼

释迦牟尼（公元前565—前486），或曰释迦牟尼佛，即如来佛祖，尊称"佛陀"，意为"大彻大悟之人"，民间称其为"佛祖"。其父系释迦族，成道后称为"释迦牟尼"，意为"释迦族圣人"。释迦牟尼系佛教创始人，佛教为世界三大宗教之一，广泛流传于亚洲许多国家，东汉时自西向东传入我国，与基督教、伊斯兰教并称世界三大宗教。

佛教对中华民族影响深远，佛教文化主题在翡翠作品中占据着举足轻重的地位（图13-1~图13-4）。5年前的翡翠饰品中，以释迦牟尼为题材的作品较为鲜见，现如今逐渐进入人们的视线，这种题材的翡翠作品也越来越受到人们的关注与喜爱。

图 13-1　冰地翡翠释迦牟尼挂件

图 13-2　俏色翡翠释迦牟尼摆件

图 13-3　黄加绿翡翠释迦牟尼摆件　　　　　　　　图 13-4　俏雕翡翠释迦牟尼摆件

二、弥勒佛

弥勒是梵语"Maitreya"的音译。佛教中国化使弥勒佛的形象演变颇大。《宋高僧传》记载，当时浙江奉化有一位布袋和尚自称"契此"，号长汀子，身材矮胖，肚子特大，终日袒胸露肚，语出无常，常持锡杖和布袋，右手持罗汉珠游走四方，世人称其为"布袋和尚"。据传，此布袋和尚就是弥勒的化身。从此，中国佛寺里供奉的大肚弥勒佛大多按照布袋和尚形象塑造。笑口永开的大肚弥勒佛被大众寄予无限的信任和期望，人们乐于想象，谁人摸一下他的大肚皮，便能消灾祛病，保佑平安。

翡翠作品中，通常将弥勒佛的头及胸肚夸大作为主体，使整体呈四个圆形——整体为圆形、头为圆形、双乳为圆形、腹肚为圆形，给人以敦实圆满的感觉。弥勒袒胸露肚，双手放于膝上，双腿盘坐，气定神怡，开怀大笑，依据其神态和配物有坐相或站相的如意弥勒佛、多宝弥勒佛、童子闹佛、荷叶弥勒佛等翡翠作品（图 13-5~图 13-10）。

图 13-5　玻璃种翡翠弥勒佛项坠

图 13-6 翡翠弥勒佛挂件　　　　图 13-7 翡翠站相弥勒佛挂件

图 13-8 翡翠如意弥勒佛摆件　　　　图 13-9 翡翠童子闹佛摆件

图 13-10 翡翠荷叶弥勒佛摆件

三、观音

观音菩萨，梵语"avalokitesvara"（阿缚卢极低湿伐罗），译为"观自在""观世自在""观音声"等，别称"救世菩萨""莲花手菩萨""圆通大士"等。观音的标准像为：神态端庄雍容，头戴宝冠，身披天衣，腰束贴身罗裙或锦裙；面庞和体态体现了中国古代和印度古代的装饰特征。唐代上层妇女的时装和古印度贵族装饰的融合；或双手合掌，或手持净瓶、如意和杨柳枝，或怀抱一个孩子，或足踏莲花等。坊间流传"观音之大慈大悲有求必应"，故而以观音为题材的翡翠作品深受大众喜爱。常见净瓶观音（图13-11）、多宝观音（图13-12）、如意观音（图13-13）、持莲观音（图13-14~图13-16）和千手观音（图13-17~图13-18）等。

图 13-11　翡翠净瓶观音项坠

图 13-12　翡翠多宝观音镶钻项坠　　图 13-13　翡翠如意观音挂件

图 13-14　翡翠持莲观音项坠

图 13-15　紫罗兰翡翠持莲观音摆件　　　　　图 13-16　翡翠持莲观音摆件

第十三章　翡翠成品的文化寓意

图 13-17　黄加绿翡翠千手观音挂件　　　　　图 13-18　墨翠千手观音挂件

327

四、文殊菩萨

文殊菩萨，梵名"Mañjuśrī"，意译为"文殊师利"，译为"妙德""妙吉祥""妙乐""法王子"等，别称"大智文殊师利菩萨"，与观音菩萨、普贤菩萨、地藏菩萨并称佛教四大菩萨。

文殊菩萨形象为仗剑骑狮之像，代表着其法门的锐利，以右手执金刚宝剑，断一切众生的烦恼，以无畏的狮子吼震醒沉迷的众生，这是文殊菩萨的基本形象。以文殊菩萨为题材雕制的翡翠作品（图13-19）大多寓指大公无私之人，其将大众利益放在第一位，自身清净不染而利人，能入三昧大智正定。

图 13-19　翡翠文殊菩萨挂件

五、十八罗汉

罗汉即阿罗汉，梵语为"Arhat"。十八罗汉是由十六罗汉演变过来的，十六罗汉主要流行于唐代，至唐末开始出现十八罗汉，到宋代时十八罗汉盛行。十八罗汉的出现，可能与中国传统文化中对数字"十八"的偏好有关。以十八罗汉为主题的翡翠作品常以摆件形式出现，如由一整块翡翠原料雕琢而成的十八件大小、色调、雕工统一的十八罗汉套件（图13-20）——修行养生，宁心静气，保佑平安，福慧双修，拥抱自然……色彩广泛，寓意丰富。佛经并没有关于罗汉的相貌和衣着服饰的记载，这为艺术家们提供了无限想象和发挥的创作空间。

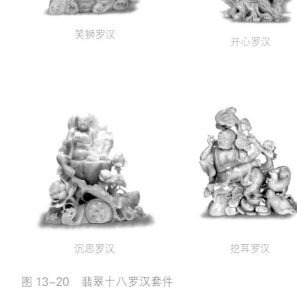

骑鹿罗汉   喜庆罗汉   举钵罗汉

托塔罗汉   静坐罗汉   过江罗汉

骑象罗汉   笑狮罗汉   开心罗汉

探手罗汉   沉思罗汉   挖耳罗汉

图 13-20　翡翠十八罗汉套件

布袋罗汉	芭蕉罗汉	长眉罗汉
看门罗汉	降龙罗汉	伏虎罗汉

续图 13-20　翡翠十八罗汉套件

骑鹿罗汉

即宾头卢波罗堕尊者（Pindola-bharadvaja）为十八罗汉的第一位。他本为古印度拘舍弥城优陀廷王宰相王子，后来出家，修成罗汉正果。由于他化缘有方，故中国禅林斋堂供奉该罗汉画像。他对佛教极为虔诚，曾骑鹿回到拘舍弥城王宫，成功劝导国王出家，世人称其为"骑鹿罗汉"（图 13-21）。

喜庆罗汉

即迦诺迦伐蹉尊者（Kanaka-vatsa），原为古印度的一位富家公子，初遇佛陀聆听佛法便一见倾心。后成为佛陀弟子，专心修行，对"喜庆"有独到的见解，认为"由听觉、视觉、嗅觉、味觉和触觉而感受到的快乐称为喜，而不由这五觉感受到的快乐称为庆"，例如诚心向

图 13-21　翡翠骑鹿罗汉摆件

佛，心觉佛在，即感快乐。后世人称其为"喜庆罗汉"（图13-22）。

举钵罗汉

即迦诺迦跋厘堕阇（音shé）尊者（Kanaka-bharadvaja）。他性子急躁、易冲动，佛陀特地为他讲了长生童子以德报怨的故事，从此他不再与人争吵。举钵罗汉化缘时举钵乞讨，修成罗汉后，仍改不了这个习惯，世人称其为"举钵罗汉"（图13-23）。

图13-22　翡翠喜庆罗汉摆件　　　　图13-23　翡翠举钵罗汉摆件

托塔罗汉

即苏频陀尊者（Suvinda），为佛陀的关门弟子。他仪态端庄，聪慧过人，对佛的追求执着，年纪虽小，但修行却超过师兄。他为表示缅怀和追随佛陀，手中时时托一尊宝塔，塔中藏有舍利，为佛的象征，世人称其为"托塔罗汉"（图13-24）。

静坐罗汉

即诺矩罗尊者（Nakula），出家前为古印度一名勇猛的战士，性格豪爽，体格魁梧；出家后，佛陀为了收敛他当时的那种拼杀性格，一直让他静坐，后其终于修成罗汉正果，世人称其为"静坐罗汉"（图13-25）。

图13-24　翡翠托塔罗汉摆件

过江罗汉

即跋陀罗尊者（Bhadra），是佛陀的一名侍者。传说，他主管洗浴事，有些禅林浴室供奉其画像。他出生在跋陀罗树下，取名"跋陀罗"，出家后成为罗汉，到处宣传佛教经义，曾乘船过江到东印度群岛宣传佛教，取得成功，世人称其为"过江罗汉"（图13-26）。

图13-25　翡翠静坐罗汉摆件　　图13-26　翡翠过江罗汉摆件　　图13-27　翡翠骑象罗汉摆件

骑象罗汉

即迦理迦尊者（Karika），是佛陀一名侍者，本为古印度驯象师，皈依佛门后，常骑大象传教，后修成罗汉正果。由于象力大无穷，又能耐劳远行，象征佛法，世人称其为"骑象罗汉"（图13-27）。

笑狮罗汉

即伐阇罗弗多罗尊者（Vajra-putra），魁梧健壮，仪态端庄凛然。他本为古印度猎人，出家放下屠刀，广积善缘，一生无病无痛，具有五种不死福力，称为"金刚子"，深受人们赞美和尊敬。两只小狮子感谢他戒了杀生，特地跑到他身边。此后，他笑呵呵地将小狮子带在身边，世人称其为"笑狮罗汉"（图13-28）。

图13-28　翡翠笑狮罗汉摆件

开心罗汉

即戍（音 xū）博迦尊者（Svaka），原为中天竺的太子，其弟想争夺王位作乱，他便揭开衣服表明心迹说"我心中只有佛，从来不想当国王"。当他打开心扉时，世人见其中果然只有一尊佛，故称其为"开心罗汉"。此处的"开心"指打开心扉，而不是指快乐开心（图 13-29）。

探手罗汉

即半托迦尊者（Panthaka），他精通书算等技艺，唱诵音声无不尽其妙，对"四明"及"六作"皆研究透彻，具有大智慧，有五百童子随从学习。他打坐后，常向上探举双手，长出一口气，世人称其为"探手罗汉"（图 13-30）。

图 13-29　翡翠开心罗汉摆件

沉思罗汉

即罗睺（音 hóu）罗尊者（Rahula），为佛陀释迦牟尼做太子时唯一的亲生儿子，后随父出家。相传，他刚出家时调皮顽劣，经常戏弄别人，后受父亲严厉斥责，方改过自新，专心修行，最终修成罗汉正果，成为佛陀十大弟子之一。他是在沉思之中觉醒的，从调皮顽劣修成正果，世人称其为"沉思罗汉"（图 13-31）。

图 13-30　翡翠探手罗汉摆件

图 13-31　翡翠沉思罗汉摆件

挖耳罗汉

即那迦犀那尊者（Nagasena），他是佛学理论家，对"六根"（耳、眼、鼻、舌、身、意六种感官及其功能）有较深的研究，尤其是"耳根清净"最为擅长，"耳根清净"为"六根清净"之首，指的是听不见胡言乱语和嘈杂的声音，便能进入"天耳通"之境界，远近皆知晓，听得见一切众生之呼声，他的塑像或画像多呈挖耳状，世人称其为"挖耳罗汉"（图 13-32）。

布袋罗汉

即因揭陀尊者（Ingata），原为古印度捕蛇人。他抓住毒蛇便拔掉毒牙将其放生，以免行人被蛇咬中毒。正是因他有如此善心才得以修成阿罗汉正果。他经常携带一条布袋，世人称其为"布袋罗汉"（图 13-33）。

图 13-32　翡翠挖耳罗汉摆件

芭蕉罗汉

即伐那婆斯尊者（Vanavasin），沉静有礼，虚心好学。由于深受目连尊者"诸恶莫作，众善奉行，自净其意，是诸佛教"的启发，更加勤奋学习，很快就修成罗汉正果。据说，他出生时大雨滂沱，雨打芭蕉叶沙沙作响，由此对芭蕉产生了深厚的感情，出家后十分爱惜芭蕉，除虫浇水，芭蕉树下修行练功，世人称其为"芭蕉罗汉"（图 13-34）。

图 13-33　翡翠布袋罗汉摆件

图 13-34　翡翠芭蕉罗汉摆件

图 13-35　翡翠长眉罗汉摆件

长眉罗汉

即阿氏多尊者（Ajita）。据说，他出生时颇为奇妙，长着两条白眉，随着年龄的增长，这两条白眉越来越长。由于他异于常人的长相，被父母赶出家门，只好行乞。但人们都被他的长相吓着了，没人施舍，只好隐居山林，过着孤苦伶仃的生活。佛陀得知，前往山中度化，显其真容，遍体泛光，端庄慈祥，阿氏多不由自主地跪在佛陀面前请求出家，到佛陀身边勤修苦学，终于修成阿罗汉正果，世人称其为"长眉罗汉"（图 13-35）。

看门罗汉

即注茶半托迦尊者（Cuda-panthaka），探手罗汉之弟。在半托迦尊者的指引下，他也跟着佛陀修行。他生来愚钝，出家四个月连一句偈语也学不会，但在佛陀的点化下也修成阿罗汉正果。传说，他化缘时经常用拳头拍打施主的房门，佛陀觉得他这样做不礼貌，便送他一根锡杖，命其摇动锡杖发出声音敦促施主开门布施。这根锡杖后来成了和尚的禅杖，世人称其为"看门罗汉"（图 13-36）。

降龙罗汉

即迦叶尊者（Kasyapa），为清代乾隆皇帝钦定。传说，古印度有个名叫波旬的恶魔，煽动门徒拆寺毁庙，杀害僧人，劫掠佛经。龙王激于义愤，发洪水讨伐波旬，并将佛经藏于龙宫。后迦叶尊者去讨佛经遭拒，他施法降服龙王，取回佛经，世人称其为"降龙罗汉"（图 13-37）。

伏虎罗汉

即弥勒尊者（Maitreya），为清代乾隆皇帝钦定。传说，伏虎尊者出家修行的寺庙门

图 13-36　翡翠看门罗汉摆件　　图 13-37　翡翠降龙罗汉摆件

外常有虎啸。他认为这只老虎饿了，就将自己的
饭食分一半喂给老虎。但这只威猛的老虎并不领
情，时时作威。伏虎尊者软硬兼施，终于降服了
老虎。后老虎常来寺院与他玩耍，世人称其为
"伏虎罗汉"（图13-38）。

在以十八罗汉为主题的翡翠作品中，除了
色彩纷呈、韵味十足的单个罗汉摆件外，还有很
多大型山子翡翠摆件。此类作品一般结构严谨，
层次分明，比例协调，线条流畅，尽显大师别具
匠心的设计构图、鬼斧神工的雕刻工艺，具有强
烈的艺术感染力（图13-39）。

图 13-38　翡翠伏虎罗汉摆件

图 13-39　翡翠十八罗汉图俏色摆件

六、关公

关公，即关羽，字云长，三国时期重要人
物，一生忠义勇武。宋代以来，关公成为皇家
和民间的保护神（图13-40）。明清时期，民
间对其广泛祭祀，流传着关公为司命禄、佑科
举、治病免灾、驱邪避恶、诛罚叛逆及招财进
宝"全能之神"的传说。

图 13-40　翡翠关公玉佩

七、福禄寿三星

即福星、禄星和寿星。寺庙里将禄星、福星、寿星分别置于左、中、右的位置（图13-41、图13-42）。福星手执如意，象征福运；禄星员外郎打扮，有时头插富贵牡丹花、怀抱婴儿（与送子有关），象征官禄；寿星即南极仙翁，额宽须白，执杖捧桃、笑容可掬，象征长寿。

图13-41　翡翠福禄寿三星挂件

图13-42　翡翠福禄寿三星摆件

八、钟馗

相传，钟馗为驱鬼保平安、镇邪驱恶第一神，象征正义。其随身蝙蝠可洞察鬼怪的行踪，为降妖捉鬼的神物（图13-43~图13-45）。

钟馗捉鬼源于《梦溪补笔谈》（宋·沈括），记载唐明皇罹患疟疾久治不愈，有一天突然梦见大鬼捉拿一个盗贼小鬼并吞吃了事，唐明皇醒来疾病立消，梦里的大鬼便是后来广为流传的钟馗。后来，唐明皇命著名画师吴道子画钟馗像，有关钟馗捉鬼的故事就这样广泛流传开来。

图13-43　墨翠钟馗挂件

图13-44　绿色翡翠钟馗挂件

图13-45　红翡俏色钟馗挂件

九、财神

财神为中国民间普遍供奉的主管财富的神。供奉财神象征财源滚滚，表示人们对美好富裕生活之向往。

历史上财神很多，主要有道教赐封的天官上神、民间信仰的天官天仙和佛教的北方多闻天王及善财童子等。我国民间供奉的财神主要有七尊：端木赐（字子贡，为儒商之祖）、范蠡（浙商）、管仲（徽商）、白圭（晋商）、关公（关羽）、比干（冀商之祖）、赵公明。其中，范蠡和比干为"文财神"，关公和赵公明为"武财神"（图13-46、图13-47）。

图 13-46　红翡财神挂件

图 13-47　翡翠财神摆件

十、济公

　　济公是历史上的真实人物，生于南宋绍兴十八年（1148），卒于嘉定二年（1209），法名道济，浙江台州人，在杭州灵隐寺剃度出家。

　　济公是一位性格率真、学问渊博、行善积德、颇有逸才的名僧。他一生怡然飘逸，喜好云游，出行四方，足迹遍及浙、皖、蜀等。他衣衫褴褛，手摇破扇，貌似疯癫，寝食不定，为人采办药石，行医治病，排忧解难，广济民间疾苦，其德行广为人们所传颂（图 13-48）。

图 13-48　翡翠济公摆件

十一、麻姑

　　麻姑，道教神话人物，女仙之中仅次于西王母，自称"已见东海三次变为桑田"，世人称其为"女寿仙"。

图 13-49　翡翠麻姑摆件

麻姑通常与寿桃组合在一起，传说食用仙果蟠桃可长生不老，通常用麻姑携蟠桃的形象来祝贺寿诞，用于女子做寿，寓意多福长寿（图 13-49）。

十二、仙女（飞天舞）

仙女（图 13-50）在中国神话中是品德高尚、智慧超群、气质不凡、长生不死女性的象征。飞天舞既是仙女的一种，又指一种组合雕刻图案。飞天舞的图案多为仙女反弹琵琶，体态婀娜，姿态优美（图 13-51）。

图 13-50　翡翠仙女摆件

图 13-51　翡翠飞天舞摆件

　　飞天舞源于敦煌壁画《反弹琵琶飞天舞》，有诗赞"反手拨弦自在弹，盛唐流韵袅千年"。佛教将空中飞行的天神称为"飞天"，道教将羽化升天的神话人物称为"仙"，"飞天"与"仙"在艺术形象上相互融合。在名称上，只把佛教石窟壁画中的空中飞神称为"飞天"。

第二节

十二生肖类翡翠成品

十二生肖是用十二种动物与十二地支一一对应，以动物作为地支的标志，人出生在某年就属某种动物，用十二种动物来纪年。其中，子为鼠，丑为牛，寅为虎，卯为兔，辰为龙，巳为蛇，午为马，未为羊，申为猴，酉为鸡，戌为狗，亥为猪。

十二生肖是中国古代动物图腾崇拜的缩影，后演绎成一套我国独特的纪年符号和属相，是中华民族一种特殊的传统文化。在漫漫的历史长河中，十二生肖世代承传、长盛不衰，可见其生命力之旺盛，影响力之广泛，吸引力之巨大。

一、子鼠献瑞

在中国有些地区，老鼠被奉为"财神"，有"玉鼠送财"之说；浙江民间有"老鼠数钱"的习俗，即深夜或天亮时老鼠吱吱乱叫，犹如数铜钱之声。据说，老鼠前半夜数钱即主得财；后半夜数钱则主散财。翡翠饰品中，老鼠题材通常由一只或几只老鼠和铜钱或元宝组成，老鼠和钱组合称为"老数钱"，象征财源不断；配有铜钱、元宝的老鼠则称为"金钱鼠""发财鼠"。此外，鼠具有超强的生育能力，因此又是"多子多福"的象征（图13-52）。

图 13-52　翡翠老鼠挂件

二、丑牛乐耕

在中国传统文化中，牛寓意勇敢、忠实、厚道，也是力量、踏实与奉献的象征（图13-53），以牛为主题的翡翠常见有翡翠挂件。

图 13-53　翡翠牛挂件

三、寅虎生威

虎是"百兽之王，兽中之王"。据说，老虎额头上有汉字"王"的天然标记，是权力和力量的象征；金刚乘佛教密宗中，老虎是众多神灵的坐骑。虎是无畏、威武、热情、生机勃勃的象征，寓意虎虎生威、威猛阳刚、聪明智慧。

"下山猛虎"有广开财路之意，又寓意勇气胆魄，辟邪纳福（图13-54）。

图 13-54　翡翠老虎挂件

四、卯兔弄月

我国古代有月宫玉兔的传说，玉兔是长寿、吉祥的象征。中华传统和民俗文化中有"蛇盘兔，必定富"一说，寓意吉利、富裕（图 13-55、图 13-56）。

图 13-55　翡翠兔子挂件

图 13-56　紫罗兰翡翠兔子摆件

五、辰龙腾云

龙代表帝王和权力，象征尊荣、权势和高贵，也象征幸运和成功（图 13-57、图 13-58）。龙也是祥瑞的化身，与凤一起寓意成双成对或龙凤呈祥；与马一起寓意龙马精神。

图 13-57　翡翠龙腰佩　　　图 13-58　翡翠龙牌

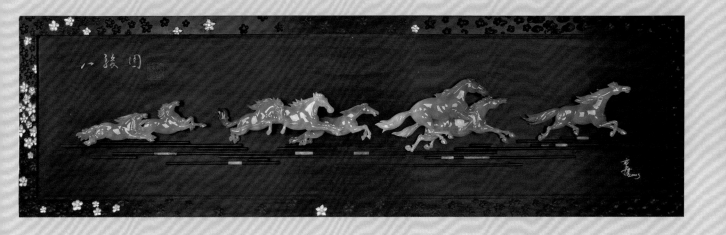

六、巳蛇乘雾

古人见蛇蜕皮后如再生一般，故将蛇看作是青春永驻的象征；同时，蛇也是祥瑞的象征，寓意长寿、富贵、喜庆、吉祥、聪慧（图 13-59）。

图 13-59　翡翠生肖蛇挂件

七、午马行空

中华传统文化中，马寓意生命力、昌盛、升腾、事业成功、兴旺发达（图 13-60）。和龙一起，寓意龙马精神；马上方搭配铜钱、猴、花瓶，分别寓意马上发财、马上封侯、马上平安；八匹骏马。

图 13-60　翡翠马挂件

348

八、未羊开泰

在商代甲骨文卜辞中，羊通"祥"，吉羊即吉祥，有吉祥之意；《说文解字》说，"美，甘也，从羊，从大"。羊是"真善美"的象征；羊又通"阳"，是力量的象征。羊有"三阳开泰""五羊之吉""九阳启泰"等说法，寓意大地春回、吉运到来（图13-61）。

图 13-61　翡翠羊挂件

九、申猴灵异

中华传统文化中，猴是机灵、乖巧、敏捷、聪明的象征。"猴"谐音"侯"，有封侯做官、升官发财之意；与马组合，寓意马上封侯；大猴背小猴，寓意辈辈封侯；猴在枫树上挂印，寓意封侯挂印、大权在握；灵猴献桃，寓意祝福长寿（图13-62）。

图 13-62　翡翠猴挂件

十、酉鸡吉祥

　　鸡为我国传统的吉祥物之一。在古代，鸡有"五德之禽"之称。《韩诗外传》记载，它头上有冠，曰文德；足后有距能斗，曰武德；敌在前敢拼，曰勇德；有食物招呼同类，曰仁德；守夜不失时，天时报晓，曰信德。古时帝王"以鸡为侯"，把鸡当作时间的标准；"鸡鸣日升"象征光明。

　　"鸡"，谐音"吉"，寓意吉祥、吉利。"冠"，通"官"，雄鸡和鸡冠花一起，寓意官上加官；一只雄鸡和五只鸡雏在窠中嬉戏，"窠"，本为巢穴之意，谐音"科"，寓意"五子登科""五子高升"，祝福金榜高中；翠雕锦鸡，寓意前程似锦（图13-63~图13-65）。

图 13-63　红翡（左）和绿色翡翠（右）生肖鸡挂件

图 13-64　黄翡（左）和俏色翡翠（右）生肖鸡挂件

图 13-65 翡翠"丹凤朝阳"摆件

十一、戌狗旺财

狗寓意吉祥、忠诚、好运、保平安。狗搭配如意、元宝，分别象征吉祥狗、富贵狗。最早广东香港地区将狗称为旺财，故狗有"狗来富"之说，寓意旺财。此外，"天狗守吉祥""天狗保平安"，成为对联中的常用语句（图 13-66、图 13-67）。

图 13-66　黄翡生肖狗挂件

图 13-67　翡翠生肖狗挂件

十二、亥猪送福

"年逢亥岁红运升，人遇贤君定发财，抬头见喜迎富贵，肥猪拱门送福来。"在民间，猪又称"福运使者"，是富足、吉祥、富贵的象征；"耳大有福自逍遥"，猪的肥头大耳成了福气的象征；"膘肥自有福运来"，猪肥硕的体形代表"生"，"生"意味着人丁兴旺、庄稼丰收、财源滚滚。

猪象征财富，有"金猪""乌金"的美称（图13-68）；搭配元宝、如意分别象征发财猪、如意猪（图13-69）；古代金榜题名要用朱（与"猪"谐音）红色的笔，"蹄"与"题"谐音，有金榜题名之意。

图 13-68　翡翠生肖猪挂件

图 13-69　墨翠发财猪摆件

第三节

祥瑞动物类翡翠成品

祥瑞即吉祥的征兆，或称为"瑞应"、"嘉瑞"、"符瑞"，意为"吉祥福瑞"。在中国古代社会，祥瑞被认为是君主受天命以及国祚兴盛、政平人和的征兆。祥瑞思想的起源可以追溯到上古时代，与万物有灵的观念和原始的宗教崇拜存在着密切的联系。人们对动物的崇拜曾具有一定的普遍性。我国古代以动物为图腾，这些动物形象经过漫长的文化演化和流传，被赋予了丰富的寓意内涵。在中国古代，可以作为祥瑞动物的主要有龙、凤、麒麟、龟、貔貅，除此之外还有鹿、蝙蝠、蟾蜍、狮子、象、獾、鱼（鲤鱼）、喜鹊、鸳鸯、蝴蝶、蝉、蜘蛛、蜜蜂等。本节将对祥瑞动物在翡翠设计雕刻中的应用进行详细的分类介绍。

一、龙

几千年来，龙是权力与尊严的象征。龙的形象自古就有许多描述与记载，明代《本草纲目》记载："罗愿《尔雅翼》云：龙者鳞虫之长。东汉王符言其形有九似：头似驼，角似鹿，眼似兔，耳似牛，项似蛇，腹似蜃，鳞似鲤，爪似鹰，掌似虎，是也。其背有八十一鳞，具九九阳数"。龙的形象在历史发展过程中不断演化，现在我们熟知的龙的形象与清代的龙形象最接近。南京云锦老艺人曾总结那时画龙的技法："龙开口，鬣发齿眉精神有，头大，身肥，尾随意。神龙见首不见尾，火焰珠光衬威严。掌似虎，爪似鹰，腿伸一字方有劲。"龙作为中国皇帝的标志，天龙或宫龙都有五爪，代表帝王的力量和权力，寓意高贵、吉祥、幸福、好运、成功和长寿；皇帝手下的大臣佩戴四爪龙徽相，官阶较低的官员佩戴三爪龙徽相。中华传统文化中，龙凤代表着皇帝和皇后，是天（阳）

地（阴）的象征。龙与凤组合表示"龙凤呈祥"，龙为升龙，张口转身，回首望凤；凤为祥凤，展翅翘尾，举目眺龙；龙凤周围祥云朵朵，一派祥和之气。龙凤呈祥为吉庆之事，有"天子布德，将致太平，则麟凤龟龙为之呈祥"之意（图13-70、图13-71）。

图13-70　翡翠龙牌

图13-71　翡翠祥龙平安扣

二、凤凰

凤凰是中国古代传说中的神鸟，为百鸟之首。是五行中的离火臻化为精而生成的。《大戴·易本命》记载："有羽之虫三百六十而凤凰为之长。"《春秋演孔图》记载："凤，火精。"《春秋元命苞》记载："火离为凤。"

凤凰头戴美丽羽冠，身披五彩翎毛。其形象如《宋书·符瑞志》："蛇头燕颔，龟背鳖腹，鹤顶鸡喙，鸿前鱼尾，青首骈翼，鹭足而鸳鸯腮。"《说文解字》记载："天老曰：

凤之象也，鸿前，麟后，蛇颈，鱼尾，鹳颡（guàn sǎng），鸳腮，龙文，龟背，燕颔，鸡喙，五色备举。"

凤为雄，凰为雌，凤凰双飞象征夫妻幸福美满；凤凰的羽毛均成纹理，首之纹为德，翼之纹为礼，背之纹为仁，腹之纹为信，象征"仁义礼德信"（图13-72、图13-73）。

图 13-72　翡翠凤凰挂件

图 13-73　翡翠龙凤牌（一对）

三、麒麟

麒麟为四灵之一，麒为雄，麟为雌。麒麟的形象与龙一样，尚无明确的定论。《尔雅注》引汉京房撰《易传》云："麐（为'麟'字繁体），麇（jūn）身，牛尾，狼额，马蹄，有五彩，腹下黄，高丈二。"宋代罗愿的《尔雅翼》记载："至其后世论麐者，始曰：马足，黄色，圆蹄，五角，角端有肉，有翼能飞。"《汉语大词典》解释，其形状像鹿，全身鳞甲，尾像牛尾，头上有角。

晋代王嘉《拾遗记》描述：孔子诞生前，有麒麟吐玉书于其庭院，曰："水精之子，系衰周而素王"。意思是说，这个孩子是水神的孩子，有圣德，但生在衰世，只能做没有王位的素王。渐渐就有了"麒麟送子"的说法。民间还有跪拜、祭祀麒麟，向麒麟许愿求子的风俗（图13-74~图13-76）。

麒麟自古以来就是有德之仁兽，象征吉祥、和谐，尤其是麒麟的角端为肉质的，古人赞誉为"设武备而不为害"（出自《春秋公羊传》），彰显中华民族和谐相处的仁德。

图 13-74　红翡麒麟挂件

图 13-75　墨翠麒麟挂件

图 13-76　红翡麒麟挂件

四、龟

　　龟与麒麟、龙、凤合称"四灵"（出自《礼记·礼运》）。科学研究发现，龟坚硬的外壳能保护躯体和内脏，一年两次休眠（冬眠和夏眠），行动缓慢，体力消耗少，新陈代谢慢，其体内细胞分裂的代数比其他动物多很多。这些与众不同的身体结构和生理机能，使得龟寿命长、阅历长，成为长寿的象征（图13-77）。

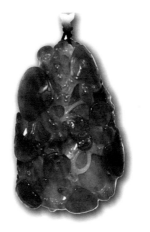

图 13-77　翡翠龟挂件

五、貔貅

貔为雄，貅为雌，有龙头、马身和麒麟脚，形状像狮子，下颚长有长须，两肋长有翅膀，凶猛威武，具有腾云驾雾、号令雷霆的本领（图 13-78~图 13-80）。

《汉书》记载，一个角的貔貅称为"天禄"，两个角的称为"辟邪"。"天禄"是为帝王守护财宝的，是皇室财富的象征。"辟邪"则因其凶猛，能吞食恶兽邪灵而得名。相传，貔貅备受龙王宠爱，日日以金银珠宝为食，后因贪食而犯错，玉皇大帝命其只以四面八方之财为食，吞万物而不泻，只进不出，民间将貔貅视为纳财进宝的神兽。

貔貅题材的作品一方面有旺财的寓意，另一方面有辟邪挡煞、镇宅的寓意。

图 13-78　绿色翡翠貔貅把件

图 13-79　绿色（左）和紫色翡翠貔貅把件（一对）

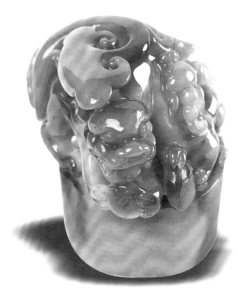

图 13-80　黄翡貔貅摆件

六、鹿

"鹿"与"禄"谐音，象征富裕。

自古以来，鹿和仙鹤、龟、猫、蝶等一样，被当作象征长寿的灵物，因此鹿有长寿的含义。《述异记》记载："千年为苍鹿，又五百年为白鹿，又五百年为玄鹿。"《抱朴子》（晋，葛洪）记载："鹿寿千岁，满五百岁则白。"据说白鹿经常与仙人为伍，老子经常骑白鹿出游（图 13-81）。

鹿与蝙蝠组合寓意"福禄双全"；鹿、蝙蝠、寿桃组合寓意"福禄寿"；与仙鹤组合称为"鹤鹿同春"。

图 13-81　春带彩翡翠鹿挂件

七、蝙蝠

蝙蝠是一种能飞的哺乳动物。"蝠"与"福"谐音，蝙蝠自古就是人生幸福的象征，寓意官禄、长寿、喜庆、财富、平安和吉利。

蝙蝠有倒挂枝头的习性，寓意"福到"；两只蝙蝠相聚表示好运加倍；五只蝙蝠（五福捧寿）寓意长命百岁、荣华富贵、健康安宁、行善积德、人老善终的天赐五福（图 13-82、图 13-83）。

图 13-82　翡翠古钱币挂件

图 13-83　翡翠蝙蝠挂件

八、蟾蜍（金蟾）

金蟾象征财富（图 13-84）。民间有"刘海戏金蟾"的传说。这个传说源于道家典故：刘海家贫如洗，为人厚道，事母至孝。有一天，他上山打柴，看见路边有一只受伤的三

图 13-84　翡翠蟾蜍摆件

足蟾蜍，便赶快上前为其包扎伤口，结果蟾蜍变成了一位美丽的姑娘，能口吐金钱和元宝。姑娘嫁给了刘海，两人过上了幸福美满的生活。

九、狮子

狮子是汉代时从西域传入的,《后汉书·西域传》记载了有关狮子的基本形象特征。佛教中，狮子是神圣的守护者、智慧的化身。几千年来，人们认为，狮子具有高贵和威严的形象，是权力与尊严的象征。

狮子的雕刻造型有雌、雄之分。雄狮前爪玩绣球或两前爪之间有一绣球，雌狮左前爪抚摸幼狮或两前爪之间卧一幼狮。古代人们将石雕狮子置于寺庙、道观、宫殿、衙署等正门以及官员、贵族和豪宅门口，寓意镇宅；玉石雕刻的狮子作为摆设，有辟邪、事事如意的寓意（图 13-85、图 13-86）。

图 13-85　黄加绿翡翠狮子摆件

图 13-86　翡翠狮子摆件

十、象

象的寿命较长，可达到 70~80 岁，被人们视为瑞兽。象四肢粗壮、体形巨大、稳如泰山，象征江山稳固、社会安定。"象"谐音"祥"，象征吉祥如意、平安顺心（图13-87）。

图 13-87　黄翡大象摆件

十一、鱼

"鱼"与"余"谐音，有多、充足、丰收之意。

"鲤"与"利""礼"谐音，鲤鱼常与童子、莲叶（莲花或莲蓬）等组合，寓意连年有余、富贵有余；"鲶"与"年"谐音，鲶鱼寓意年年有余；流传至今的"鲤鱼跃龙门"的神话故事寄托了人们飞黄腾达、望子成龙的美好愿望；双鱼戏珠（双鱼、浪花、珠），浪花比喻财源滚滚，"珠"为财富的象征，寓意生意兴隆、利润丰厚、大吉大利；多条金鱼组成一朵花的形状寓意金玉满堂（图13-88~图13-92）。

图 13-88　翡翠鱼挂件　　图 13-89　黄加绿翡翠鱼挂件

 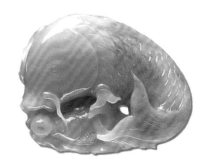

图 13-90　翡翠鱼项坠　　　图 13-91　翡翠鱼把件

图 13-92　翡翠"连年有余"摆件

十二、喜鹊

喜鹊叫声清丽、明亮，十分悦耳。先秦时期，人们认为喜鹊具有感应预兆的神奇本领，视其为吉祥鸟。古代，人们称鹊为"神女"。

两只喜鹊相对意为"双喜临门"；喜鹊踏在梅梢上意为"喜上眉梢"；喜鹊配有古钱币意为"喜在眼前"；喜鹊与三个桂圆（或桂圆、荔枝、核桃各一）组合寓意"喜报三元"；獾昂首望天，喜鹊俯首望地，意为"欢天喜地"（图13-93、图13-94）。

图 13-93　翡翠喜鹊挂件　　　　图 13-94　黄翡喜鹊挂件

十三、鸳鸯

鸳鸯是我国特有的鸟类，最突出的特点是雌雄成双成对，形影不离，飞则同展翅，游则同戏水，栖则连翼交颈而眠，有"匹鸟"之称。传说，鸳鸯一旦丧偶，终身不配，甚至殉情而终。鸳鸯自古就是爱情忠贞、婚姻美满、家庭幸福的象征（图13-95、图13-96）。

图 13-95　翡翠鸳鸯挂件　　　　图 13-96　翡翠鸳鸯双喜对牌

十四、蝴蝶

"蝶"与"耋"谐音。《左传·僖公九年》说："伯舅耋（dié）老，加劳，赐一级，无下拜。"杜预批注："七十曰耋。"《礼记·曲礼》记载"八十九十耄（mào）"，人活到70~90岁称为"耄耋"之年。因此，蝴蝶寓意健康长寿（图13-97~图13-99）。

图 13-97　翡翠蝴蝶项坠

图 13-98　黄加绿翡翠蝴蝶摆件

图 13-99　红翡俏色蝴蝶摆件

十五、蝉

蝉繁殖后代的方式十分特殊，蝉产卵后，其幼虫在地下蛰伏3年才能从地下钻出，蜕皮成为成虫。古人认为其生性高洁，蜕变不死，脱壳重生，具有"神"的特性，因此古代丧葬入殓经常大量使用口琀蝉，寄托生者祝愿逝者灵魂升天，生命得以无限延长的愿望。蝉有辟邪、重生的寓意。随着人类文明程度的提高，古代的丧葬文化已淡出现代生活。如今蝉的雕刻作品寓意"一鸣惊人"，表示对佩戴者才华与潜力的赞赏（图13-100~图13-103）。

图 13-100　黄加绿翡翠蝉挂件

图 13-101　翡翠蝉挂件

图 13-102　翡翠蝉印章

图 13-103　翡翠蝉把玩件

十六、鹤

鹤形态优雅，风度飘逸，声鸣于九天，翱翔于云空，临清溪饮山泉，栖河岸藏山涧。尤其是丹顶鹤，羽毛洁白如雪，头冠鲜红似血，颈黑，整体给人以风度翩翩、气宇不凡的印象。

鹤飘逸高雅的形态与仙人契合，传说鹤为仙人坐骑。常用仙鹤比喻品德高尚的贤能之士，称其为"鹤鸣之士"。

鹤是一种寿命较长的鸟类，自古就是象征长寿的仙禽，寓意长寿。《淮南子》记载："鹤寿千岁，以极其游。"世人通常以"鹤寿""鹤龄""鹤算"作为祝寿之词，以及对德高望重长寿老人的赞誉（图13-104、图13-105）。

图 13-104　翡翠松鹤挂件

图 13-105　翡翠松鹤摆件

十七、绶鸟

绶鸟因嘴根有肉绶，能伸能缩，经常变色而得名。雄绶鸟有羽冠，尾巴有两条长尾毛，头黑，带蓝光，背深褐，腹白。雌绶鸟头和背皆呈褐色，羽冠不明显，尾巴没有长长的尾毛。老绶鸟呈白色。

图 13-106　俏色翡翠绶鸟挂件　　　　　图 13-107　黄加绿翡翠绶鸟挂件

绶鸟形如绶带（古代一种佩饰，用四种颜色或一种颜色的丝线编织成 1~2 丈^①的带。古人以不同颜色的绶带作为官员身份和等级的标志），因而绶鸟通常作为升官发财的吉祥物。"绶"和"寿"谐音，绶鸟也象征长寿（图 13-106、图 13-107）。

十八、鹦鹉

鹦鹉羽毛艳丽，乖巧伶俐，自古受到人们的喜爱。殷墟妇好墓中曾出土过一只玉鹦鹉，莫高窟中也绘有鹦鹉的形象。南朝宋文学家刘义庆曾描绘了"鹦鹉救火"的宗教故事，赞扬了鹦鹉锲而不舍的精神。

在雕刻作品中，鹦鹉被赋予了更多美好的寓意："鹦鹉"谐音"英武"，与旭日组合，寓意英明神武，积极向上（图 13-108、图 13-109）。鹦鹉的羽毛艳丽多彩，搭配得宜，寓意多姿多彩的人生。鹦鹉聪明伶俐，学习能力强，适合学子佩戴，以祝福学业有成。野生的鹦鹉常常群居，象征子孙满堂、欣欣向荣。人类饲养鹦鹉时，常常在一只笼子里饲养一对鹦鹉，寄托成双成对、生活美满之意。

图 13-108　黄翡鹦鹉挂件

---

① 1丈≈3.33米。

图 13-109 翡翠鹦鹉摆件

十九、蜘蛛

蜘蛛又称"亲客""喜子""喜母"等，象征喜事将至。

陆玑《诗疏》记载："（喜子）一名长脚，荆州河内人谓之喜母，此虫来著人衣，当有亲客至，有喜也。"后称蜘蛛为"喜母""喜蛛"。

蜘蛛落下象征喜从天降（图13-110）；伏在足上寓意知足常乐，喜事步步相随（图13-111）。

图 13-110　翡翠蜘蛛摆件　　　　　　　　图 13-111　黄翡"知足常乐"挂件

二十、蜜蜂

　　蜜蜂是勤劳的象征，寓意只要付出辛勤劳动，就会有所收获，映射劳动人民对勤劳致富的坚定信念。

　　"蜂"谐音"封"，象征封官、晋升。

　　蜜蜂因酿蜜香醇甜美，还有爱情甜蜜蜜的寓意（图 13-112）。

图 13-112　翡翠蜜蜂挂件

第四节

祥瑞植物类翡翠成品

我国具有悠久的历史和文化，也具有丰富的自然资源。自古以来，人们欣赏、赞美植物，将许多植物美的形象概念化、人格化，或将植物用途的含义加以引申，赋予植物丰富的感情和深刻的内涵，用以表达内心的美好愿望。

中国古代祥瑞植物有牡丹花、白菜、葫芦、福瓜、豆角、树叶、桃、石榴、灵芝、如意、荷花、梅花、兰花、竹子、菊花、松、玉兰花、水仙花、佛手瓜、花生、南瓜、茄子、金铃子等，以写实形式出现。本节对植物祥瑞在翡翠设计雕刻的应用进行了详细的分类介绍。

一、牡丹花

牡丹花是极具中国特色的名贵花卉，素有"国色天香"之誉。牡丹花形态端庄丰满，色彩鲜艳夺目，花型硕大，具有富态之美，是富贵的象征，又称"富贵花"。

牡丹花在唐宋时期是国花，故而唐宋以来赞美牡丹花的诗词非常多。"国色天香"源于唐代诗人李正封的"国色朝酣酒，天香夜染衣"。著名诗人白居易也只为牡丹所倾倒，高吟"众芳唯牡丹"。宋代诗人杨万里则通过"叶叶鲜明还互照，亭亭丰韵不胜妖"的诗句高度赞扬了牡丹花（图13-113、图13-114）。

图 13-113　翡翠牡丹花摆件

图 13-114　紫罗兰翡翠牡丹花摆件

二、白菜

　　白菜谐音"百财"，寓意百业生财、百财聚来。有时菜叶上还雕琢有昆虫（通常为蝈蝈、蝗虫），因其繁殖能力较强而寓意多子多孙。天津俚语里"蝈蝈"与"哥哥"谐音，也有保佑人丁兴旺、多生男孩的寓意；而在北京话中蝈蝈谐音"官儿"，寓意升官晋爵（图 13-115、图 13-116）。

图 13-115　翡翠白菜摆件　　　　　　图 13-116　黄加绿翡翠白菜摆件

三、葫芦

葫芦谐音"福禄"，寓意福运富贵。

葫芦成熟后里面结满许多葫芦籽，寓意"多子"；葫芦的藤蔓蔓延，象征子孙万代。

在道教文化记载中，葫芦通常作为一种神器，被神仙用来济水救火、降妖伏魔，神话传说中常见宝葫芦中可倒出灵丹妙药、神兵天将等，故佩戴葫芦寓意护佑平安、祛病驱邪（图 13-117~图 13-119）。

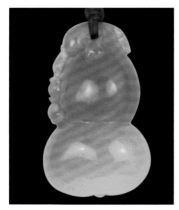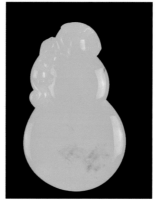

图 13-117　翡翠葫芦挂件

图 13-118　翡翠葫芦镶钻项坠

图 13-119　老坑种翡翠葫芦镶钻项坠

四、福瓜

福瓜有结实多籽、藤蔓绵长的特点，《诗经·大雅·绵》有"绵绵瓜瓞"的记载，寓意子孙昌盛、多子多福（图 13-120~图 13-122）。

图 13-120　翡翠福瓜挂件

图 13-121　翡翠福瓜素身挂件

图 13-122　翡翠福瓜摆件

五、豆角（福豆）

豆角是各种豆科植物果实的统称，包括四季豆、大豆、毛豆、扁豆、豌豆（荷兰豆为豌豆属）等，因其果实饱满，象征硕果累累、财源广进。

福豆也称"佛豆"，寺庙通常以豆角为佳肴，僧人称其为"佛豆"，寓意"福到"。

业内还有一个通俗的说法：两颗福豆寓意母子平安；三颗福豆寓意连升三级，连中三元，也寓意多子多福；四颗福豆寓意四季平安，四季发财；带叶的福豆寓意事业蓬勃发展（图 13-123、图 13-124）。

图 13-123　翡翠福豆挂件

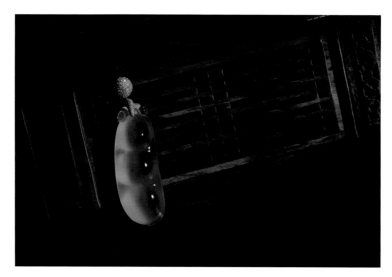

图 13-124　翡翠福豆项坠

六、树叶

树叶有"金枝玉叶"的寓意，体现女性高贵、温婉、美好的特质。谐音"事业"，寓意事业有成，也有枝繁叶茂的寓意，表现生机勃勃、欣欣向荣的意境；如果树叶叶片较大，还寓意"大业有成"（图 13-125、图 13-126）。

图 13-125　翡翠树叶镶钻项坠　　图 13-126　翡翠树叶双层镶钻项坠

七、桃

在中国古代神话传说中，西王娘娘的蟠桃 3000 年一开花，3000 年一结果，再 3000 年成熟，进食 1 枚可增寿 600 年。因此，桃子也称为"仙桃"或"寿桃"，寓意长寿或祝寿（图 13-127）。

图 13-127 翡翠寿桃挂件

八、石榴

石榴果实饱满，籽粒繁多，"千房同膜，千子如一"，是多子的象征。据《履园丛话》记载：清嘉庆年间修饰圆明园，其中就有以"榴开百子"为题材的紫檀装饰，寓意流传百子、多子多福、子孙昌盛。石榴与寿桃、佛手组合，寓意"福寿三多"，即多福、多寿、多子（图 13-128）。

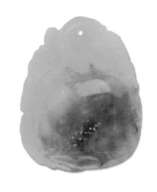

图 13-128　翡翠石榴挂件

九、灵芝

灵芝也称"瑞芝""灵草"。

灵芝菌盖表面有一轮轮云状纹，形似"祥云"图案，是吉祥的象征。

古人对灵芝有这样的称赞："生朽木而亮高洁风骨，饮野露而显灵秀神韵。"传说，灵芝具有容颜不老、起死回生的功效，食之长生不老，寓意健康长寿（图 13-129）。

图 13-129　翡翠灵芝摆件

十、如意

如意是灵芝的抽象性化身。灵芝菌盖有一圈圈呈云状环纹，称为"瑞征""庆云"，是吉祥的象征，故灵芝逐渐抽象演变为"如意"。

"如意"一词源自印度梵语，随佛教传入中国。最早的如意柄端呈手指形，搔之可"如意"。古人说，如意通常长一二市尺（34~67厘米），由首、柄两部分组成，首部较大，呈灵芝形或云形，柄呈"S"状拱形。在僧人诵讲佛经时，常手持如意，其上有经文，以免遗忘。

挂件中出现的如意题材则是对古代如意的引申，其形态只保留古代如意的首部，整体圆润、大气，寓意"事事如意"（图13-130）。

图13-130　翡翠如意挂件

十一、莲花（荷花）、荷叶、莲藕

莲花象征纯洁、清净、一尘不染，宋代《爱莲说》中有赞誉莲花的名句："出淤泥而不染，濯清涟而不妖。"人们在赞誉莲花高雅超群气质与高洁清廉品质的同时，也在隐喻对人格品质清正廉洁的向往与赞颂，所以莲花也经常用来比喻君子（图13-131）。

荷叶和莲藕与莲花一样均有出淤泥而不染的寓意；"莲"谐音"连"，莲藕还有喜得佳偶的寓意。莲藕与鱼组合，象征"连年有余"。

如荷叶上出现露珠则有晶莹剔透之感，露珠犹如洒落玉盘的珍珠，搭配碧绿的荷叶，整体灵动清新。唐代诗人温庭筠在《荷叶杯·一点露珠凝冷》中用"一点露珠凝冷，波影，满池塘；绿茎红艳两相乱，肠断，水风凉"，来描写拂晓时分荷塘水面波光粼粼、荷叶露珠点点的美景。

图 13-131　翡翠莲花挂件

十二、梅、兰、竹、菊（四君子）

梅，剪雪裁冰，一身傲骨；兰，空谷幽香，孤芳自赏；竹，筛风弄月，潇洒一生；菊，凌霜自行，不趋炎势。梅兰竹菊，占尽春夏秋冬，因其清雅淡泊的品质，被称为"四君子"，千百年来一直为世人所钟爱，至今更甚。当代，以梅兰竹菊为题材的翡翠作品屡见不鲜，这些作品往往承载着人们对时间秩序和生命意义的感悟，是一种人格品性的文化象征（图 13-132）。

图 13-132　翡翠梅兰竹菊摆件

梅花

梅，树姿苍劲，耐严寒，具有"禀天质之至美，凌岁寒而独开"的美誉，自古文人墨客赞其"冰肌玉骨""凌寒留香"。梅花很早盛开，为春色之最先，是传春、报春的使者。其香气清雅，寓意坚毅忍耐、高洁谦虚（图 13-133、图 13-134）。

图 13-133　翡翠梅花挂件　　　　　图 13-134　翡翠梅花竹节挂件

兰花

兰以香著称，花香独具"四清"——气清、色清、神清、韵清，具有高雅、清新的形象，为"花中君子"。《孔子家语·在厄》中"芝兰生于幽谷，不以无人而不芳。"说的是兰花从不炫耀自己，无论身处何境，其馨香"自有微风递，何用人为"，故将兰花象征君子（图 13-135）。

竹子

竹子临霜不凋，节节挺拔，虚心向上，象征君子。清代郑板桥赞誉竹"千磨万难还坚挺，任尔东南西北风。"另外，竹节多且向上生长，寓意节节高升。与梅组合，寓意青梅竹马、夫妻恩爱（图 13-136、图 13-137）。

图 13-135　翡翠兰花挂件

图 13-136　翡翠竹子挂件

图 13-137　翡翠竹子摆件

菊花

　　菊花开于晚秋，耐寒傲霜，不与群芳争艳，是不从流俗、不媚世好、卓然独立之君子的象征。山水田园诗人陶渊明赞美菊花"芳菊开林耀，青松冠岩列；怀此贞秀姿，卓为霜下杰"。秋风凛冽，百花凋零，菊花仍迎霜怒放、坚贞秀美的英姿卓尔不群，被誉为"霜下之杰"（图 13-138、图 13-139）。

图 13-138　翡翠菊花摆件　　　　　图 13-139　翡翠菊花及花瓶摆件

十三、松

松树是生命力极强的常绿树种，无论环境如何冰冻严寒，依然郁郁葱葱，象征刚强、坚毅，与竹、梅一起组成"岁寒三友"。

因世上有长青不老松，故有"松以静延年""岁寒而知松柏之后凋也"一说，寓意长寿或祝寿。与仙鹤组合，寓意"松鹤遐龄"（图13-140、图13-141）。

图 13-140　翡翠松树挂件　　　图 13-141　翡翠松竹挂件

十四、玉兰花

玉兰为早春之花，花先叶而开，颜色清雅如玉，形似莲花，寓意君子修身、养性、洁行（图13-142~图13-144）。屈原有"朝饮木兰之坠露兮，夕餐秋菊之落英"之佳句（这里，木兰指的就是玉兰）。

图 13-142　翡翠玉兰花挂件

图 13-143　紫罗兰翡翠玉兰花摆件

图 13-144　翡翠玉兰花摆件

十五、水仙

水仙为我国传统名花之一。水仙春节前后花开，人们把水仙花开看作是一年好运的象征，寓意思念、团圆、纯洁、吉祥。如果水仙刚好在除夕夜或大年初一开花，预示全家新年有好运（图 13-145）。

图 13-145　翡翠水仙花摆件

十六、佛手瓜

佛手瓜是一种果实，形如手，前端分开如手指，整体蜷曲如手掌，寓意吉祥多福。"佛"谐音"福"。佛手瓜与寿桃、石榴组合，寓意"福寿三多"，即多福、多寿、多子，象征家族兴旺（图13-146）。

图 13-146　翡翠佛手瓜挂件

十七、花生

花生又称"长生果"，象征长寿，寓意长生不老。花生的根蔓延绵不断、果实累累，显示生命延续，寓意多子多福（图13-147）。

图 13-147　翡翠花生摆件

十八、南瓜

南瓜多子，寓意多子多孙、子孙昌盛。

清代乾隆年间张乃孚《巴渝竹枝词》记载，重庆地区中秋有"送瓜得子""摸秋求子"的习俗——"送瓜箫管闹盈街，火树星星往复回，何事求嗣心太切，佳人寺里摸秋来"（图13-148）。

385

十九、茄子

茄子的顶端有一个花萼，如同戴了顶帽子一般，寓意高官得中，加官进禄。长条形的茄子纤长清细，谐音"长寿"（图13-149）。

图 13-148 翡翠南瓜摆件

图 13-149 翡翠茄子挂件

二十、金铃子

金铃子成熟后外皮呈金黄色，果肉较薄，内部种子很多，外表突起与苦瓜十分相似，寓意多子多福（图13-150、图13-151）。

图 13-150 翡翠金铃子手把件

图 13-151 翡翠金铃子摆件

组合图案类翡翠成品

翡翠作品的传统图案通常组合了人物、动物、植物、景物等多种题材元素。这些组合图案的寓意主要有吉祥如意、多子长寿、事业腾达、家和兴旺等，寄托人们的追求和向往。

一、人生如意

作品组成：人参、如意、蟾蜍、辟邪

作品寓意："人参"谐音"人生"，与如意组合，寓意人生如意；蟾蜍脚踏元宝，寓意财源广进；辟邪寓意家宅平安（图13-152）。

图 13-152 翡翠"人生如意"摆件

二、龙子龙孙

作品组成：龙、童子、花生、寿桃

作品寓意：龙是中华民族的象征；童子、花生、寿桃寓意子孙满堂、兴旺发达、喜庆长寿（图13-153）。

图13-153　翡翠"龙子龙孙"摆件

三、五子登科

作品组成：一只雄鸡、五只小鸡、巢窠

作品寓意：雄鸡鸣叫，寓意功名。"窠"谐音"科"，寓意金榜题名。出自典故：五代后周窦禹钧才学出众，家教严谨，教子有方，五个儿子先后中了进士（图13-154）。

图13-154　翡翠"五子登科"摆件

四、五鼠运财

作品组成：鼠、元宝

作品寓意：传说老鼠曾是财神的散财童子之一，鼠寓意玉鼠送财、财源广进。鼠配有元宝称"金钱鼠""发财鼠"（图 13-155）。

图 13-155　翡翠"五鼠运财"摆件

五、多子多福

作品组成：荷叶、花生、麦穗、玉米

作品寓意：荷叶象征和和美美；麦穗、玉米、花生皆多子，有子孙满堂、多子多福之意（图 13-156）。

图 13-156　翡翠"多子多福"摆件

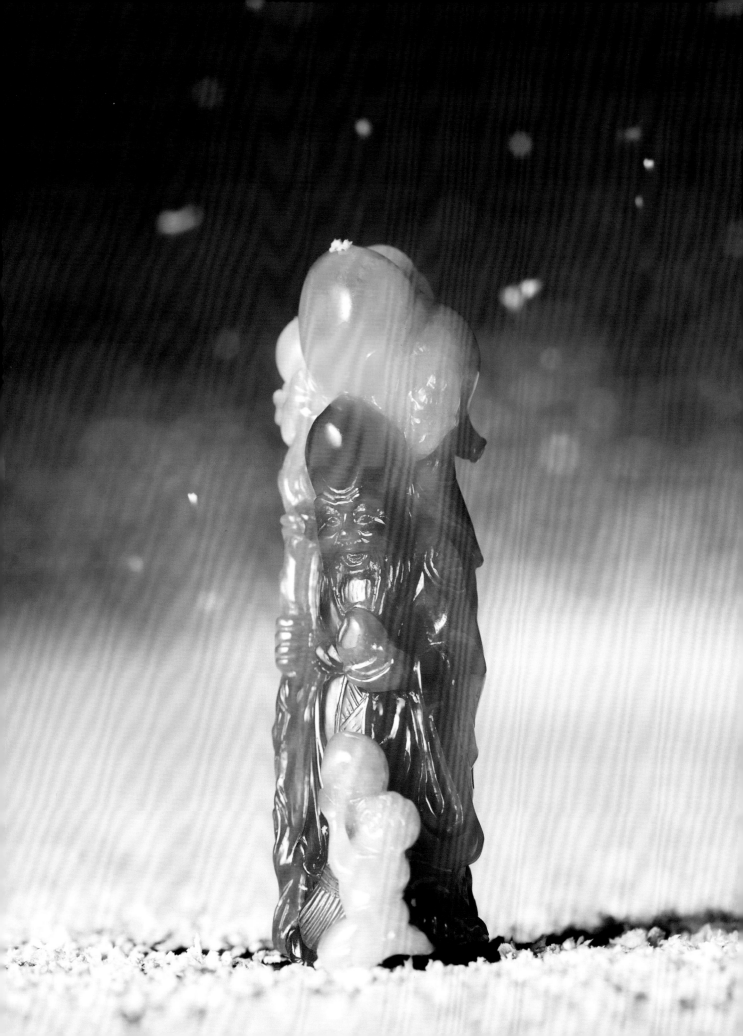

六、福寿绵长

作品组成：寿桃、童子、花生、佛手瓜

作品寓意：佛手瓜、寿桃寓意多福、长寿；童子、花生，寓意子孙满堂、兴旺发达（图13-157）。

七、步步高升

作品组成：熊、竹

作品寓意："熊"谐音"雄"，寓意雄才大略。竹子节节高（或大熊背小熊稳步向上攀爬），寓意步步高升（图13-158）。

图 13-157　翡翠"福寿绵长"摆件

图 13-158　翡翠"步步高升"摆件

八、财源滚滚

作品组成：貔貅、铜钱、螭龙、獾

作品寓意：貔貅纳四方之财，只出不进；铜钱寓意财源滚滚；螭龙寓意避邪、消灾、祈福、惩恶扬善；獾寓意欢欢喜喜（图13-159）。

九、满庭香

作品组成：水仙、铜钱、蝴蝶

作品寓意：水仙象征团圆，铜钱象征财富，蝴蝶象征健康长寿。这个组合图案寓意家庭团圆美满、家业兴旺、健康长寿、满园春色（图13-160）。

图 13-159 翡翠"财源滚滚"摆件

图 13-160 翡翠"满庭香"摆件

十、一桶富贵

作品组成：桶、童子、铜钱、鸡、人参、花生、南瓜、稻米

作品寓意：寓意一生收获丰硕、财源满贯、家族兴旺、幸福美满（图13-161）。

图 13-161 翡翠"一桶富贵"摆件

十一、富贵满堂

作品组成：喜鹊、牡丹、南瓜

作品寓意：喜鹊又称"报喜鸟"，有"晨闻其声，喜事将近"的说法。成群喜鹊更添喜庆气氛（图 13-162）。

图 13-162 翡翠"富贵满堂"摆件

十二、卧虎藏龙

作品组成：老虎、山峰、翠柏

作品寓意：虎为百兽之王，象征虎虎生威、威猛阳刚。"卧虎藏龙"寓意勇气胆魄，避邪纳福（图 13-163）。

图 13-163　翡翠"卧虎藏龙"摆件

故事题材类翡翠成品

翡翠成品中的故事题材是指融入西方或东方的文化故事及传说的一系列艺术造型，给翡翠艺术品增添了异域风情和时代气息。

一、西游记

作品组成：唐僧、孙悟空、猪八戒、沙和尚、白龙马

作品寓意：《西游记》为明代作家吴承恩所著。徒弟四人保护唐僧西行取经，历经九九八十一难，一路降妖伏魔、化险为夷，终于取得真经（图 13-164）。

图 13-164　翡翠故事题材——"西游记"摆件

二、梁祝

作品组成：小提琴、五线谱、蝴蝶

作品寓意：小提琴奏出的美妙旋律和音符述说着梁山伯和祝英台凄美的爱情故事（图13-165）。

图 13-165　翡翠故事题材——"梁祝"摆件　　图 13-166　翡翠故事题材——"松下问童子"摆件

三、松下问童子

作品组成：老人、仙童、苍松

作品寓意：以"松下问童子，言师采药去，只在此山中，云深不知处"（唐代贾岛，《寻隐者不遇》）为主题，情景生动。寓意高雅、恬静、悠闲自在的生活（图13-166）。

四、老子出关

作品组成：老子、仙童、苍松

作品寓意：远眺日出望东方，紫气浩荡八千里，老子骑青牛而至，留下一部《道德经》，西出函谷关，之后莫知所终。寓意紫气东来、祥瑞骤降（图13-167）。

图 13-167　翡翠故事题材——"老子出关"摆件　　　　图 13-168　翡翠故事题材——"渔翁"摆件

五、渔翁得利

作品组成：渔翁、鲤鱼

作品寓意：渔翁打捞到鲤鱼，满载而归。"鲤"谐音"利"，代表财源广进（图 13-168）。

六、梦

作品组成：少女、丑小鸭

作品寓意：出自安徒生童话《丑小鸭》；少女梦中自己已由一只丑小鸭变成了美丽的白天鹅，寓意对未来的美好憧憬（图 13-169）。

图 13-169　翡翠故事题材——"梦"摆件

七、美人鱼

作品组成：美人鱼、海底植物

作品寓意：出自安徒生童话《美人鱼》。海底世界神秘、奇异，美人鱼美丽、圣洁，美人鱼轻盈柔美的身躯在海中遨游，意境浪漫优美（图 13-170）。

八、人生如梦

作品组成：少女、洋酒、手机、海滩

作品寓意：营造如诗如画的意境：潮起潮落，人生如梦（图13-171）。

图13-170　翡翠故事题材——"美人鱼"摆件

图13-171　翡翠故事题材——"人生如梦"摆件

第十四章
Chapter 14
国内外翡翠市场

随着我国经济的高速增长，国内对珠宝玉器的需求日益增加，翡翠市场规模也快速扩大。据统计，近年来中国翡翠毛料年需求量和加工量达近万吨，加工从业人员以百万计，加工基地遍及全国，已成为全世界最大的翡翠加工基地和销售市场。

优质翡翠皆出产于缅甸北部克钦邦雾露河流域，缅甸自然成了世界最大的翡翠供货源，其中八个场区、近百个场口有交易集散地，这些场口再辐射到缅甸其他地区，形成众多的翡翠交易市场。缅甸境内的主要翡翠交易市场从北到南有帕敢、曼德勒、内比都和仰光，帕敢地区也是缅甸重要的翡翠原料开采地。

我国云南及广东的翡翠市场也有较长时期的发展，现已形成很大规模。目前，内地的翡翠市场主要有：广东的广州、佛山平洲、肇庆四会和揭阳阳美等地；云南的腾冲、瑞丽、姐告、盈江、陇川（章凤）和畹町等地；此外，作为文明古都的北京，近20余年来翡翠销售十分旺盛；还有台湾、香港、上海、河南等地的翡翠市场。

美国（以美籍华人为主）、东南亚（马来西亚、新加坡、印尼的华人）、日本、韩国等国家都有一定规模的翡翠购买群体。随着国外对翡翠物质性与文化性认识的加深，翡翠市场将会有更广阔的前景。

第一节

缅甸的翡翠市场

缅甸是世界最重要的翡翠原料产地，世界95%以上的翡翠产自缅甸。缅甸官方统计，2000年翡翠玉石产量就已达5242吨，估计现产量已达近万吨。缅甸的翡翠市场为原料市场，主要在曼德勒、仰光、内比都、帕敢等地，大多数市场以翡翠玉石场口为源头，在矿坑、矿场均可就地交易。

随着翡翠收藏热的兴起，缅甸翡翠原石的交易量逐年攀升，各国翡翠采购商（以我国广东为主）到缅甸翡翠交易会购买翡翠原料，再运回国内直接销售或加工为成品出售，由此获取丰厚的利润。在翡翠原料成交量逐年快速增长的基础上，翡翠价格不断大幅度上涨。业内人士反映，2004年以后的几年，普通低档翡翠原料价格年涨幅达20%~30%，中高档翡翠原料价格年涨幅高达200%~300%，缅甸翡翠公盘屡屡出现以天价成交的翡翠原石。现如今，随着中国经济增长进入新常态，翡翠零售行业不再盲目追涨，翡翠的投资经营将逐渐趋于理性，发展也更趋良性。

一、缅甸翡翠原石公盘交易

缅甸境内开采的翡翠原石都要经缅甸政府和军方矿业部统一编号才能集中拍卖。拍卖以翡翠原石交易会的形式每年定期或不定期举行，届时世界各地的珠宝商前往交易会，对这些翡翠原料进行估价竞买。这种形式的翡翠交易会称为公盘。

翡翠原石公盘交易始于1964年，每年举办一次，第一届交易会的成交额仅为几十万美元。自20世纪90年代至2003年，增加了中期拍卖，改为每年春秋举办两届。2004年前，翡翠原石公盘交易主要在曼德勒五大翡翠交易公司举行。

2004年6月，缅甸政府规定玉石必须经过公盘拍卖才可以出口，导致世界翡翠市场价格大幅上涨。政府规定，原石交易必须在仰光进行，因此2005年后的翡翠原石公盘交易都在缅甸仰光国家会展中心举行（图14-1~图14-4），并且每年公盘增加到4~5次。

图14-1　仰光翡翠原石公盘拍卖会场
（2006年6月）
（平洲珠宝玉器协会提供）

图14-2　仰光翡翠原石公盘交易货场
（2007年3月）
（平洲珠宝玉器协会提供）

图 14-3　仰光翡翠原石公盘投标现场
（2008 年 6 月）
（平洲珠宝玉器协会提供）

图 14-4　仰光翡翠原石公盘拍卖会现场
（2010 年 3 月）
（平洲珠宝玉器协会提供）

2010 年 11 月，第 47 届翡翠原石公盘移到新首都内比都举办（图 14-5），至 2011 年 3 月，新首都内比都翡翠原石公盘馆落成，并举行了缅甸第 48 届翡翠原石公盘（图 14-6、图 14-7），2011 年 7 月举行了缅甸第 49 届翡翠原石公盘（图 14-8、图 14-9）。缅甸公盘停滞 1 年多后，2013 年 6 月 15 日重新开启第 50 届翡翠原石公盘（图 14-10、图 14-11），为期 13 天，翡翠原石投放约 10300 份。2014 年 6 月 24 日

图 14-5　新首都内比都翡翠原石公盘交易部分货场
（2010 年 11 月）
（平洲珠宝玉器协会提供）

图 14-6　第 48 届内比都翡翠原石公盘投标现场
（2011 年 3 月）
（平洲珠宝玉器协会提供）

图 14-7　第 48 届内比都翡翠原石公盘交易货场
（2011 年 3 月）
（平洲珠宝玉器协会提供）

图 14-8　第 49 届内比都翡翠原石公盘投标会场
（2011 年 7 月）
（平洲珠宝玉器协会提供）

图 14-9　第 49 届内比都翡翠原石公盘交易货场
（2011 年 7 月）
（平洲珠宝玉器协会提供）

图 14-10　内比都翡翠原石公盘投标会场
（2013 年 6 月）
（平洲珠宝玉器协会提供）

图 14-11　内比都翡翠原石公盘交易货场
（2013 年 6 月）
（平洲珠宝玉器协会提供）

至 7 月 7 日，第 51 届翡翠原石公盘在内比都举行，据报道成交额达 230 亿元人民币。

目前在缅甸，翡翠原石还是被严令禁止私下交易，只有通过缅甸政府的公盘方可交易出境，否则视同走私，违法商人面临逮捕或巨额罚款。所有进入公盘的购买商人每人需一次性交纳 5 万欧元押金，而第一次参加公盘的玉石商人，必须事先得到缅甸矿业部门或者当地翡翠贸易公司的邀请，否则无法进入公盘现场，有了交易记录才能独立申请进入公盘。

二、缅甸翡翠市场

除大型的原石公盘交易外，缅甸还有不少的翡翠交易集散地，如仰光翡翠市场、曼德

勒翡翠市场、帕敢翡翠市场等。

（一）仰光翡翠市场

仰光最重要的翡翠市场是国家会展中心珠宝展览馆与昂山将军市场。国家会展中心珠宝馆位于仰光市区，1992 年建成。昂山将军市场是缅甸珠宝玉石最大的成品零售市场，已有 70 年的历史，销售的翡翠制品品种繁多，档次齐全。2005—2010 年，缅甸政府主办的翡翠原石拍卖会（翡翠"公盘"）在仰光国家会展中心举行。

（二）曼德勒翡翠市场

曼德勒是缅甸的主要翡翠交易中心和集散地（图 14-12），整个市场有三种交易类型：专业珠宝市场交易、知名翡翠公司的原石交易以及郊外的零散个人交易。集中的专业珠宝交易市场分为翡翠戒面区、手镯区、毛料区、片料区、加工区以及雕件区等，其中中档翡翠戒面的交易量最大，翡翠原料则以低档货为主；知名翡翠公司是缅甸翡翠原料出口的主要供货商，每年向缅甸"公盘"提供大宗翡翠原石用以拍卖；个人交易相对较少，也较为隐秘。

图 14-12　曼德勒翡翠交易市场

（图片来源：http://www.zbfcxx.net/feicuijianding/418.html）

（三）帕敢翡翠市场

帕敢是历史最为悠久、开采优质翡翠最多的重要翡翠开采地，主要场口有帕敢基、木那、次通卡等，以出产黑砂皮原石著称。帕敢地区翡翠加工业不具规模，主要以体积较小的翡翠毛料为主，也有少量的成品戒面、片料，交易规模不大（图 14-13）。

图 14-13　帕敢翡翠原石交易区

（图片来源：http://www.dili360.com/cng/article/
p5350c3da0dafa44.htm）

第二节

云南的翡翠市场

改革开放以来，我国逐渐恢复了玉石的生产加工及贸易，中缅边境贸易随之又活跃起来。滇缅山水相连，边境线绵延上千千米，少数民族跨境而居，给当地翡翠市场的形成提供了资源和自然条件。靠近中缅边界的云南省自古就是翡翠进入中国的集散要地，其翡翠市场历史悠久，独具旅游特色，翡翠饰品和加工制作都比较广泛。云南翡翠市场主要分布在腾冲、瑞丽、昆明、姐告、盈江、陇川（章凤）以及畹町，进入云南边境口岸的供货商多半从事翡翠原料交易，以缅籍华人、华侨为主，其次是缅甸克钦族（我国称为"景颇族"）。而来自印度、孟加拉、巴基斯坦的商人主要提供翡翠成品、半成品。此外，还有少数泰国商人由缅甸进入云南境，销售翡翠原料和成品。

第十四章　国内外翡翠市场

一、瑞丽翡翠市场

瑞丽是全国重要的珠宝玉石交易集散地之一。瑞丽毗邻宝石资源大国缅甸，是缅甸出口翡翠的最大陆路通道，素有"玉出云南，玉从瑞丽"的美誉。因其优越的地理条件，瑞丽曾是缅甸政府唯一允许翡翠出口的陆路口岸。

目前，瑞丽市形成了相对集中的翡翠交易市场：瑞丽珠宝街翡翠市场（图 14-14、图 14-15）、华丰珠宝工业园翡翠市场、姐告玉石城翡翠市场（图 14-16、图 14-17）、姐告中缅友谊街、新东方珠宝城等；其中，珠宝街翡翠市场规模最大、影响最深远，经过多次改扩建，有大小铺面 450 间、摊位近 300 个。目前，整个瑞丽市共有大小珠宝加工作坊 800 多家、珠宝店铺 6000 余家，从业人员超过 4 万人。

瑞丽的珠宝玉石交易由来已久。位于瑞丽坝上的姐相，傣语意译为"宝石街"，是

405

图 14-14　云南瑞丽翡翠市场外景

图 14-15　云南瑞丽翡翠市场商铺

图 14-16　云南姐告毛料市场

图 14-17　云南姐告翡翠市场

历史上珠宝生产和交易的重要场所。改革开放伊始，我国翡翠市场每年毛料需求量约2000吨，有90%出自瑞丽；到20世纪90年代初期，瑞丽兴建了全国第一个比较规范的珠宝市场；1998年3月，缅甸政府正式开通其唯一的翡翠陆路出口通道——与姐告一街之隔的木姐市，允许翡翠毛料以边贸方式进入瑞丽；2000年8月，我国国务院批准瑞丽姐告边境贸易区实行全国唯一的"境内关外"特殊监管模式。海关统计数据显示，缅甸年产2万多吨翡翠毛料中，有近万吨流入我国，其中，通过瑞丽这条"翡翠之路"进入的就超过60%。

二、腾冲翡翠市场

腾冲县是历史上有名的翡翠加工贸易集散地，与缅甸北部盛产翡翠玉石的克钦邦山水相连，自古就是我国西南重要的陆路通商口岸，古代南方丝绸之路和著名的史迪威公路也正是经由腾冲而直贯缅北进入南亚的，腾冲无疑成了最便捷的"翡翠通道"。

腾冲主要的翡翠交易市场（图14-18）有珠宝玉石交易中心、腾越翡翠城、腾越翡翠商贸城、文星珠宝步行街等。其中，最重要的有腾越翡翠城，该市场于2003年正式启用，共有商铺近400家，珠宝翡翠商铺180多家，以成品雕件为主，各式挂件、摆件较多，也有手镯和少量戒面，偶尔还有一些民间收藏的老货。与瑞丽珠宝市场不同的是，腾冲翡翠交易市场没有流动商贩。

腾冲翡翠市场有着500多年的历史，是我国最早的翡翠加工和交易市场。从《芸草合编》成书的年份可以判断，早在明代成化年间（1465—1487）翡翠正式开采不久，便成为腾冲人的贸易货品；明代中前期，除明王朝强制开采外，翡翠贸易在民间并没有形成规模；明代晚期，中缅边境相对稳定，翡翠贸易逐渐发展起来；清末至民国初年，人

图 14-18　云南腾冲翡翠市场

们喜爱翡翠的风气日盛，翡翠的需求日益扩大，翡翠贸易急剧增加；清代以后，腾冲成为缅甸翡翠进入我国的唯一合法通道。现如今，随着旅游业的发展，游客"观玉、买玉"成了腾冲翡翠市场的一大特色。

三、昆明翡翠市场

昆明是云南省省会，素有"春城"之称。作为云南省的政治、经济、文化中心，其优越的地理和文化位置使昆明在云南翡翠交易中占据着重要的地位。

昆明翡翠市场的交易形式多样，有专业珠宝公司及珠宝商等，以中高档的翡翠成品为主；还有品质各异的翡翠批发市场以及以旅游为主导的翡翠成品市场等；另外，还有以翡翠镶嵌加工、赌石等为主要经营模式的特色市场，此类市场的优质翡翠成品较少。

昆明翡翠市场翡翠制品种类繁多、档次齐全，据 2011 年数据报道有近 3000 商家，例如七彩云南珠宝城、昆百大珠宝公司、泰丽宫珠宝等。除这些知名品牌翡翠专营店外，昆明翡翠市场较为重要的交易场所还有地矿珠宝交易中心（图 14-19）、世代景星珠宝市场（图 14-20）、昆明联贸珠宝批发城、云南印象珠宝城、小龙四方街翡翠大楼（图 14-21、图 14-22）、外企珠宝、南窑珠宝城等。

图 14-19　云南地矿珠宝交易中心

图 14-20　世代景星珠宝城

图 14-21　昆明翡翠大楼外景

图 14-22　昆明翡翠大楼内商铺

第三节

广东的翡翠市场

广东省毗邻香港、澳门、台湾地区，与东南亚国家隔海相望，为翡翠贸易提供了便利的地理及交通条件，是全国规模最大的翡翠加工批发中心，还有翡翠原料市场。广东四大翡翠市场——广州、佛山平洲、肇庆四会和揭阳阳美已发展成为中国主要的翡翠加工和批发销售中心，从其他地区前往广东进货的翡翠商络绎不绝，促进了广东翡翠业的繁荣。

一、广州翡翠市场

广州市荔湾区长寿路华林寺周边的翡翠市场是广东四大翡翠市场之一，也是广东最大的翡翠成品销售集散地。

广州翡翠市场与历史悠久的华林寺共处一地，其中重要的翡翠交易市场有华林玉器街（图 14-23）、华林珠宝玉器城（图 14-24）、华林国际（图 14-25）和名汇国际珠宝

图 14-23　广州华林玉器街

图 14-24　广州华林珠宝玉器批发城

图 14-25　广州华林国际珠宝玉器城　　　图 14-26　广州名汇国际珠宝玉器广场

玉器广场（图 14-26）等。这些市场有近万家翡翠销售个体商户，大多来自广东、福建、河南等地，其间不乏来自港、澳、台等地的商家。整个市场以销售成品翡翠为主，品种丰富，有各个档次的翡翠挂件、手镯、摆件、珠串等，还有较多的翡翠镶嵌首饰。此外，市场内还有翡翠设计、加工、镶嵌、质检、包装和物流等配套机构。

早在明万历年间，长寿路一带就开始形成玉器墟；到乾隆年间，长寿路一带翡翠买卖已经比较兴隆；道光年间，慈禧太后喜欢晶莹剔透的翠绿色翡翠，广州玉器工艺制品快速发展，店铺一时间达到 200 多家，但通常规模小，多为宫廷和达官贵人享用，玉雕加工和销售空前繁荣。随后出现了玉器工商行会，共有 6 个"堂口"，各有分工，例如"昆玉堂"专营玉料贸易、"崇礼堂"专营开大料、"诚福堂"专营开制玉镯圈、"镇宝堂"专营玉镯、"成章堂"专营花件、"裕兴堂"专营玉器墟（广东民间市场）及摊档买卖等。

据考证，1860 年第二次鸦片战争结束后，第一批广东商人从水路抵达曼德勒，做翡翠生意很快赚了钱，引来大批云南和广东其他商人到缅甸做翡翠生意。当时，这些广东商人几乎买下曼德勒市场上所有优质翡翠玉石，并由海路运送回国内。此后，翡翠玉石便源源不断地从缅甸曼德勒由水路进入广州，再由广州辗转去北京、苏州等地。据广东省《粤海关志》1877—1896 年的广东海关贸易季报资料，1874—1878 年 5 年间，广东海关进口玉石原料就已达 816 吨。

二、平洲翡翠市场

拥有"玉镯之乡"美誉的平洲翡翠市场位于广东省佛山市南海区东南部桂城平洲，是广东四大玉器市场之一，也是我国最大的翡翠手镯加工和批发中心。

平洲现已拥有相当规模的玉器产业，其主要玉器加工交易市场有玉器旧街（图

14-27~图14-29）、玉器大楼（图14-30）和翠宝园（图14-31、图14-32）等，以加工批发缅甸翡翠为主，主要经营翡翠玉镯（产销量占玉器总量的60%~70%，甚至更高）以及各式各样的素身饰品挂件、把玩及摆件等翡翠成品，以业界产量最大享有盛名。据统计，平洲玉器市场共有玉器销售商铺2000多家、玉石毛料交易场7家、各类玉器加工企业130多家以及散落于村内的600多间家庭式加工作坊，翡翠玉器从业人员达12000多人，不乏来自全国各地有实力的商家和能工巧匠。

图14-27　平洲玉器街

图14-28　平洲玉器街翡翠手镯批发市场

图14-29　平洲玉器街批发市场中的"飘蓝花"翡翠手镯

412

图 14-30　平洲玉器大楼

图 14-31　平洲翠宝园翡翠市场外景

图 14-32　平洲翠宝园翡翠主体市场外景及商铺

现如今，平洲翡翠市场已形成了集翡翠加工、批发、零售为一体的产业体系，作为全国最大的缅甸翡翠原料集散地，吸引了来自揭阳、广州、云南、上海、香港、澳门、台湾等地的商家前来买料和赌料。平洲翡翠市场的玉石原料交易采用"玉石投标交易会"

的形式（图 14-33、图 14-34），多以暗标的方式进行，且以价高者得为原则，这一形式基本取代了传统讨价还价的玉石交易方式。

平洲玉器的发展始于 20 世纪 70 年代中期，陈氏三兄弟创办的平洲平东墩头玉器加工厂，开创了农民加工玉器之先河。80 年代初，平洲涌现了一大批玉器作坊，形成了玉器加工产业，催生了规模化的玉器交易市场。在早期发展的十几年里，翡翠市场推动力来自民间，缺少规范引导，多为前店后厂的小作坊，零散分布，不利于市场进一步发展。到了 90 年代，尤其是 21 世纪以来，政府投入资金整理平东大道两边的店铺，开辟了平洲玉器街，建立了玉器大楼和翠宝园等，平洲玉器这块招牌蜚声中外。

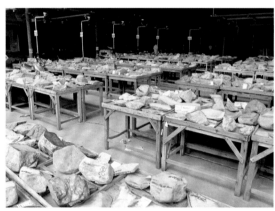

图 14-33　平洲翡翠投标货场

图 14-34　平洲翡翠投标货场考察

三、四会翡翠市场

享有"中国玉器之乡"美誉的四会翡翠市场位于广东省西中部，距广州市 48 千米，是广东四大翡翠市场之一，也是国内最大最著名的翡翠摆件加工中心之一。

四会主要的翡翠市场有"天光墟"翡翠批发市场、玉器街、翡翠城、国际玉器城和万兴隆翡翠城等。在广东的四大翡翠市场中，只有四会生产全系列的翡翠产品，形成了采购、制造、销售一条龙的市场模式，尤其以大小翡翠摆件、翡翠挂件和圆珠散件等翡翠成品居多，其中翡翠摆件占全国份额的 70% 以上。

"天光墟"翡翠批发市场是四会最著名、也是最有特色的翡翠市场（图 14-35、图 14-36）。"天光"（粤语）意为天刚刚亮，顾名思义，"天光墟"是一个早市，经营面积近 30000 平方米，经营模式类似于农贸集市。每天凌晨，商户进入天光墟摆货，卖家每天按时间段租用摊位，同一个摊位早晨、中午通常不是同一个卖家在销售。"天光墟"的货品以中低档翡翠为主，价格相对便宜，除大量已抛光成品外，还有一定量的未抛光半成品；同时，也有少量处理翡翠（"B 货"或"B+C 货"）和翡翠相似品出售。整个市场由挂件区、摆件区和统货区三部分组成，通常挂件区选购的人最多。天光墟集市外围有许多抛光档口，未抛光的翡翠货品都可在此委托抛光。

玉器街由四会城东多条巷子组成，巷子两侧有近千户翡翠成品经营档口。玉器街在四会经营时间最长，已形成较好的商业规模，货品档次较高。

四会翡翠城是 2009 年新建成的集翡翠展示、集玉文化交流传播、旅游参观为一体的翡翠市场，是全国第一个翡翠摆件批发市场，经营面积达 2000 平方米，共设 600 多个铺位，货品主要为中、高档翡翠为主，种类齐全。

万兴隆翡翠城 2013 年建成启用，经营面积达 11800 多平方米，商铺包括毛料区、摆件区、挂件区、抛光区和高档翡翠区等。

四会具有悠久的玉器加工历史。早在清末民初，就有不少玉器匠人将玉器加工技艺传到四会，随后开设了许多"家庭类作坊"；从 20 世纪 70 年代末到 80 年代初，四会出现了专门做出口的玉器工艺厂，之后开设了许多玉器加工销售档口，逐渐形成了玉器街。由此，四会玉器加工产业迅速发展，规模越来越大。

图 14-35　四会"天光墟"翡翠早市

图 14-36　四会翡翠摆件及挂件市场

四、揭阳翡翠市场

　　揭阳是广东四大翡翠市场之一，享有"中国玉都""亚洲玉都"的美誉，是著名的高档翡翠玉器加工和贸易集散地。

　　位于广东省揭阳市区西南部的阳美村是揭阳主要的翡翠市场，素以"金玉之乡"著称，是全国规模最大的玉器专业村和中高档翡翠加工贸易基地，以经营中高档挂件、摆件及部分手镯为主（图 14-37、图 14-38）。阳美村产销的翡翠玉器"奇、巧、精、特"，以品质上乘、工艺精湛、设计新颖等著称。每年，从缅甸开采的中高档翡翠原料 75% 以上流向阳美，而国内的中、高档翡翠玉器 90% 出自阳美。目前，阳美村从事玉器加工及贸易的就有 400 多家，占全村总户数的近八成。

　　揭阳翡翠产业已有 100 多年的历史，自清朝末年开始，就有一小部分村民农闲时做旧玉器的小买卖。自 1905 年起，该村村民开始玉器加工生产贸易。改革开放以来，很多村民着手经营玉器生意，开始形成集翡翠加工、雕刻、贸易为一体的经营模式。现如今，阳美村以生产加工高档翡翠、白玉为主。

图 14-37　揭阳阳美玉都展销中心　　　　　　图 14-38　揭阳阳美玉都

北京及其他地区的翡翠市场

一、北京翡翠市场

北京是中国政治、文化、科教和国际交往中心，也是中国经济、金融的决策和管理中心，又是文明古都，文化底蕴深厚，对玉文化的理解比较深入，翡翠销售占尽天时、地利、人和，是全国最主要的翡翠零售市场。近年来，翡翠销售旺盛，以中高档翡翠成品为主。除了一些实力颇强的外地翡翠商，本地珠宝商也越来越具规模。以北京菜市口百货股份有限公司为例（图 14-39~图 14-41），2004 年起，公司专门开辟了"菜百翡翠缘文化推展区"，在销售翡翠的同时，向购买者普及翡翠鉴定及质量品级评价等方面的知识，引导理性选购和收藏。此外，北京翡翠交易市场还有亚运村小营国际珠宝交易中心、万特珠宝城、万丰珠宝城、新街口五寰珠宝交易市场、华福新阳珠宝饰品市场、爱家珠宝城、天雅珠宝城及官园珠宝城等。

图 14-39　北京菜百总店外景

图 14-40　北京菜百总店"翡翠缘文化推展区"

图 14-41　北京菜百总店翡翠卖场

中国拍卖业经过 20 多年的发展、壮大，已在北京、深圳、上海等地形成一批与国际拍卖业接轨的拍卖公司，例如中国嘉德国际拍卖有限公司、北京保利国际拍卖有限公司、太平洋国际拍卖有限公司等。翡翠首饰也已成为国内拍卖业的一个特色品种。

二、香港翡翠市场

香港是中西合璧的国际化大都市，祖国内地翡翠市场开放前，香港是重要的翡翠转口市场。20 世纪 50 年代的香港翡翠市场发展稳定，1997 年金融危机爆发后，香港翡翠市场一度低迷，后随着经济的复苏，翡翠市场再度转热。

香港主要的玉器市场有九龙油麻地甘肃街玉器市场以及广东道玉器街。20 世纪 50 年代初期，一批从广州移居到香港的玉器商人，开始在油麻地广东道开设玉器店铺，并且逐渐将这里发展成一个玉器的集散市场。玉器市场内有 400 个玉器商户，货品丰俭由人，有翡翠摆件、吊坠、戒指、手镯等各类玉石商品。香港玉器商会为了将富有中国玉器文化特色的广东道建设成为一条具有特色的旅游街道，于 2005 年向特别行政区政府有关部门申请将广东道（佐敦道至甘肃街）一段命名为玉器街，并于同年得到批准，每年吸引了不少游客前来游览。

文献记载（Goette，1976），1932 年有 200 多吨翡翠原石从缅甸出口到中国。这些翡翠原石大部分先运至香港，然后再运往广东，其中也有一部分直接经云南陆路运到上海。Goette 认为，上海是当时世界最大的玉石市场，而广东是最主要的翡翠加工和出口地。20 世纪 30 年代末至 40 年代末，中国翡翠市场受到了前所未有的打击。第二次世界大战后，香港取代了上海成为中国最主要的翡翠市场，当时北京、上海的许多珠宝商纷纷移居香港。从 1967 年开始，香港珠宝玉石厂商会组织的翡翠拍卖会在香港的酒店里举行。现如今，香港玉器街还有不少的翡翠老商家，但生意不如祖国内地红火。

国际著名的拍卖行——英国的苏富比（Sotheby）和佳士得（Christie），在香港设有分支机构，即"香港苏富比"和"香港佳士得"，每年都举办春、秋两届拍卖会，承担了总行大部分翡翠藏品的拍卖，并且屡创佳绩。其中，2014 年香港苏富比春拍中的一只祖母绿色翡翠手镯，估价为 4000 万~5000 万港元，最后以 4380 万港元成交。2012 年香港佳士得春拍中的一串翡翠珠链品质卓越，估价为 2500 万 ~3500 万港元。

三、台湾翡翠市场

台湾非常注重中华传统文化，收藏与佩戴翡翠饰品蔚然成风。许多知名翡翠玉石拍卖会不乏台湾买主。1987 年以前，台湾珠宝银楼公司主要以销售黄金为主，翡翠玉石销售比例不高。20 世纪 90 年代是台湾翡翠市场最辉煌的时期，高档翡翠的销售居世界首位，大量香港加工的翡翠进入台湾市场。现如今台湾人购买翡翠趋于理性，偏爱种质好的翡翠，也有部分台湾收藏家将翡翠收藏品销往内地。

台北市建国假日玉市是一个著名的玉石市场（图 14-42），原址位于光华商场旁，旧称"光华假日玉市"。1989 年，光华假日玉市迁至建国南路高架桥下，位于济南路到仁爱路之间，更名"建国假日玉市"，成为一个以假日集市形式的台北玉市。台北市玉石文物协进会不定期在此举办各类玉器文物展。得益于台北建国假日玉市的兴旺，假日玉市附近的建国南路一带也聚集了众多古董文物专卖店，以经营玉器为其主要特色。

图 14-42　台北市建国假日玉市

参考文献

［1］GB/T 23885-2009，中华人民共和国国家标准翡翠分级［S］.

［2］Joy. 优雅胸针全方位揭秘［J］. 中国宝石，2012（7）：209-213.

［3］比尔，著. 藏传佛教象征符号与器物图解［M］. 向红笳，译. 台北：时报文化出版企业股份有限公司，2007.

［4］曾文德. 漫谈鼻烟壶［J］. 南方文物，2005（1）：108.

［5］蔡东藩. 清史演义［M］. 北京：北京理工大学出版社，2014.

［6］曹姝旻，等. GE 合成翡翠的宝石学特征［J］. 宝石和宝石学杂志，2006，8（1）：1-4.

［7］陈红. 鱼纹符号的艺术特性及文化意蕴［J］. 艺术研究：哈尔滨师范大学艺术学院学报，2012（2）：40-41.

［8］陈吉光. 满清冠饰与森严的等级制度［J］. 浙江纺织服装职业技术学院学报，2010（4）：43-48.

［9］陈金凤. 从弥生文化的特点看中国移民对日本社会发展的影响［J］. 绵阳师范学院学报，2007，26（9）：22.

［10］陈瑾. 传统玉文化及其对现代翡翠首饰设计的影响［D］. 北京：中国地质大学（北京），2007：23-25.

［11］陈全莉，尹作为，卜玥文，等. 拉曼光谱在危地马拉翡翠矿物组成中的应用研究［J］. 光谱学与光谱学分析，2012，32（9）：2447-2451.

［12］陈性. 玉说汇编·玉说会刊·玉纪·出产［M］. 北京：书目文献出版社，1993.

［13］陈秀英，袁心强，林嵩山. 危地马拉紫色翡翠的矿物组成特征及意义［J］. 岩石矿物学杂志，2011，30：1-7.

［14］陈秀英. 危地马拉翡翠宝石学特征研究［D］. 中国地质大学（武汉），2011.

［15］陈志贵. 中国古代历史中的鹤与鹤文化［J］. 理论观察，2004，6：008.

［16］丛书编委会. 中国生肖文化［M］. 北京：外文出版社，2010.

［17］崔云. 十二生肖玉溯源与演变［J］. 收藏家，2008（12）：41-48.

［18］大乔. 图说中国吉祥物［M］. 北京：中国社会科学出版社，2008，5.

［19］戴苏兰. 玉石：玉饰之趣［M］. 北京：地质出版社，2001.

［20］戴兴华，杨敏. 天干地支的源流与应用［M］. 北京：气象出版社，2006.

［21］戴铸明. 行业瞩目的缅甸公盘［J］. 宝石和宝石学杂志，2009，11（02）：55-57.

［22］等水楼主. 翡翠不惑［M］. 北京：族摄影艺术出版社，2005.

［23］邓昭辉，刘路. 帽正小议［J］. 收藏界，2007（9）：97-98.

［24］狄敬如，吕福德，周守云，等. 哈萨克斯坦翡翠成分特征及成因初步研究［J］. 珠宝科技，2000，12（2）：38-39.

［25］丁福保. 佛学大辞典［M］. 上海：上海书店出版社，2014.

［26］丁松丽. 论民间美术中瓜果图案的形式与内涵［J］. 中州大学学报，2008（2）：51-53.

［27］冬儿. 翡翠之玛雅传奇［J］. 头等舱，2012（2）.

［28］冯国超. 抱朴子·内篇［M］. 长春：吉林人民出版社，2005.

［29］佟洵. 佛教小百科［M］. 北京：中国社会科学出版社，2003.

［30］伏生. 翡翠的盛宴［J］. 当代艺术，2012（6）.

［31］付小秋. 殊途同归：中西文化下戒指历史意义对比［J］. 考试周刊，2008（40）：224-225.

［32］戈·埃·哈威，著. 缅甸史［M］. 姚梓良，译. 北京：商务印书馆，1973.

［33］古方. 中国出土玉器全集［M］. 北京：科学出版社，2005.

［34］谷娴子，杨萍，丘志力. 粤海关"Jadestone 进口记录"的发现及其意义［J］. 宝石和宝石学杂志，2007，9（2）：44-47.

［35］顾雪梁. 中西文化对比：十二生肖寓意详解文化篇［M］. 北京：国防工业出版社，2008.

［36］顾祖伟. 玉手镯加工工艺［J］. 珠宝科技，1996（2）：41-45.

［37］郭红云. 镶嵌翡翠饰品鉴赏［J］. 中国宝玉石，2010（3）：130-132.

［38］郭锦鸿. 十六罗汉与十八罗汉略考［J/OL］. 香港佛教，2010［2013-05-04］.

［39］郭丽娜，郭荣涛. 缅甸干青种翡翠的矿物学特征研究［J］. 内蒙古石油化工，2011（22）：1-4.

［40］郭倩. 危地马拉翡翠研究进展［J］. 中国宝玉石，2013（B09）：182-185.

［41］韩辰婧，王雅玫，刘洋. 翡翠中共生矿物含量对翡翠定名的影响［J］. 宝石和宝石学杂志，2013，1（1）：28-36.

［42］韩冬. 缅甸翡翠品种变化及现代雕刻工艺评价［D］. 中国地质大学（北京），2010.

［43］何明跃，王春利. 翡翠鉴赏与评价［M］. 北京：中国科学技术出版社，2008.

［44］何伟，王以群，毛荐. 紫色翡翠致色机理探讨［J］. 华东理工大学学报，2011（37）：182-185.

［45］何文进. 东方妙寓十二生肖［M］. 乌鲁木齐：新疆青少年出版社，2003.

［46］贺伟. 也谈中国传统造物的象征寓意［J］. 饰，2003（1）.

［47］胡楚雁，徐斌. 话说翡翠的地［J］. 中国宝玉石，2006（4）.

［48］胡楚雁. 是"糯化地"还是"糯米地"［J］. 中国宝玉石，2010（4）：118-120.

［49］胡楚雁. 油青翡翠的概念及其质量评价［J］. 中国宝玉石，2010（5）：120-123.

［50］黄能馥. 谈龙说凤［J］. 故宫博物院院刊，1983（3）：3-15.

［51］惠林. 美谈手镯［J］. 流行色，2006（10）：104-105.

［52］IMA-CNMMN 角闪石专业委员会全体成员. 角闪石命名法——国际矿物学协会新矿物及矿物明明委员会角闪石专业委员会的报告［J］. 岩石矿物学杂志，2001，20（1）：92-99.

［53］吉成名. "龙生九子不成龙"一说的由来［J］. 东南文化，2004（4）：91-92.

［54］纪昀. 阅微草堂笔记［M］. 乌鲁木齐：新疆人民出版社，1996.

［55］冀安. 生肖文化［M］. 北京：中国经济出版社，1995.

［56］江南. 道教与玉文化［J］. 宗教艺术，2008（2）：45-48.

［57］江镇城. 翡翠原石之旅. 台北：林玉琴出版，1996.

［58］蒋小华，卢永忠. 腾冲县翡翠产业发展状况及其对策［J］. 昆明冶金高等专科学校学报，2011，27（2）：102-105.

［59］金学智. 印章文化的系统构成［J］. 文艺研究，1993（1）：129-132.

［60］井上清，著. 日本历史［M］. 天津市历史研究所，译. 天津：天津人民出版社，1974.

［61］雷楠. 翡翠首饰的传统表现与创新［D］. 中国地质大学（北京），2011.

［62］李昉. 太平御览［M］. 北京：中华书局，2002.

［63］李国忠，等. 略论文化、珠宝与珠宝文化［J］. 珠宝科技，1997（1）：25-28.

［64］李国忠，王昶，申柯娅. 珠宝与宗教［J］. 珠宝科技，1998（1）：10-13.

［65］李建军，刘晓伟. 一例艳绿色蓝闪石的宝石学特征［J］. 宝石和宝石学杂志，2012（3）：44-47.

［66］李敬敬. 粉—紫色系列翡翠的宝石学研究［D］. 石家庄经济学院，2007.

［67］李利安注. 白话法华经［M］. 西安：三秦出版社，2002.

［68］李莉蓉. 阳美玉雕工艺传承翡翠文化［J］. 中国翡翠，2012（7/8）：62.

［69］李敏. 饰水流年——手镯［J］. 中国宝石，2007，16（4）：138–139.

［70］李敏. 饰水流年——中国饰品历史文化赏析［J］. 中国宝石，2006，15（1）：108–109.

［71］［明］李时珍. 本草纲目. 北京：中医古籍出版社，1997.

［72］李曦. 缅甸紫色翡翠的致色机理及影响因素研究［D］. 中国地质大学（北京），2012.

［73］李湘涛. 源远流长的鹤文化［J］. 人与生物圈，2009（S1）：39–41

［74］李新英，刘晓亮. 高温高压人工合成翡翠研究［J］. 新疆有色金属，2010，33（z1）：81–84.

［75］李旭平，张立飞. 蛇纹岩体中的硬玉岩与异剥钙榴岩［J］. 岩石学报，2004，20（6）.

［76］李芽，艾米. 耳饰礼制与情感［J］. 中华遗产，2011（8）：118–131.

［77］李志刚，曹姝雯，等. 翡翠优化处理的新动向——兼谈注蜡翡翠［J］. 宝石和宝石学杂志，2005，7（3）：13.

［78］梁帆. 铁龙生种翡翠矿物学研究［J］. 科技信息，2013（14）：124.

［79］刘昌辉，刘跌. 滇、缅翡翠市场的对比与走向［J］. 中国宝石，2002，11（3）.

［80］刘大同. 古玉辨［M］. 台北：艺术图书公司，1993.

［81］刘海波. 祥瑞研究［D］. 中央民族大学，2012.

［82］刘静宜. 浅析玉兰花在中国绘画中的精神内涵［J］. 青春岁月，2013（6）：89.

［83］刘万伦. 心理学概论［M］. 南京：江苏人民出版社，2009.

［84］龙东林. 昆明筇竹寺"五百罗汉"造像的历史文化探源［J］. 学术探索，2004（12）：83–90.

［85］罗澍. 清代的朝珠和官靴［J］. 科学大观园，2006（6）：33.

［86］罗伟国. 话说观音［M］. 上海：上海书店出版社，1998.

［87］吕复伦. 麒麟及其文化［J］. 菏泽学院学报，2012，33（6）：82–85.

［88］吕同. 清代孔雀花翎［J］. 紫荆城，1984（3）：15.

［89］马书田. 中国佛菩萨罗汉大典［M］. 台北：国家出版社，2007.

［90］麦志强. 紫色翡翠成因及致色机理探讨［J］. 广东科技，2007（8）：177–179.

［91］孟繁聪，Makeeb AB，杨经绥. 俄罗斯极地乌拉尔 Cbiym—Key 超基性岩体中的硬玉岩［J］. 岩石学报，2007，23（11）：2766–2773.

［92］孟晖. 当项链恋上服装［J］. 中国宝石，2011：94–98.

［93］戴婕，等. 缅甸翡翠的光谱特征及呈色机理［J］. 四川地质学报，2007，27（4）：296–300.

［94］摩依. 翡翠矿床（毛料）产出特征研究［J］. 珠宝科技，1997，9（1）：8–10.

［95］欧阳秋眉，李汉声，郭熙. 墨翠—绿辉石玉的矿物学研究［J］. 宝石和宝石学杂志，2002，4（3）：1–4.

［96］欧阳秋眉，曲懿华. 俄罗斯西萨彦岭翡翠矿床特征［J］. 宝石和宝石学杂志，1999，2：002.

［97］欧阳秋眉，严军. 美国的翡翠市场［J］. 中国宝石，2003，12（2）：138–139.

［98］欧阳秋眉，严军. 秋眉翡翠——实用翡翠学［M］. 上海：学林出版社，2005.

［99］欧阳秋眉，严军. 全方位看翡翠市场的发展［J］. 宝石和宝石学杂志，2003，5（2）：38–39.

［100］欧阳秋眉，严军. 翡翠选购［M］. 香港：香港天地图书，2010.

［101］欧阳秋眉. 翡翠结构类型及其成因意义［J］. 宝石和宝石学杂志，2000，2（2）：1–5.

［102］欧阳秋眉. 翡翠全集（上、下）［M］. 香港：香港天地图书公司，2005.

［103］潘建强等. 翡翠：玉石之冠［M］. 北京：地质出版社，1999.

［104］彭治国. 吉祥"如意"如我心意［J］. 优品，2010（6）：049.

［105］戚序，袁平. 中国传统貔貅造型的文化寓意解析［J］. 重庆大学学报：社会科学版，2009，15（6）：119–124.

［106］亓利剑，罗永安，吴舜田，等. 缅甸"铁龙生"玉特性与归属［J］. 宝石和宝石学杂志，1999（4）：23–27.

［107］亓利剑等. 翡翠中蜡质物和高分子聚合物充填处理尺度的判别［J］. 宝石和宝石学杂志，2005，7（3）：1–6.

［108］钱振峰. 玉貔貅［J］. 上海工艺美术，2011（1）：40–42.

［109］钱正盛，钱正坤. 中华吉祥装饰图案大全：吉祥禽鸟/植物［M］. 上海：东华大学出版社，2006.

［110］丘志力，吴沫，谷娴子，等. 从传世及出土翡翠玉器看我国清代翡翠玉料的使用［J］. 宝石和宝石学杂志，2008，10（4）：34–38.

［111］邱向军. 简析中国古代玉璧的发展与演变［J］. 丝绸之路，2013（4）：60.

［112］沈嘉禄. 瑞丽边境翡翠贸易调查［J］. 新民周刊，2011（8）.

［113］神州民俗. 戒指起源与爱情无关［J］. 神州民俗，2013，（2）：35-37.

［114］沈括. 梦溪笔谈［O］. 影印本. 成都：四川人民出版社，1957.

［115］师旷. 中华传世奇书·中华娱艺十大奇书第二部·禽经［M］. 北京：中国戏剧出版社，1999.

［116］施光海，崔文元. 不同产地硬玉岩的共性与个性［J］. 地学前缘，2000，1：003.

［117］施光海，崔文元. 缅甸翡翠的年龄确定［J］. 中国宝石，2008，16（4）：90-91.

［118］石荣传. 三代至两汉玉器分期及用玉制度研究［D］. 山东大学，2005.

［119］石砚. 走马缅甸翡翠玉石市场［J］. 中国黄金珠宝，2005（1）：100-101.

［120］史洪岳. 中国珠宝玉石首饰特色产业基地发展之路［M］. 北京：地质出版社，2007.

［121］释无尽. 天台山方外志［M］. 影印本. 济南：齐鲁书社，1997.

［122］宋惕冰，李娜华. 古玉鉴定指南［M］. 北京：北京燕山出版社，1998.

［123］孙川. 汉代珰蝉研究［J］. 剑南文学（经典教苑），2012（5）：142.

［124］孙励. 话说如意［J］. 淮南师范学院学报，2004，5（5）：117-119.

［125］孙治. 灵隐寺志［O］. 杭州：杭州出版社，2006.

［126］唐汉良. 谈天干地支［M］. 西安：陕西科学技术出版社，1980.

［127］唐荣祚. 玉说［M］. 北京：北京怡然印字馆，1912.

［128］陶立莉. 麒麟形象考述［J］. 白城师范学院学报，2006（2）：77-79.

［129］田树谷. 中华玉佩图谱集［M］. 武汉：中国地质大学出版社，2006.

［130］脱脱，阿鲁图. 宋史［O］. 影印本. 台北：台湾商务印书馆，1986.

［131］万珺. 清代翡翠：借古明今［J］. 卓越理财，2012（9）：108-110.

［132］万珺. 清代翡翠赏析［J］. 大众理财，2012（12）：54-55.

［133］王春阳. "飘蓝花"翡翠的矿物成分成因研究［D］. 北京：中国地质大学（北京），2012.

［134］王春阳，何明跃，杨娜. 国外翡翠历史与文化探究［A］. 玉石学国际学术研讨会论文集［C］，2011.

［135］王春阳，何明跃，杨娜. 我国"翡翠"身世之探索［A］. 中国珠宝首饰学术交流会论文集［C］，2011.

［136］王春云. 有关翡翠输入中国传说的考证与科学性分析［J］. 超硬材料与宝石（特辑），2003，2（15）：45-49.

［137］王春云. 广州玉器墟和翡翠文化历史源流初探 // 广州市荔湾区经济社会事业发展年鉴2006［M］. 广州：华南理工大学出版社，2007.

［138］王丹. 葫芦图像及其文化内涵［J］. 美术观察，2012（6）：108-108.

［139］王铎，龙楚，谭钏勤. 危地马拉灰绿色翡翠［J］. 宝石和宝石学杂志，2009，11（2）：20-23，29.

［140］王惠民. 敦煌千手千眼观音像［J］. 敦煌学辑刊，1984（1）：63-76.

［141］王静，施光海，王君，等. 缅甸硬玉岩地区的热液型钠长石岩［J］. 岩石学报，2013，29（4）：1450-1460.

［142］王军云. 佛教百科知识［M］. 北京：华龄出版社，2007.

［143］王礼胜，马瑛，宋永杰. "人养玉，玉养人"的机理探讨［J］. 中国宝石，2009（2）：54-55.

［144］王立导. 中国传统寓意图像［M］. 北京：人民美术出版社，2008.

［145］王莉英. 五彩薰炉［J］. 紫禁城，1982（4）：11.

［146］王苗. 清代官阶饰物——朝珠［J］. 书摘，2012（7）：114-115.

［147］王晓菡，曾毅. 翡翠的设计及雕刻［J］. 中国黄金珠宝，2008（7）：120-121.

［148］王旭. 色彩心理学探微［J］. 美术大观，2013（7）：62-63.

［149］王燕. 貔貅吉祥文化刍议［J］. 文学界：理论版，2011（4）：286-287.

［150］王艳敏. 玉文化在不断传承与创新中演进［J］. 中国黄金珠宝，2012（01）：28-33.

［151］魏迎春. 敦煌菩萨漫谈［M］. 北京：民族出版社，2004.

［152］翁文波. 天干地支纪历与预测［M］. 北京：石油工业出版社，1993.

［153］吴盼. 中国的蜜蜂是什么时候开始勤劳起来的？——谈蜜蜂古今寓意的变迁［J］. 语文建设，2012：78-79.

［154］吴旭芳，宜兴. 浅谈《金蟾提梁》壶的造型设计［J］. 佛山陶瓷，2014（3）：53-53.

［155］向福贞. 龟的寓意在中国古代的变化［J］. 兰台世界：上半月，2012（1）：76.

［156］肖永福. 赌石秘诀［M］. 昆明：云南科学技术出版社，2012.

［157］晓玉. 玉是华夏文明的第一块奠基石——杨伯达古玉器研究的学术观点［J］. 美术观察，1998（5）：64-66.

［158］谢继胜. 伏虎罗汉、行脚僧、宝胜如来与达磨多罗——11至13世纪中国多民族美术关系史个案分析［J］. 故宫博物院院刊，2009（1）：76-79.

［159］谢谦. 国学基本知识现代诠释词典［M］. 成都：四川人民出版社，1998.

［160］熊存瑞. 隋李静训墓出土金项链、金手镯的产地问题［J］. 文物，1987（10）：77-79.

［161］熊燚. 翡翠原石皮壳与内部翡翠的关系［D］. 成都：成都理工大学，2012.

［162］徐华铛. 中国罗汉造像［M］. 北京：中国林业出版社，2008.

［163］徐静波. 中国菩萨罗汉小说［M］. 沈阳：辽宁教育出版社，1992.

［164］徐军. 翡翠赌石技巧与鉴赏［M］. 昆明：云南科学技术出版社，1993.

［165］徐孟军，李济. 翡翠文化与翡翠市场探释［J］. 山东国土资源，2010，26（3）：60-63.

［166］徐弘祖. 徐霞客游记（下）［M］. 上海：上海古籍出版社，1987（6）.

［167］徐银. 鬓边风华——话清代女性饰物扁方［J］. 艺术市场，2008（2）：46-47.

［168］许晓东. 韘、韘式佩与扳指［J］. 故宫博物院院刊，2012（1）：49-66.

［169］薛理禹. 毛笔源流初考［J］. 寻根，2009（2）：82.

［170］许茜. 翡翠在透射光下的质量评估特征［J］. 中国宝玉石，2013（6）：134-139.

［171］杨伯达. 翡翠四宝［J］. 中华文化画报，2009，（1）：95-96.

［172］杨伯达. 巫玉之光：中国史前玉文化论考［M］. 上海：上海古籍出版社，2005.

［173］杨伯达. 杨伯达说翡翠［M］. 天津古籍出版社，2010.

［174］杨伯达. 元明清工艺美术总叙［J］. 故宫博物院院刊，1984（4）：7.

［175］杨伯达. 中国古代玉器面面观［J］. 故宫博物院院刊，1989（2）：36.

［176］杨孚，曾钊. 异物志北户錄附校勘记［M］. 北京：中华书局，1936.

［177］杨立信. 翡翠——玉石之冠［M］. 北京：地质出版社，2005.

［178］杨乃运. 手把件的文化和人生［J］. 旅游，2014（7）：142-143.

［179］杨宇. 浅谈翡翠镶嵌［J］. 广西轻工业，2009（5）：129-130.

［180］杨渊. 不同有机物充填翡翠红外光谱及其谱峰归属分析［D］. 上海：同济大学，2006.

［181］杨正纯. 手镯的分类和文化含义［J］. 中国宝玉石，2011（5）：160-161.

［182］姚立江. 禽鸟——中国文化中的情爱象征［J］. 哈尔滨师专学报，2000（6）：006.

［183］姚为俊. 鱼纹的美好寓意及其在民间美术中的应用［J］. 科技信息，2011（12）：656.

［184］易晓，施光海，何明跃. 缅甸硬玉岩区的硬玉化绿辉石岩［J］. 岩石学报，2006，22（4）：971-976.

［185］愚木. 玲珑奇妙的手把件［J］. 收藏，2010（12）：110-111.

［186］余志和. 生肖新说［M］. 北京：新华出版社，2008.

［187］庾莉萍. 扳指：从实用、装饰到古董［J］. 收藏界，2008（5）：120-122.

［188］袁见奇，等. 矿床学［M］. 北京：地质出版社，1985.

［189］袁平，戚序. 中国传统貔貅造型的文化寓意解析［J］. 重庆大学学报（社会科学版），2009（6）：119-124.

［190］袁心强. 应用翡翠宝石学［M］. 北京：中国地质大学出版社，2009.

［191］张蓓莉，王曼君. 翡翠品质分级及价值评估（上册）翡翠的品质分级［M］. 北京：地质出版社，2013.

［192］张蓓莉. 系统宝石学［M］. 北京：地质出版社，2006.

［193］张灿. 翡翠饰品的前世今生［J］. 中国宝石，2008，17（1）：82.

［194］张灿. 失落的文明：古代翡翠之谜（下）［J］. 中国宝石，2009（1）：180-181.

［195］张春枝. 浅谈心理暗示的效应［J］. 辽宁科技学院学报，2008，10（4）：75-76.

［196］张飞. 黑翡翠的宝石矿物学研究［D］. 中国地质大学（北京），2013.

［197］张健，等. "新型"处理翡翠（注蜡）实验及鉴定［J］. 宝石和宝石学杂志，2013，15（2）：30.

［198］张进. 中国莲花图案多样化的象征意蕴［J］. 中国艺术，2012（2）：148.

［199］张黎力，袁心强. 探讨 nephrite 与 jadeite 的准确中文译名［J］. 湖南社会科学，2014（zl）：313–316.

［200］张丽，郭守国. 缅甸"铁龙生玉石"宝石学特征研究［J］. 珠宝科技，2000（3）：56–58.

［201］张良钜. 缅甸纳莫原生翡翠矿体特征与成因研究［J］. 岩石矿物学杂志，2004（1）：49–53.

［202］张懋镕，黄怀信，田旭东. 逸周书汇校集注［M］. 上海：上海古籍出版社，1995.

［203］张位及. 翡翠商业分级雏议［J］. 珠宝科技，2000（4）：30–32.

［204］张位及. 翡翠之名历经几百年的优化和演绎［J］. 宝石和宝石学杂志，2014，16（2）：87–89.

［205］张位及. 论"软玉"和"硬玉"应该改名［J］. 中国宝玉石，2008（5）：120–121.

［206］张位及. 缅甸北部帕敢地区翡翠矿床地质［J］. 云南地质，2002，21（4）：378–390.

［207］张英杰. 俄罗斯西萨彦岭翡翠矿区的含钠铬辉石的绿辉石岩［D］. 中国地质大学（北京），2010.

［208］张镛. 笔架笔筒亦可把玩［J］. 养生月刊，2008（11）：1043.

［209］张智宇，施光海，欧阳秋眉，等. 危地马拉硬玉岩与硬玉化绿辉石岩的岩石学特征及其地质意义［J］. 地质学报，2012，86（1）：198–208.

［210］赵荦. 新石器时代中国出土玉器概说［J］. 文物鉴定与鉴赏，2010，1：99–103.

［211］赵明开. 翡翠品质评价的思考［J］. 中国宝玉石，2003（3）：76–77.

［212］赵茜. 国检培训课堂：翡翠镶嵌首饰鉴赏［J］. 艺术市场，2010（Z1）：109.

［213］赵永魁，孙凤民. 玉石鉴赏与评估［J］. 中国宝石，2001（2）：154.

［214］赵永魁. 中国玉器发展史略讲座·第六讲封建社会玉器·清代［J］. 中国宝玉石，2006（2）：52–54.

［215］郑敏. 瑞兽"四灵"：麟、凤、龙、龟［J］. 群文大地，2012（6）：70.

［216］郑鹏，孟丽. 内画鼻烟壶的历史与收藏价值［J］. 科技信息，2007（23）：165.

［217］郑普红，吴卫红，刘德镒. 玉石之王——翡翠［J］. 国土资源导刊，2008（5）：82–84.

［218］周昌松. 中国文化对日本文化的影响［J］. 烟台师范学院学报，1997（2）：17.

［219］周嘉伟. 多巴胺——人类认识大脑的一把钥匙［J］. 生命的化学，2014，34（2）：135.

［220］周密. 李小龙，赵锐评注. 中华经典随笔：武林旧事［M］. 中华书局，2007.

［221］周晓毅. 源远流长的印章与篆刻艺术［J］. 百科知识，1996（11）：35.

［222］朱家溍. 清代后妃首饰图录［J］. 故宫博物院院刊，1992（3）：62–65.

［223］综合. 项链的千年进化论珠宝历程中的潮流［J］. 资质文摘，2012（4）：70–71.

［224］邹怀强. 历史上腾冲与缅甸的翡翠开发和贸易关系［J］. 学术探索，2005（6）：130–133.

［225］Adamo I, Pavese A, Prosperi L, et al. Characterization of Omphacite Jade from the Po Valley, Piedmont, Italy［J］. Journal of Gemmology, 2006, 30（3–4）：215–226.

［226］Adams, Richard E.W. Prehistoric Mesoamerica（Boston：Little, Brown）. 1977.

［227］Ague J J. Models of Permeability Contrasts in Subduction Zone Mélange：Implications for Gradients in Fluid Fluxes, Syros and Tinos Islands, Greece［J］. Chemical Geology, 2007, 239（3）：217–227.

［228］Austrheim H and Prestvik T. Rodingitization and hydration of theoceanic lithosphere as developed in the Leka ophiolite, north-centralNorway［J］. Lithos, 2008, 104（1–4）：177–198.

［229］Baese R, Schertl H P, Maresch W V. Mineralogy and Petrology of Hispaniolan Jadeitites：First Results［J］. High-pressure belts of Central Guatemala：the Motagua suture and the Chuacús Complex. IGCP, 2007：546.

［230］Bröcker M, Enders M. Unusual Bulk-rock Compositions in Eclogite-facies Rocks from Syros and Tinos（Cyclades, Greece）：Implications for U-Pb Zircon Geochronology［J］. Chemical Geology, 2001, 175（3）：581–603.

［231］Bröcker M, Keasling A. Ionprobe U-Pb Zircon Ages from the high-pressure/low-temperature Mélange of Syros, Greece：Age Diversity and the Importance of pre-Eocene Subduction［J］. Journal of Metamorphic Geology, 2006, 24（7）：615–631.

［232］Bröcker M, Kreuzer H, Matthews A, et al. 40Ar/39Ar and Oxygen Isotope Studies of Polymetamorphism from Tinos Island, Cycladic blueschist belt, Greece［J］. Journal of Metamorphic Geology, 1993, 11（2）：223–240.

[233] Burkart B. Northern Central America [J]. Caribbean geology: An introduction: Jamaica, University of the West Indies Publisher's Association, 1994: 265-284.

[234] Cárdenas-Párraga J, García-Casco A, Harlow G E, et al. Hydrothermal Origin and Age of Jadeitites from Sierra del Convento Mélange (Eastern Cuba) [J]. European Journal of Mineralogy, 2012, 24 (2): 313-331.

[235] Cárdenas-Párraga J, García-Casco A, Núñez-Cambra K, et al. Jadeitite Jade occurrence from the Sierra del Convento Mélange (eastern Cuba) [J]. Boletín de la Sociedad Geológica Mexicana, 2010, 62 (1): 199-205.

[236] Chihara K. Jadeite in Japan [J]. Journal of the Gemmological Society of Japan, 1999, 20: 5-21.

[237] Compagnoni R, Rolfo F, Castelli D. Jadeitite from the Monviso meta-ophiolite, Western Alps: Occurrence and Genesis [J]. European Journal of Mineralogy, 2012, 24 (2): 333-343.

[238] Compagnoni R, Rolfo F, Manavella F, et al. Jadeitite in the Monviso meta-ophiolite, Piemonte Zone, Italian Western Alps [J]. Periodico di Mineralogia, 2007, 76 (2): 79-89.

[239] Easby, Elizabeth Kennedy: Pre-Columbian Jade from Costa Rica (New York: Andre Emmerich, 1968), "Jade in South America and the Caribbean," in R. Keverne (ed.) Jade (New York: VanNostrand Reinhold, 1991), pp.338-341.

[240] García-Casco A, Vega A R, Párraga J C, et al. A new Jadeitite Jade Locality (Sierra del Convento, Cuba): First Report and Some Petrological and Archeological Implications [J]. Contributions to Mineralogy and Petrology, 2009, 158 (1): 1-16.

[241] Green E, Holland T, Powell R. An Order-Disorder Model for Omphacitic Pyroxenes in the System Jadeite-Diopside-Hedenbergite-Acmite, with Applications to Eclogitic Rocks [J]. American Mineralogist, 2007, 92 (7): 1181-1189.

[242] Harlow G E. Crystal chemistry of barian enrichment in micas from metasomatized inclusions in serpentine, Motagua fault zone, Guatemala [J]. European Journal of Mineralogy, 1995, 7 (4): 775-789.

[243] Harlow G E, Hemming S R, Lallemant H G A, et al. Two High-pressure-low-temperature Serpentinite-matrix Mélange Belts, Motagua Fault Zone, Guatemala: a Record of Aptian and Maastrichtian Collisions [J]. Geology, 2004, 32 (1): 17-20.

[244] Harlow G E, Hemming S R, Lallemant H G A, et al. Two high-pressure-low-temperature serpentinite-matrix mélange belts, Motagua fault zone, Guatemala: a record of Aptian and Maastrichtian collisions [J]. Geology, 2004, 32 (1): 17-20.

[245] Harlow G E, Murphy A R, Hozjan D J, et al. Pre-Columbian Jadeite Axes from Antigua, West Indies: Description and Possible Sources [J]. The Canadian Mineralogist, 2006, 44 (2): 305-321.

[246] Harlow G E, Sisson V B, Sorensen S S. Jadeitite from Guatemala: New Observations and Distinctions among Multiple Occurrences [J]. Geologica Acta, 2011, 9 (3-4): 363-387.

[247] Harlow G E, Sorensen S S. Jade (nephrite and jadeitite) and Serpentinite: Metasomatic Connections [J]. International Geology Review, 2005, 47 (2): 113-146.

[248] Harlow G E, Summerhayes G R, Davies H L, et al. A Jade Gouge from Emirau Island, Papua New Guinea (Early Lapita context, 3300 BP): A Unique Jadeitite [J]. European Journal of Mineralogy, 2012, 24 (2): 391-399.

[249] Harlow G E. L'Origine du Jade Jadéite [J]. Revue de Gemmologie afg, 2004 (150): 7-11.

[250] Hatipoğlu M, Başevirgen Y, Chamberlain S C. Gem-quality Turkish Purple Jade: Geological and Mineralogical Characteristics [J]. Journal of African Earth Sciences, 2012, 63: 48-61.

[251] Hatipoğlu M, Başevirgen Y. Photoluminescence of Turkish Purple Jade (turkiyenite) [J]. Journal of Luminescence, 2012, 132 (11): 2897-2907.

[252] Hatipoglu M. Letters: Response to Jadeite from Turkey [J]. Rocks & Minerals, 2010, 85 (4): 299.

[253] Horowitz N, 2004, Blue Jade Fever: Scientists and Shamans Romance a Mystical Stone, Mesoweb: http: //www.mesoweb. com/reports/BlueJade.html, 1-11.

[254] Krebs M, Maresch W V, Schertl H P, et al. The Dynamics of Intra-oceanic Subduction Zones: a Direct Comparison

Between Fossil Petrological Evidence (Rio San Juan Complex, Dominican Republic)and Numerical Simulation [J]. Lithos, 2008, 103 (1): 106–137.

[255] Krebs M, Schertl H P, Maresch W V, et al. Mass flow in Serpentinite–hosted Subduction Channels: P–T–t Path Patterns of Metamorphic Blocks in the Rio San Juan Mélange (Dominican Republic) [J]. Journal of Asian Earth Sciences, 2011, 42 (4): 569–595.

[256] Kunugiza K, Goto A. Juvenile Japan. Hydrothermal Activity of the Hida–Gaien Belt Indicating Initiation of Subduction of Proto–pacific Plate in ca.520 Ma [J]. 2010.

[257] M.León–Portilla. Bernardino de Sahagún: The First Anthropologist [J]. University of Oklahoma Press, Norman, 2002.

[258] Mori Y, Orihashi Y, Miyamoto T, et al. Origin of Zircon in Jadeitite from the Nishisonogi Metamorphic Rocks, Kyushu, Japan [J]. Journal of Metamorphic Geology, 2011, 29 (6): 673–684.

[259] Morishita T. Occurrence and chemical composition of barianfeldspars in a jadeitite from the Itoigawa–Omi district in the Rengehigh–P /T–type metamorphic belt, Japan [J]. Mineralogical Magazine, 2005, 69 (1): 39–51.

[260] Morishita T, Arai S, Ishida Y. Trace Element Compositions of Jadeite (+omphacite) in jadeitites from the Itoigawa–Ohmi district, Japan: Implications for Fluid Processes in Subduction Zones [J]. Island Arc, 2007, 16 (1): 40–56.

[261] Oberhänsli R, Bousquet R, Moinzadeh H, et al. The Field of Stability of Blue Jadeite: a New Occurrence of Jadeitite at Sorkhan, Iran, as a Case Study [J]. The Canadian Mineralogist, 2007, 45 (6): 1501–1509.

[262] Okay A I, Kelley S P. Tectonic Setting, Petrology and Geochronology of Jadeite + Glaucophane and Chloritoid + Glaucophane Schists from North–West Turkey [J]. Journal of Metamorphic Geology, 1994, 12 (4): 455–466.

[263] Okay A I. Jadeite–chloritoid–glaucophane–lawsonite blueschists in north–west Turkey: Unusually High P/T Ratios in Continental Crust [J]. Journal of Metamorphic Geology, 2002, 20 (8): 757–768.

[264] Okay A I. Jadeite–K–feldspar Rocks and Jadeitites from Northwest Turkey [J]. Mineralogical Magazine, 1997, 61 (6): 835–843.

[265] Okay A I. Mineralogy, Petrology, and Phase Relations of Glaucophane–lawsonite Zone Blueschists from the Tavşanli Region, Northwest Turkey [J]. Contributions to Mineralogy and Petrology, 1980, 72 (3): 243–255.

[266] Ren Lu. Color Origin of Lavender Jadeite: An Alternative Approach [J]. Gems & Gemology, 2012: 273–282.

[267] Roger Lefevre, Andre Michard. Jadeite in the Alpine Metamorphism of the Acceglio Band, Cottian Alps, Italy, with Reference to Occurrences of a New Type [J]. Bulletinde la Societe Francaise de Mineralogie et de Cristallographie, 1965, 88 (4): 664–677.

[268] Rolfo F, Benna P, Cadoppi P, et al. The Monviso Massif and the Cottian Alps as Symbols of the Alpine Chain and Geological Heritage in Piemonte, Italy [J]. Geoheritage, 2014: 1–20.

[269] Savelieva G N, Nesbitt R W.A Synthesis of the Stratigraphic and Tectonic Setting of the Uralian Ophiolites [J]. Journal of the Geological Society, 1996, 153 (4): 525–537.

[270] Schertl H P, Krebs M, Maresch W V, et al. Jadeitite from Hispaniola: a Link Between Guatemala and Antigua [C]// 20th Colloquium on Latin American Earth Sciences, Kiel, Germany, Abstract Volume. 2007: 167–168.

[271] Schertl H P, Maresch W V, Stanek K P, et al. New Occurrences of Jadeitite, Jadeite Quartzite and Jadeite–lawsonite Quartzite in the Dominican Republic, Hispaniola: Petrological and Geochronological Overview [J]. European Journal of Mineralogy, 2012, 24 (2): 199–216.

[272] Seitz R., Harlow G.E., Sisson V.B., Taube K.A.: 'Olmec Blue' and Formative Jade Sources: New Discoveries in Guatemala [J]. Antiquity, 75: 687–688.

[273] Shi G, Jiang N, Wang Y, et al. Ba minerals in clinopyroxene rocks from the Myanmar jadeitite area: implications for Ba recycling in subduction zones [J]. European Journal of Mineralogy, 2010, 22 (2): 199–214.

[274] Shi G H, Zhu X K, Deng J, et al. Spherules with pure iron cores from Myanmar jadeitite: Type–I deep–sea spherules?[J]. Geochimica et Cosmochimica Acta, 2011, 75 (6): 1608–1620.

［275］ Shigley J E, Laurs B M, Janse A J A, et al. Gem Localities of the 2000s［J］. Gems & Gemology, 2010, 46（3）.

［276］ Sorensen S, Harlow G E, Rumble D. The Origin of Jadeitite-forming Subduction-zone Fluids: CL-guided SIMS Oxygen-isotope and Trace-element Evidence［J］. American Mineralogist, 2006, 91（7）: 979-996.

［277］ Stern R J, Tsujimori T, Harlow G, et al. Plate Tectonic Gemstones［J］. Geology, 2013, 41（7）: 723-726.

［278］ Stone, Doris Z. : "Jade and jade objects in precolumbian Costa Rica," in F.W.Lange（ed.）Precolumbian Jade: New Geological and Cultural Interpretations（Salt Lake City: University of Utah Press, 1993）, pp.141-148.

［279］ Tran-Vinh C, Manavella F, Salusso F. La giada omfacite del Piemonte［J］. Mars, 2010.

［280］ Tsujimori T, Harlow G E. Petrogenetic Relationships between Jadeitite and Associated High-pressure and Low-temperature Metamorphic Rocks in Worldwide Jadeitite Localities: a Review［J］. European Journal of Mineralogy, 2012, 24（2）: 371-390.

［281］ Tsujimori T, Liou J G, Miyamoto T. SHRIMP U-Pb Dating of Jadeite-bearing Zircon from Jadeitite, Osayama Serpentinite Melange, SW Japan［J］. 日本矿物学会・学术演讲会, 日本岩石矿物矿床学会学术演讲会讲演要旨集, 2004: 202.

［282］ Tsujimori T, Liou J G, Wooden J, et al. U-Pb Dating of Large Zircons in Low-temperature Jadeitite from the Osayama Serpentinite Melange, Southwest Japan: Insights into the Timing of Serpentinization［J］. International Geology Review, 2005, 47（10）: 1048-1057.

［283］ Tsujimori T, Liou J G. Coexisting Chromian Omphacite and Diopside in Tremolite Schist from the Chugoku Mountains, SW Japan: The effect of Cr on the Omphacite-diopside Immiscibility Gap［J］. American Mineralogist, 2004, 89（1）: 7-14.

［284］ Tsujimori T. Prograde and Retrograde PT Paths of the Late Paleozoic Glaucophane Eclogite from the Renge Metamorphic Belt, Hida Mountains, Southwestern Japan［J］. International Geology Review, 2002, 44（9）: 797-818.

［285］ Tsutsumi Y, Yokoyama K, Miyawaki R, et al. Ages of Zircons in Jadeitite and Jadeite-bearing Rocks of Japanese Islands［J］. Bulletin of National Museum of Natural Sciences, Series C, 2010, 36: 19-30.

［286］ Usui T, Nakamura E, Helmstaedt H. Petrology and Geochemistry of Eclogite Xenoliths from the Colorado Plateau: Implications for the Evolution of Subducted Oceanic Crust［J］. Journal of Petrology, 2006, 47（5）: 929-964.

［287］ Ward, Fred: *Jade*（Bethesda, MD: Gem Book Publishers, 1996）, *Polar jade*,［J］. Lapidary Journal, vol.52, no. 11, 1998, pp.22-26.

［288］ Windley B F, Alexeiev D, Xiao W J. Tectonic Models for Accretion of the Central Asian Orogenic Belt［J］. Journal of the Geological Society, London, 2007, 17: 31-47.

［289］ Yermolov P V, Kotelnikov P E. Composition and Origin of Itmurundinskii Melange Jadeitites（North Balkhash region）［J］. Russian Geol. Geophys, 1991, 2: 49-58.